新工科·新商科·统计与数据科学系列教材

统计分析案例

何芳丽　林尤武　祝光湖

曾祥艳　唐　波　饶华城　编著

电子工业出版社·

Publishing House of Electronics Industry

北京·BEIJING

内 容 简 介

本书内容包括金融统计分析案例、经济统计分析案例、机器学习方法案例、生物医学统计分析案例和变量选择与预测模型案例。通过学习书中的案例，读者能够在掌握一定的统计学理论、统计方法和计算方法的基础上，熟练、正确地综合应用统计专业知识去发现、分析和解决问题。书中的案例配有数据（或模拟数据）和实现代码，登录华信教育资源网（www.hxedu.com.cn）注册后可以免费下载。

本书适合作为应用统计、统计学、财经、管理等专业的高年级本科生、硕士研究生教材，也适合广大科技工作者阅读参考。

图书在版编目（CIP）数据

统计分析案例 / 何芳丽等编著. —北京：电子工业出版社，2023.6

ISBN 978-7-121-45851-4

Ⅰ. ①统… Ⅱ. ①何… Ⅲ. ①统计分析－案例 Ⅳ. ①O212.1

中国国家版本馆 CIP 数据核字（2023）第 115568 号

责任编辑：冉　哲　　文字编辑：底　波

印　　　刷：北京天宇星印刷厂

装　　　订：北京天宇星印刷厂

出版发行：电子工业出版社

　　　　　北京市海淀区万寿路 173 信箱　邮编：100036

开　　本：787×1 092　1/16　印张：11.75　字数：300.8 千字

版　　次：2023 年 6 月第 1 版

印　　次：2024 年 4 月第 2 次印刷

定　　价：45.00 元

前　言

案例实务课或统计案例实务课是一门培养应用统计专业高年级本科生或硕士研究生综合运用统计学方法解决实际问题的专业必修课，其主要任务是培养学生用"数据说话"的能力，通过案例中的数据分析方法实现对专业课程的深入学习。

本书内容包括金融统计分析案例、经济统计分析案例、机器学习方法案例、生物医学统计分析案例和变量选择与预测模型案例。通过学习书中的案例，读者能够在掌握一定的统计学理论、统计方法和计算方法的基础上，熟练、正确地综合应用统计专业知识去发现、分析和解决问题。

党的二十大报告提出，要加快实施创新驱动发展战略，其中特别提到要加强基础研究，突出原创，鼓励自由探索。本书案例主要源自桂林电子科技大学应用统计专业硕士研究生案例实务课教学团队，是团队多年教学和科研经验的积累，适合作为应用统计、统计学、财经、管理等专业的本科生、硕士研究生教材，也适合广大科技工作者阅读参考。

书中案例配有数据（或模拟数据）和实现代码，登录华信教育资源网（www.hxedu.com.cn）注册后可以免费下载，也可以通过邮件联系作者索取：redheli2@126.com。

本书的完成得到了应用统计专业硕士研究生赵建国、李佳莉、曾静荷、王杰和丁兰雅的大力帮助，特在此表示谢意。由于时间和水平有限，书中错误或纰漏之处在所难免，欢迎广大读者和专家批评指正。

本书获得了桂林电子科技大学 2020 年研究生课程建设项目（YKC202001）资助。

作者

目　　录

第1章　金融统计分析案例 ……………………………………………………………………………（1）

案例1　两权分离度、银行债务与终极控制股东行为关系的实证分析——基于面板门限模型 ……（1）

一、案例背景 ……………………………………………………………………………………（1）

二、面板门限模型 ………………………………………………………………………………（1）

三、案例设计 ……………………………………………………………………………………（3）

四、实证设计与分析 ……………………………………………………………………………（4）

五、案例小结 ……………………………………………………………………………………（8）

案例2　研发投入对企业绩效影响的门限效应——基于创业板上市公司的实证研究 ……………（9）

一、案例背景 ……………………………………………………………………………………（9）

二、理论模型 ……………………………………………………………………………………（9）

三、研究设计 ……………………………………………………………………………………（10）

四、实证分析 ……………………………………………………………………………………（12）

五、案例小结 ……………………………………………………………………………………（22）

案例3　债务融资对终极控制股东侵占行为影响的差异性研究——基于企业生命周期视角 ……（23）

一、案例背景 ……………………………………………………………………………………（23）

二、似无相关回归模型 …………………………………………………………………………（23）

三、数据样本与研究设计 ………………………………………………………………………（24）

四、实证检验与结果分析 ………………………………………………………………………（26）

五、案例小结 ……………………………………………………………………………………（31）

案例4　基于VAR模型的投资者情绪与股市收益率关系的实证分析 ……………………………（33）

一、案例背景 ……………………………………………………………………………………（33）

二、VAR模型及相关理论 ………………………………………………………………………（33）

三、实证分析 ……………………………………………………………………………………（36）

四、案例小结 ……………………………………………………………………………………（42）

第2章　经济统计分析案例 ……………………………………………………………………………（43）

案例1　长三角城市群一体化水平分析——基于面板数据的聚类分析 ……………………………（43）

一、案例背景 ……………………………………………………………………………………（43）

二、测度方法与理论模型 ………………………………………………………………………（44）

三、指标选取与数据来源 ………………………………………………………………………（46）

四、数据分析 ……………………………………………………………………………………（48）

五、案例小结 ……………………………………………………………………………………（60）

案例2　发展地理标志农产品对农村减贫的影响分析——来自CFPS的经验证据 ………………（62）

一、案例背景 ……………………………………………………………………………………（62）

二、数据与变量说明 ……………………………………………………………………………（62）

　　三、计量分析及其结果 ·· (65)

　　四、案例小结 ·· (69)

案例3　社会消费品零售总额的因素分析 ·································· (70)

　　一、案例背景 ·· (70)

　　二、理论分析与研究内容 ·· (70)

　　三、影响因素分析 ·· (70)

　　四、社会消费品零售总额的预测 ·· (72)

　　五、案例小结 ·· (77)

第3章　机器学习方法案例 ·· (78)

案例1　基于数据挖掘的广州市二手房价格分析 ·························· (78)

　　一、案例背景 ·· (78)

　　二、数据来源 ·· (78)

　　三、描述性统计分析 ·· (79)

　　四、基于随机森林的房价重要变量分析 ·································· (81)

　　五、基于神经网络的房价预测 ·· (83)

　　六、案例小结 ·· (84)

案例2　基于支持向量机和决策树的糖尿病预测模型构建与分析 ·········· (85)

　　一、案例背景 ·· (85)

　　二、相关机器学习模型介绍 ·· (85)

　　三、实验数据探索和处理 ·· (87)

　　四、数据挖掘预测模型构建 ·· (90)

　　五、模型对比分析结果 ·· (93)

　　六、案例小结 ·· (94)

案例3　基于决策树的量化择时策略研究 ································ (95)

　　一、案例背景 ·· (95)

　　二、技术指标和分类决策树 ·· (95)

　　三、基于决策树的量化择时系统 ·· (96)

　　四、实验分析 ··· (100)

　　五、案例小结 ··· (105)

第4章　生物医学统计分析案例 ··· (106)

案例1　大气臭氧暴露与心血管疾病死亡风险关系的实证分析——基于贝叶斯时空模型 ······· (106)

　　一、案例背景 ··· (106)

　　二、理论分析与研究内容 ·· (106)

　　三、模型设定 ··· (107)

　　四、实证设计与分析 ·· (110)

　　五、案例小结 ··· (117)

案例2　温度变化下登革热发病数预估——以2019年广东省为例 ············ (118)

　　一、案例背景 ··· (118)

　　二、研究方法 ··· （118）

　　三、模型分析 ··· （121）

　　四、案例小结 ··· （124）

第5章　变量选择与预测模型案例 ·· （125）

　案例1　基于同源寻踪LASSO的组变量选择方法及其在光谱数据中的应用 ········ （125）

　　一、案例背景 ··· （125）

　　二、理论和算法 ·· （126）

　　三、数据和软件 ·· （130）

　　四、实证分析结果与讨论 ·· （131）

　　五、案例小结 ··· （137）

　案例2　基于MTDGM(1,N)模型的社会消费品零售总额区间数预测 ·············· （139）

　　一、案例背景 ··· （139）

　　二、理论分析与研究内容 ·· （139）

　　三、模型设定 ··· （139）

　　四、实证设计与分析 ·· （144）

　　五、案例小结 ··· （148）

　案例3　基于MTIGM(1,1)和BP神经网络模型的客运量区间数预测 ·············· （149）

　　一、案例背景 ··· （149）

　　二、理论分析与研究内容 ·· （149）

　　三、模型设定 ··· （150）

　　四、实证设计与分析 ·· （153）

　　五、案例小结 ··· （157）

　案例4　基于MARGM(1,N)模型的第三产业总量三元区间数预测 ················ （158）

　　一、案例背景 ··· （158）

　　二、理论分析与研究内容 ·· （158）

　　三、模型设定 ··· （158）

　　四、案例小结 ··· （166）

　案例5　偏最小二乘法模型预测区间的构造及其在分子描述符数据上的应用 ········ （167）

　　一、案例背景 ··· （167）

　　二、符号 ··· （168）

　　三、理论与算法 ·· （168）

　　四、模拟数据与真实数据分析 ·· （170）

　　五、案例小结 ··· （175）

参考文献 ··· （176）

第1章 金融统计分析案例

金融统计分析主要利用统计理论与方法，对金融活动内容进行分类、量化、数据搜集和整理，以及进行描述和分析，反映金融活动的规律性或揭示其基本数量关系。金融统计分析的研究领域包含金融风险管理、资产定价、证券投资分析、量化交易等金融问题，涉及计量经济学和贝叶斯分析等统计理论，其中，计量经济学理论最为常用。本章介绍4个案例，内容涉及面板门限模型、似无相关模型和 VAR 模型。

案例1 两权分离度、银行债务与终极控制股东行为关系的实证分析——基于面板门限模型

一、案例背景

当今上市公司中普遍存在集中控股特征，Claessens 等发现超过三分之二的东亚上市公司由终极控制股东控制，他们通常利用双重持股、交叉持股或金字塔结构的方式实现控制权和现金流权之间的分离，其中金字塔结构是最常用的方式之一。这种新型的两权分离使得终极控制股东以较小的现金流权就可以获得对上市公司的控制，具有控制权杠杆效应；并且，当两权分离度较大时，终极控制股东为了自身利益可将公司的资产和利润转移到与自己相关的其他公司中，即实施"掏空（tunneling）"行为。多数研究表明，两权分离确实会导致终极控制股东对上市公司实施掏空行为，侵占中小股东及外部投资者的利益。但也有研究表明，在某些特殊的情况下，如当公司受到负面冲击而处于破产或退市边缘时，终极控制股东可能会利用自有资金或资源向其输送利益，即实施支持行为。这说明终极控制股东对上市公司实施支持或掏空行为具有状态依赖性。

债务融资是公司重要的外部融资方式，也是公司治理的一个重要环节。因此，从债务融资视角去研究终极控制股东的支持或掏空行为已成为研究热点。本案例主要探索上市公司在持有不同的银行债务状态下，两权分离度对终极控制股东掏空与支持行为影响的区间效应。

二、面板门限模型

（一）模型定义

设有面板数据 $\{y_{it}, \boldsymbol{x}_{it}, q_{it} : 1 \leqslant i \leqslant n, 1 \leqslant t \leqslant T\}$，其中 i 表示个体，t 表示时间，则 Hansen

（1999）的面板门限模型：

$$\begin{cases} y_{it} = \mu_i + \boldsymbol{\alpha}_1^{\mathrm{T}} \cdot \boldsymbol{x}_{it} + \varepsilon_{it}, 若 q_{it} \leqslant \gamma \\ y_{it} = \mu_i + \boldsymbol{\alpha}_2^{\mathrm{T}} \cdot \boldsymbol{x}_{it} + \varepsilon_{it}, 若 q_{it} > \gamma \end{cases} \qquad (1\text{-}1\text{-}1)$$

式中，y_{it} 是被解释变量；$\boldsymbol{x}_{it}$ 为核心解释变量（向量）；q_{it} 为门槛变量；γ 是对应的门限值，其大小由样本数据内生决定；$\boldsymbol{\alpha}_1$、$\boldsymbol{\alpha}_2$ 表示门限效应，是解释变量在门限值所划分两个区域内的回归系数（向量）；ε_{it} 是随机扰动项，与 $\boldsymbol{x}_{it}$ 不相关。

引入示性函数 $I(\cdot)$，即若括号内表达式成立，则其值为 1，否则为 0，从而，式（1-1-1）等价于：

$$y_{it} = \mu_i + \boldsymbol{\alpha}_1^{\mathrm{T}} \cdot \boldsymbol{x}_{it} \cdot I(q_{it} \leqslant \gamma) + \boldsymbol{\alpha}_2^{\mathrm{T}} \cdot \boldsymbol{x}_{it} \cdot I(q_{it} > \gamma) + \varepsilon_{it} \qquad (1\text{-}1\text{-}2)$$

（二）估计

令 $\boldsymbol{\alpha} = \begin{pmatrix} \boldsymbol{\alpha}_1 \\ \boldsymbol{\alpha}_2 \end{pmatrix}$，$\boldsymbol{x}_{it}(\gamma) = \begin{pmatrix} \boldsymbol{x}_{it} \cdot I(q_{it} \leqslant \gamma) \\ \boldsymbol{x}_{it} \cdot I(q_{it} > \gamma) \end{pmatrix}$，则式（1-1-2）等价于：

$$y_{it} = \mu_i + \boldsymbol{\alpha}^{\mathrm{T}} \cdot \boldsymbol{x}_{it}(\gamma) + \varepsilon_{it} \qquad (1\text{-}1\text{-}3)$$

假设 n 较大，T 较小（短面板），对于第 i 个体，将式（1-1-3）两边对时间求平均得：

$$\bar{y}_i = \mu_i + \boldsymbol{\alpha}^{\mathrm{T}} \cdot \bar{\boldsymbol{x}}_i(\gamma) + \bar{\varepsilon}_i \qquad (1\text{-}1\text{-}4)$$

式中，$\bar{y}_i \equiv \frac{1}{T}\sum_{t=1}^{T} y_{it}$，$\bar{\boldsymbol{x}}_i(\gamma) \equiv \frac{1}{T}\sum_{t=1}^{T} \boldsymbol{x}_{it}(\gamma)$，$\bar{\varepsilon}_i \equiv \frac{1}{T}\sum_{t=1}^{T} \varepsilon_{it}$。将式（1-1-3）减去式（1-1-4），得模型的离差形式：

$$y_{it}^* = \boldsymbol{\alpha}^{\mathrm{T}} \cdot \boldsymbol{x}_{it}^* + \varepsilon_{it}^* \qquad (1\text{-}1\text{-}5)$$

式中，$y_{it}^* = y_{it} - \bar{y}_i$，$\boldsymbol{x}_{it}^*(\gamma) = \boldsymbol{x}_{it}(\gamma) - \bar{\boldsymbol{x}}_i(\gamma)$，$\varepsilon_{it}^* = \varepsilon_{it} - \bar{\varepsilon}_i$。

利用两步法估计式（1-1-5）中的参数。

第一步：给定 γ 的取值，用 OLS（Ordinary Least Squares，普通最小二乘法）估计式（1-1-5）中的 $\hat{\boldsymbol{\alpha}}(\gamma)$（$\boldsymbol{\alpha}$ 的估计值），以及残差平方和 SSR(γ)。

第二步：对于 $\gamma \in \{q_{it} : 1 \leqslant i \leqslant n, 1 \leqslant t \leqslant T\}$，其中 γ 最多有 nT 个可能取值，选择 $\hat{\gamma}$ 使得 $\hat{\boldsymbol{\alpha}}(\hat{\gamma})$ 达到最小，即得到式（1-1-5）中参数 $\boldsymbol{\alpha}$ 的估计值 $\hat{\boldsymbol{\alpha}}(\hat{\gamma})$。

（三）检验

1. 门限效应检验

检验是否存在"门限效应"，即检验原假设：

$$H_0 : \boldsymbol{\alpha}_1 = \boldsymbol{\alpha}_2$$

若不拒绝原假设，则说明不存在门限效应。此时，模型简化为

$$y_{it} = \mu_i + \boldsymbol{\alpha}_1^{\mathrm{T}} \cdot \boldsymbol{x}_{it} + \varepsilon_{it} \qquad (1\text{-}1\text{-}6)$$

式（1-1-6）为标准的固定效应模型，可将其转化为离差形式后用 OLS 估计模型中的参数。设在约束条件 "$H_0 : \boldsymbol{\alpha}_1 = \boldsymbol{\alpha}_2$" 下所得的残差平方和为 SSR*，无约束条件的残差平方和为 SSR$(\hat{\gamma})$，则易知 SSR$^* \geqslant$ SSR$(\hat{\gamma})$，且 [SSR$^* -$ SSR$(\hat{\gamma})$] 越大越倾向于拒绝 "$H_0 : \boldsymbol{\alpha}_1 = \boldsymbol{\alpha}_2$"。

于是，Hansen（1999）提出似然比检验（LR）统计量：

$$LR = \frac{SSR^* - SSR(\hat{\gamma})}{\hat{\sigma}^2}$$

式中，$\hat{\sigma}^2 = \dfrac{SSR(\hat{\gamma})}{n(T-1)}$ 为干扰项方差的一致估计。LR 的分布依赖于样本矩，无法求出具体的临界值，需要用自助法（boostrap）得到其临界值。

2. 门限值检验

如果模型存在门限效应，则可以进一步对其门限值进行检验，即检验

$$H_0 : \gamma = \gamma_0$$

其检验统计量为 $LR(\gamma) = \dfrac{SSR(\gamma) - SSR(\hat{\gamma})}{\hat{\sigma}^2}$，当原假设为真时，$LR(\gamma)$ 的渐近分布是非标准的，具有累积分布 $(1 - e^{-x/2})^2$，可直接计算出临界值。

类似地，可考虑多门限值模型，但在 Hansen（1999）文中，考虑的最多是 3 个门限值。以两个门限值为例，其模型如下：

$$y_{it} = \mu_i + \boldsymbol{\alpha}_1^{\mathrm{T}} \cdot \boldsymbol{x}_{it} \cdot I(q_{it} \le \gamma_1) + \boldsymbol{\alpha}_2^{\mathrm{T}} \cdot \boldsymbol{x}_{it} \cdot I(\gamma_1 < q_{it} \le \gamma_2) + \boldsymbol{\alpha}_3^{\mathrm{T}} \cdot \boldsymbol{x}_{it} \cdot I(q_{it} > \gamma_2) + \varepsilon_{it} \qquad (1\text{-}1\text{-}7)$$

式中，门限值 $\gamma_1 < \gamma_2$，其参数估计和检验均与单门限值模型类似。

三、案例设计

（一）变量的定义及描述

本案例中，被解释变量是上市公司终极控制股东掏空程度，定义 Tunnel=（其他应收款-其他应付款)/总资产,若 Tunnel>0,表示终极控制股东对上市公司实施掏空行为;若 Tunnel<0,则表示终极控制股东为了自身长远利益对上市公司实施支持行为。

核心解释变量是两权分离度（Wedge），其值为终极控制股东控制权与现金流权的比值，控制权及现金流权采用 La Porta 等（1999）的计算方法，即控制权等于每条控制链条上最低的持股比例之和，现金流权等于每条控制链条上持股比例乘积之和。

门限变量为银行债务比率，控制变量有净资产收益率、资产负债率、企业规模、企业赢利能力、有形资产比率、Q 值、行业虚拟变量，其具体定义见表 1-1-1。

表 1-1-1　变量定义

变量类型	变量符号	变量名称	变量定义
被解释变量	Tunnel	终极控制股东掏空程度	（其他应收款-其他应付款）/资产总额
门限变量	Bank	银行债务比率	（短期借款+长期借款)/资产总额
核心解释变量	Wedge	两权分离度	控制权/现金流权；数值越大，两权分离度越大
控制变量	ROE	净资产收益率	净利润/股东权益合计
	Lev	资产负债率	负债总额/资产总额
	Logassets	企业规模	一百万元衡量的资产总额的自然对数
	Profit	企业赢利能力	EBITDA（税息折旧及摊销前利润)/资产总额
	Tangibility	有形资产比率	有形资产总额/资产总额

变量类型	变量符号	变量名称	变量定义
控制变量	Q	Q值	（股权市值+总负债账面价值）/资产总额
	Industry	行业虚拟变量	中国证券监督管理委员会（CSRC）行业分类，共20个虚拟变量，其中，由于样本中 N、I、Q、R、S 数量较少，将其合为一类作为参考类；制造业行业取其代码前2位分类

（二）样本选择与数据来源

由于我国的集中股权结构公司主要以金字塔控股结构形式存在，且在 2005 年我国开始实施股权分离改革政策，到 2006 年年底基本完成，期间股价可能发生异常波动，因此本案例选取 2007—2013 年上海和深圳两个交易所上市的具有金字塔控制结构的非金融公司面板数据作为研究样本，并通过如下方式进行样本筛选：（1）剔除 B 股和 H 股公司；（2）剔除样本期间内有数据缺失的公司；（3）剔除无法找到终极控制股东的公司。最终选取了 375 家公司，其中深圳证券交易所上市公司 174 家，上海证券交易所上市公司 201 家，共 2625 个样本。本案例数据均来源于 CCERDATA 中国经济金融数据库、深圳国泰安 CSMAR 数据库。

（三）模型应用

本案例运用 Hansen（1999）面板门限回归模型探索终极控制股东在公司不同的银行债务状态下可能呈现出不同的行为（掏空或支持），单一门限模型如下：

$$y_{it} = \mu_i + \alpha_1 x_{it} \cdot I(q_{it} \leqslant \gamma) + \alpha_2 x_{it} \cdot I(q_{it} > \gamma) + \boldsymbol{\beta}' \boldsymbol{Z}_{it} + \varepsilon_{it} \qquad (1\text{-}1\text{-}8)$$

式中，y_{it} 为被解释变量——终极控制股东掏空程度；x_{it} 为核心解释变量——两权分离度；q_{it} 为门槛变量——银行债务比率；$\boldsymbol{Z}_{it}$ 为一组控制变量；$\boldsymbol{\beta}$ 为各控制变量的回归系数向量；其他参数或变量与式（1-1-2）中的含义相同。

若存在双门限值，则式（1-1-8）改为：

$$y_{it} = \mu_i + \alpha_1 x_{it} \cdot I(q_{it} \leqslant \gamma_1) + \alpha_2 x_{it} \cdot I(\gamma_1 < q_{it} \leqslant \gamma_2) + \alpha_3 x_{it} \cdot I(q_{it} > \gamma_2) + \boldsymbol{\beta} \boldsymbol{Z}_{it} + \varepsilon_{it} \qquad (1\text{-}1\text{-}9)$$

四、实证设计与分析

（一）变量的描述性统计

表 1-1-2 给出了主要变量的描述性统计。

表 1-1-2　主要变量的描述性统计

变 量	观 测 值	均 值	标 准 差	最 小 值	中 位 数	最 大 值
Tunnel	2625	-0.027	0.078	-0.890	-0.012	0.453
Bank	2625	0.203	0.154	0.000	0.190	0.859
Wedge	2625	2.058	1.557	1.000	1.667	28.870
Lev	2625	0.521	0.307	0.007	0.514	7.144
ROE	2625	0.451	9.640	-89.000	0.511	80.000
Logassets	2625	7.971	1.251	2.704	7.892	13.180

续表

变　量	观测值	均　　值	标　准　差	最　小　值	中　位　数	最　大　值
Profit	2625	0.079	0.094	-0.920	0.070	0.714
Tangibility	2625	0.947	0.063	0.371	0.965	1.000
Q	2625	2.711	2.324	0.985	2.183	76.160

注：表中检验结果四舍五入，统一保留三位小数。

由表 1-1-2 可知，Tunnel 的均值、最小值、中位数及最大值分别为-0.027，-0.890，-0.012 和 0.453，这说明终极控制股东对上市公司的掏空行为与支持行为并存，且在本样本中实施的支持行为数量大于掏空行为数量。Bank 的均值、最小值、中位数及最大值分别为 0.203、0.000、0.190 和 0.859，这表明样本中公司的银行债务比率均值在 20%左右，银行债务比率差异较大，有的公司偏小，接近于 0%，有的较大，能达到 85.9%。Wedge 的均值为 2.058，说明终极控制股东的两权分离度比较大，平均而言，控制权是现金流权的两倍；Wedge 的最小值和最大值分别是 1.000 和 28.870，这说明上市公司中部分终极控制股东的两权分离度非常大。

（二）门限效应检验

根据设定的模型，运用 Stata 统计软件，设定反复抽样 300 次。首先检验是否存在一个门限值，若存在，则再检验是否存在两个门限值；若存在，则再检验是否存在三个门限值。然后对设定的面板门限模型进行估计，得到回归系数的估计值，进而对上述假设进行验证。

表 1-1-3 给出了门限效应检验结果，以及相应的 F 统计量、P 值和显著性水平为 5%的临界值，由检验结果可知，银行债务比率（Bank）在 10%显著性水平下有两个门限值。

表 1-1-3　门限效应检验结果

模　型　假　设		银行债务比率门限效应检验		
原假设	备择假设	F	P	5%临界值
H_0：没有门限值	H_1：一个门限值	64.81	0.000	19.571
H_0：一个门限值	H_1：两个门限值	17.96	0.073	20.583
H_0：两个门限值	H_1：三个门限值	13.16	0.530	25.913

表 1-1-4 给出了门限值的估计结果与相应的置信区间，银行债务比率的两个门限值（Bank Th-1 和 Bank Th-2）分别为 0.149 和 0.257，处于银行债务比率均值的两侧；图 1-1-1 和图 1-1-2 是相应的似然比函数图，图中，First Threshold 对应 Th-1，Second Threshold 对应 Th-2，图中虚线是似然比统计量 LR Statistics 在显著性水平为 5%时的临界值。

表 1-1-4　门限值的估计结果与相应的置信区间

门　限　值	估　计　值	95%的置信区间
Bank Th-1	0.149	（0.145，0.150）
Bank Th-2	0.257	（0.244，0.259）

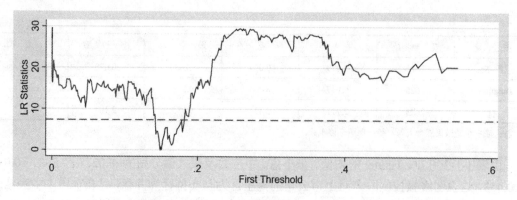

图 1-1-1　银行债务比率的第一个门限估计值

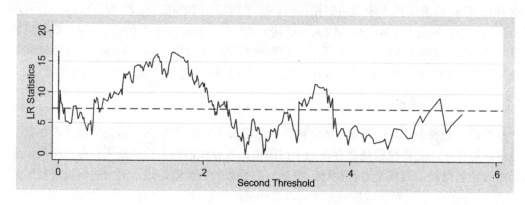

图 1-1-2　银行债务比率的第二个门限估计值

（三）门限模型回归结果

利用表 1-1-4 中确定的门限值，便可以对相应的门限模型进行参数估计，其结果见表 1-1-5。

表 1-1-5　门限模型回归结果

门限变量类型	影响系数	Bank
Wedge（核心解释变量）	α_1	-0.0022*
		（0.0011）
	α_2	0.0045***
		（0.0016）
	α_3	0.0101***
		（0.0016）
Lev		-0.0315***
		（0.0057）
ROE		-0.0004***
		（0.0001）
Logassets		0.0113***
		（0.0025）

续表

门限变量类型	影响系数	Bank
Profit		0.0050
		(0.0138)
Tangibility		-0.1561*
		(0.0319)
Q		-0.0028***
		(0.0006)
Industry		控制
样本数		2625
R^2		0.3407
F		39.57***

注：括号内为检验的标准误，***、**和*分别表示在1%、5%和10%显著性水平下显著。

当银行债务比率小于门限值 0.149 时，两权分离度对终极控制股东掏空程度的影响系数 α_1 为-0.0022 且在 10%显著性水平下显著；当银行债务比率大于门限值 0.149 且小于门限值 0.257 时，影响系数 α_2 为 0.0045 且在 1%显著性水平下显著；当银行债务比率大于门限值 0.257 时，影响系数 α_3 在 1%显著性水平下显著，其估计值增大到 0.0101。

这表明银行债务比率小于 0.149 时银行债务具有治理效应，此时较大的两权分离度能促使终极控制股东的支持行为；当银行债务比率大于 0.149 时，银行债务不存在治理效应，较大的两权分离度会引起终极控制股东的掏空行为，若银行债务比率进一步变大，则掏空的程度也加大。

（四）稳健性检验

为检验上述结果的可靠性，本案例采取以下两种稳健性检验。

（1）将样本区间改成 2009—2012 年，重新估计并检验门限值和门限模型，结果表明，银行债务比率存在单门限效应，其门限值为 0.151（在 1%显著性水平下显著）。稳健性检验的部分结果见表 1-1-6。

（2）将样本进行 1% 的 Winsorize（缩尾处理）处理，重新估计并检验门限值和门限模型，结果发现，银行债务比率有双门限值 0.164 和 0.283（在 1%显著性水平下显著）。Wedge 的估计结果见表 1-1-6。

表 1-1-6　稳健性检验的部分结果

变量类型	影响系数	Bank（稳健检验方式 1）	Bank（稳健检验方式 2）
Wedge	α_1	-0.0029	-0.0028
		(0.0023)	(0.0017)
	α_2	0.0058**	0.0046**
		(0.0024)	(0.0018)
	α_3		0.0103***
			(0.0018)

注：括号内为检验的标准误，***、**和*分别表示在1%、5%和10%显著性水平下显著。

表 1-1-6 表明，当银行债务比率小于第一个门限值时，两权分离度对终极控制股东掏空程度影响的显著性水平有所降低，但依然为负；当银行债务比率大于第一个门限值时，两权分离度对终极控制股东掏空程度影响的显著性为正。稳健性检验结果表明，银行债务比率的门限效应具有较好的稳健性，且在相应的区间内核心解释变量对被解释变量的影响也具有较好的稳健性。

五、案例小结

本案例利用具有金字塔结构特征的上市公司面板数据构建面板门限回归模型，以银行债务比率为门限变量，实证分析了控制权与现金流权分离度对终极控制股东行为的非线性效应，得到以下结论。

（1）银行债务比率对终极控制股东行为的影响具有门限效应。

（2）当银行债务比率大于门限值 0.149 时，两权分离度会引起终极控制股东的掏空行为；当银行债务比率小于门限值 0.149 时，两权分离度会促进终极控制股东的支持行为，但该影响的显著性较弱。

案例 2　研发投入对企业绩效影响的门限效应——基于创业板上市公司的实证研究

一、案例背景

创新是当今中国乃至全球的一项重要课题，而研发是企业实施创新引领战略的重要途径，也是企业高质量发展的原动力。企业的研发投入对企业竞争力或绩效有哪些影响？这是政府、学术界和企业普遍关注的热点话题之一。

自 2009 年开板以来，创业板上市公司始终坚持服务于创新和企业家精神的行业定位，并踊跃回应国家对创新的呼吁。创业板上市公司在创新上占有相对优势，提高研发经费的使用效率，有助于推动国家尖端技术的形成。因此，对创业板上市公司研究其研发投入对企业绩效的影响是有实践意义的。

本案例通过探索分析，针对创业板上市公司，试图回答以下问题。（1）不同时期的研发投入对企业绩效的线性影响情况是怎样的？具体地讲，考察不同时期的研发投入对企业绩效是否有影响，若有影响，则该影响是正向的还是负向的？（2）在不同企业规模下，各期研发投入对企业绩效影响的区间效应是怎样的？

二、理论模型

（一）面板因子分析

设有样本数据 $\{x_{ijt} \mid i=1,2,\cdots,n; j=1,2,\cdots,m; t=1,2,\cdots,T\}$，其中 i 表示个体，j 表示指标，t 表示时间，则该样本数据为面板数据。董峰（2009）针对复杂的面板数据提出了对多个指标进行降维的方法，将面板数据在平面上转换成截面数据形式，数据根据每个时间点单独列出成为截面数据，然后利用传统的因子分析对每个截面数据指标进行降维，最后对每个截面数据分别按照各自的累积贡献率权重计算综合得分。这个方法有几部分数据就需要进行几次因子分析，但多次因子分析具有以下缺点：每个截面数据得出的公因子数量不一致；每个截面数据提取出的方差贡献率不一致；每个截面数据的系数得分不一致；最后计算出的综合得分不具有可比性。而任娟（2013）将面板数据放在一张表里，只需对该数据实行一次因子分析，这样保证了结果具有可比性，且数据得到了最大程度的保留。因此，以下采用任娟的一次面板数据因子分析计算企业绩效综合指数，该分析实质上是对 nT 个样品统一进行经典因子分析。

多指标面板数据因子分析能有效地将多个指标多个时间点的数据进行综合度量，保留了数据的完整性，选取衡量企业绩效的多个维度的多个指标，具体步骤如下。

第一步：首先应判断因子分析是否能应用到该研究。KMO（抽样适合性）检验能很好地判断该问题，一般 KMO 统计量取值在 0.6 以上为合适，说明原有变量可以通过因子分析进行降维。

第二步：进行分析，当累积方差贡献率高于80%或特征根大于或等于1时的公因子数量是最适合提取的。

第三步：查看因子的提取是否充分，并通过因子旋转对公因子给出合理解释。

第四步：计算出因子得分，并按照以下公式，构建企业绩效综合指标 f_i。

$$f_i(t) = \frac{\sum_{j=1}^{J} \sigma_j f_{ij}(t)}{\sum_{j=1}^{J} \sigma_j} \tag{1-2-1}$$

式中，J 表示上述过程提炼出 J 个公因子；$f_i(t)$ 表示第 i 个个体第 t 年的综合得分；$f_{ij}(t)$ 表示第 i 个个体第 t 年在第 j 个公因子上的得分；σ_j 表示提取的第 i 个公因子方差贡献的百分比率。

（二）静态面板模型

鉴于样本数据是短平衡面板数据，在考察不同时期的研发投入对上市公司的企业绩效的线性影响时，采用如下静态面板模型：

$$y_{it} = \alpha + \beta x_{it} + \mathbf{Controls}_{it}^{\mathrm{T}} \gamma + \varepsilon_{it} \tag{1-2-2}$$

式中，y_{it} 为被解释变量——企业绩效；x_{it} 为解释变量——研发投入；$\mathbf{Controls}'_{it}$ 是控制变量向量；α、β 和 γ 分别为常数项系数、解释变量回归系数向量和控制变量向量的回归系数向量；ε_{it} 为随机扰动项。

（三）面板门限模型

Hansen（1999）提出面板门限模型，其中，单一门限模型如下：

$$y_{it} = \mu_i + \alpha_1 x_{it} \cdot I(q_{it} \leqslant \gamma) + \alpha_2 x_{it} \cdot I(q_{it} > \gamma) + \beta \mathbf{Z}_{it} + \varepsilon_{it} \tag{1-2-3}$$

式中，y_{it} 是被解释变量——企业绩效；x_{it} 为核心解释变量——研发投入；q_{it} 为门限变量——企业规模；γ 是对应的门限值，其大小由样本数据内生决定；$I(\cdot)$ 为示性函数，若括号内表达式成立，则其值为1，否则为0；α_1、α_2 表示门限效应，是核心解释变量在门限值所划分两个区域内的回归系数；$\mathbf{Z}_{it}$ 为一组控制变量；β 是各控制变量的回归系数向量；μ_i 是个体效应；ε_{it} 是随机扰动项。

若存在双门限值，则式（1-2-3）改为：

$$y_{it} = \mu_i + \alpha_1 x_{it} \cdot I(q_{it} \leqslant \gamma_1) + \alpha_2 x_{it} \cdot I(\gamma_1 < q_{it} \leqslant \gamma_2) + \alpha_3 x_{it} \cdot I(q_{it} > \gamma_2) + \beta \mathbf{Z}_{it} + \varepsilon_{it} \tag{1-2-4}$$

三、研究设计

（一）变量选取

被解释变量企业绩效是上市公司的一项重要指标，大多数文献对影响企业绩效的因素进行研究，采用如托宾 Q 值、资产负债率的单一指标作为企业绩效，但单一指标比较片面。也有对多个指标进行分析的，构建多个模型来探索企业绩效的变化，而要详细分析企业绩效情况，采用少量指标是做不到的。企业绩效可以从多个方面衡量，本案例通过选取偿债能力、赢利能力、经营能力和发展能力 4 个维度的多个指标，运用面板数据因子分析计算得出企业绩效综合水平评价指标。企业绩效综合水平评价指标体系见表 1-2-1。

表 1-2-1　企业绩效综合水平评价指标体系

指标类型	指标名称	指标符号	定　义
短期偿债能力	流动比率	CR	流动资产/流动负债
	速动比率	QR	（流动资产-存货）/流动负债
	现金比率	ER	现金及现金等价物期末余额/流动负债
长期偿债能力	资产负债率	Lev	负债总额/资产总额
	有形资产负债率	TAR	（负债总额）/（资产总额-无形资产净额-商誉净额）
赢利能力	资产报酬率	RRA	（利润总额+财务费用）/资产总额
	总资产净利润率	ROA	净利润/总资产余额
	净资产收益率	ROE	净利润/股东权益余额
	流动资产净利润率	CAPM	净利润/流动资产余额
经营能力	流动资产周转率	CAT	营业收入/流动资产期末余额
	非流动资产周转率	NCAT	营业收入/非流动资产期末余额
	总资产周转率	TAT	营业收入/资产总额期末余额
	股东权益周转率	ET	营业收入/股东权益期末余额
发展能力	总资产增长率	TAGR	（资产总额本期期末值-资产总额本期期初值）/（资产总额本期期初值）
	所有者权益增长率	OEGR	（所有者权益本期期末值-所有者权益本期期初值）/所有者权益本期期初值
	每股净资产增长率	NAGR	（每股净资产本期期末值-每股净资产本期期初值）/每股净资产本期期初值

核心解释变量是研发投入，即研发投入占营业收入比例。门限模型中的门限变量为企业规模。控制变量有企业年龄、现金流量、财务杠杆、股权集中指标和独立董事比例，具体定义见表 1-2-2。

表 1-2-2　计量模型中变量定义

变量类型	变量名称	变量符号	定　义
被解释变量	企业绩效综合指数	fi	面板数据因子分析计算得到
门限变量	企业规模	Size	资产总额取对数
核心解释变量	当期研发投入	RDI	研发投入占营业收入比例
	滞后一期研发投入	L.RDI	一年前研发投入
	滞后二期研发投入	L2.RDI	两年前研发投入
	滞后三期研发投入	L3.RDI	三年前研发投入
	滞后四期研发投入	L4.RDI	四年前研发投入
控制变量	企业年龄	Age	当前年份-成立年份
	现金流量	Cash	经营现金净流量/资产总额

续表

变 量 类 型	变 量 名 称	变 量 符 号	定　　　义
控制变量	财务杠杆	FLev	(净利润+所得税费用+财务费用)/(净利润+所得税费用)
	股权集中指标	Shrcr	公司第一大股东持股比例
	独立董事比例	ID	独立董事人数/董事会总人数

注：在静态面板模型中，企业规模是控制变量。

（二）数据来源

本案例选择 2012—2019 年创业板上市公司的平衡面板数据作为研究样本，并根据以下条件筛选样本：（1）删掉存在数据不完整的年份数据；（2）删掉同时为 B 股和 H 股的公司；（3）删掉被标 ST 和*ST 的公司。最终留下了 311 家上市公司，共 2488 个样本，本案例数据均在深圳国泰安 CSMAR 数据库下载得到。

四、实证分析

（一）企业绩效评价分析

此部分分析是基于企业绩效综合水平评价指标体系中变量的样本数据，并采用 SAS9.4 软件实现的。

1. 模型适用性检验

面板数据因子分析同样需要检验该样本数据是否符合该方法的前提条件，即对样本数据进行效度检验。KMO 和 Bartlett 球形检验能够解决这一问题，当 KMO 检验结果大于 0.6，并且 Bartlett 球形度检验拒绝原假设时，认为允许做因子分析。

对本案例样本数据进行 KMO 和 Bartlett 球形检验，结果见表 1-2-3，结果显示 KMO 统计值为 0.693>0.6，并且 Bartlett 的球形度检验的近似卡方为 55247，对应的 P 值小于 0.0001，在显著性水平为 1%上拒绝原假设，即认为变量之间存在较强的相关关系，适合进行因子分析。

表 1-2-3　KMO 和 Bartlett 球形检验结果

KMO 抽样适当性测度		0.693
Bartlett 的球形度检验	卡方	55247
	自由度	120
	P 值	<0.0001

2. 确定提取公因子数目及因子旋转模型

按照特征值大于 1 或累积贡献率达到 80%及以上的标准对分析指标提取公因子数目，并对因子载荷阵进行旋转。公因子解释的总方差见表 1-2-4，由该表可知，提取 5 个公共因子合适，并且此时的累积贡献率达到 87%，说明提取的信息很充分。因此，选择 5 个公共因子能较好地代表原指标。

表 1-2-4　公因子解释的总方差

成分	初始特征值			提取载荷平方和			旋转载荷平方和		
	特征值	比例	累积	已解释方差	比例	累积	已解释方差	比例	累积
1	4.479	0.280	0.280	4.479	0.280	0.280	3.346	0.209	0.209
2	3.407	0.213	0.493	3.407	0.213	0.493	3.259	0.204	0.413
3	2.810	0.176	0.669	2.810	0.176	0.669	2.961	0.185	0.598
4	2.146	0.134	0.803	2.146	0.134	0.803	2.471	0.154	0.752
5	1.071	0.067	0.870	1.071	0.067	0.870	1.877	0.117	0.870
6	0.658	0.041	0.911						
7	0.414	0.026	0.937						
8	0.376	0.024	0.960						
9	0.176	0.011	0.971						
10	0.139	0.009	0.980						
11	0.117	0.007	0.987						
12	0.103	0.007	0.994						
13	0.061	0.004	0.997						
14	0.030	0.002	0.999						
15	0.009	0.001	1.000						
16	0.003	0.000	1.000						

3. 因子旋转模型

表 1-2-5 为面板数据因子分析的因子旋转模型。

第一公因子 Factor1 在总资产周转率、股东权益周转率、流动资产周转率和非流动资产周转率上具有较大的因子载荷，分别为 0.977、0.912、0.877 和 0.861，因而该因子可解释为经营能力因子。

第二公因子 Factor2 在总资产净利润率、资产报酬率、净资产收益率和流动资产净利润率上具有较大的因子载荷，分别为 0.956、0.955、0.930 和 0.670，因而该因子可解释为赢利能力因子。

第三公因子 Factor3 在速动比率、流动比率和现金比率上具有较大的因子载荷，分别为 0.965、0.960 和 0.950，因而该因子可解释为短期偿债能力因子。

第四公因子 Factor4 在所有者权益增长率、总资产增长率和每股净资产增长率上具有较大的因子载荷，分别为 0.952、0.897 和 0.843，因而该因子可解释为发展能力因子。

第五公因子 Factor5 在有形资产负债率和资产负债率上具有较大的因子载荷，分别为 0.915 和 0.909，因而该因子可解释为长期偿债能力因子。

表 1-2-5　因子旋转模型

		Factor1	Factor2	Factor3	Factor4	Factor5
总资产周转率	TAT	**0.977**	0.027	−0.064	−0.016	0.052
股东权益周转率	ET	**0.912**	−0.104	0.002	−0.001	0.159

续表

		Factor1	Factor2	Factor3	Factor4	Factor5
流动资产周转率	CAT	**0.877**	0.032	−0.156	−0.046	0.134
非流动资产周转率	NCAT	**0.861**	−0.005	0.044	0.066	−0.050
总资产净利润率	ROA	−0.001	**0.956**	0.074	0.122	−0.110
资产报酬率	RRA	0.014	**0.955**	0.038	0.123	−0.040
净资产收益率	ROE	0.011	**0.930**	0.030	0.076	−0.047
流动资产净利润率	CAPM	−0.056	**0.670**	−0.032	0.061	−0.144
速动比率	QR	−0.051	0.027	**0.965**	0.016	−0.210
流动比率	CR	−0.052	0.028	**0.960**	0.010	−0.226
现金比率	ER	−0.042	0.027	**0.950**	0.035	−0.115
所有者权益增长率	OEGR	−0.008	0.140	0.030	**0.952**	−0.044
总资产增长率	TAGR	−0.027	0.070	0.006	**0.897**	0.119
每股净资产增长率	NAGR	0.041	0.125	0.019	**0.843**	−0.056
有形资产负债率	TAR	0.113	−0.175	−0.292	0.043	**0.915**
资产负债率	Lev	0.152	−0.181	−0.285	−0.019	**0.909**

4. 指数的构建

表 1-2-6 为旋转因子模型的公因子在标准化变量上的得分系数，利用该表可得到公因子的得分表达式，如第一公因子 Factor1 的得分表达式如下：

$$Factor1 = 0.301TAT^* + 0.273ET^* + 0.262CAT^* + 0.275NCAT^* + 0.003ROA^* + 0.001RRA^* +$$
$$0.001ROE^* - 0.010CAPM^* + 0.010QR^* + 0.011CR^* + 0.004ER^* + 0.002OEGR^* -$$
$$0.019TAGR^* + 0.018NAGR^* - 0.047TAR^* - 0.034Lev^*$$

（1-2-5）

类似地，可以得到其他公共因子的得分表达式。

注：式（1-2-5）中变量带"*"号的表示原变量的标准化变量。

表 1-2-6 得分系数

指 标 名 称	指标符号	Factor1	Factor2	Factor3	Factor4	Factor5
总资产周转率	TAT	0.301	0.009	−0.006	−0.009	−0.059
股东权益周转率	ET	0.273	−0.023	0.047	0.003	0.025
流动资产周转率	CAT	0.262	0.023	−0.025	−0.024	−0.011
非流动资产周转率	NCAT	0.275	−0.020	0.011	0.031	−0.106
总资产净利润率	ROA	0.003	0.309	0.016	−0.032	0.055
资产报酬率	RRA	0.001	0.317	0.018	−0.033	0.096
净资产收益率	ROE	0.001	0.311	0.014	−0.051	0.088
流动资产净利润率	CAPM	−0.010	0.209	−0.042	−0.028	−0.027
速动比率	QR	0.010	−0.004	0.363	−0.011	0.094
流动比率	CR	0.011	−0.005	0.356	−0.013	0.082

		Factor1	Factor2	Factor3	Factor4	Factor5
现金比率	ER	0.004	0.007	0.380	−0.006	0.160
所有者权益增长率	OEGR	0.002	−0.043	−0.020	0.397	−0.047
总资产增长率	TAGR	−0.019	−0.041	0.011	0.374	0.063
每股净资产增长率	NAGR	0.018	−0.040	−0.025	0.353	−0.061
有形资产负债率	TAR	−0.047	0.048	0.103	0.002	0.577
资产负债率	Lev	−0.034	0.051	0.106	−0.024	0.573

将标准化数据代入公共因子的得分表达式，即可得到 5 个公因子得分，分别记为 fi_1、fi_2、fi_3、fi_4 和 fi_5，并以旋转公因子的方差贡献率加权平均，得到企业绩效综合指数，具体表达式如下：

$$fi = \frac{20.9fi_1 + 20.4fi_2 + 18.5fi_3 + 15.4fi_4 + 11.7fi_5}{20.9 + 20.4 + 18.5 + 15.4 + 11.7} \tag{1-2-6}$$

（二）描述性统计分析

对表 1-2-2 中除企业绩效综合指数之外的连续型变量进行描述性统计分析，结果见表 1-2-7。此部分及后续部分的分析，均采用 Stata 软件实现。

表 1-2-7 表明，企业规模均值、最小值和最大值分别是 21.412、19.544 和 24.934，这说明在样本数据中企业的总资产取对数后的最大差异将近 5.4，即原始数据中总资产的最大值是最小值的近 200 倍。当期研发投入的最小值和最大值分别是 0.020 和 72.750，说明样本中各企业创新投资差距比较大；当期研发投入的均值和中位数分别是 7.121 和 5.085，说明大部分企业的创新投资占营业收入的 5%左右，平均来说约为 7%。企业年龄中位数、最小值和最大值分别 14.000、3.000 和 32.000，说明在样本数据年大部分企业年龄为 14 年，且企业年龄差异较大。现金流量的均值和中位数分别是 3.499 和 3.443，说明大部分企业的现金流量在 3.4%左右，分布也较为对称；现金流量的最小值和最大值分别为-35.440 和 87.395，说明不同企业的现金流量差异大。财务杠杆、股权集中指标和独立董事比例的均值分别是 30.667、29.831 和 38.394，说明平均而言，企业的财务杠杆、股权集中指标和独立董事比例分别约为 31%、30%和 38%。

表 1-2-7　主要变量的描述性统计分析结果

变　量	观 测 值	均　值	标 准 差	最 小 值	中 位 数	最 大 值
Size	2464	21.412	0.841	19.544	21.324	24.934
RDI	2464	7.121	6.425	0.020	5.085	72.750
Age	2464	14.367	4.763	3.000	14.000	32.000
Cash	2464	3.499	6.914	−35.440	3.443	87.395
FLev	2464	30.667	17.553	1.103	28.339	98.861
Shrcr	2464	29.831	12.039	6.555	27.930	68.865
ID	2464	38.394	5.728	33.333	37.500	66.670

（三）静态面板模型分析

对表 1-2-2 中除企业绩效综合指数之外的连续型变量进行了 1% 和 99% 的 Winsorize 处理，基于处理之后的数据，以企业绩效综合指数（fi）为被解释变量，分别以当期研发投入（RDI）和它的滞后 1～4 阶变量（L.RDI、L2.RDI、L3.RDI、L4.RDI）为解释变量，拟合静态面板模型。对静态面板模型进行 LM 检验和 Hausman 检验，确定这些模型为固定效应（FE）模型，采用组间（with）估计系数，估计结果见表 1-2-8。

由表 1-2-8 可知，当期研发投入对企业绩效有负向影响，该影响在 1% 的显著性水平下显著；滞后一期研发投入对企业绩效有较弱的负向影响，但该影响在 10% 的显著性水平下不显著；滞后二期研发投入对企业绩效有正向影响，该影响在 10% 的显著性水平下显著；滞后三期和四期研发投入对企业绩效有正向影响，它们都在 1% 的显著性水平下显著。综合来看，短期内研发投入是负向影响企业绩效的，主要是因为研发投入不会出现立竿见影的效果，它对企业绩效的影响需要一定的时间才能显现；对于中长期来说，研发投入会正向影响企业绩效，且在滞后二期和三期时的正向效果更为显著。

表 1-2-8 的结果表明，滞后一期和二期的研发投入对企业绩效的影响都较弱，但这并不说明这两期的影响可以忽略。因为根据现有文献的研究可推测出，各期研发投入对企业绩效的影响在很大程度上依赖于公司所处的状态，如依赖于企业规模。在不同的企业规模下，不同时期的研发投入对企业绩效影响可能存在较大差异，于是本案例将借鉴面板门限模型进一步讨论研发投入对企业绩效的影响。

表 1-2-8 静态面板模型的系数估计结果

变 量	企业绩效综合指数（fi）				
	（1）	（2）	（3）	（4）	（5）
RDI	-0.0165^{***}				
	(0.004)				
L.RDI		-0.00466			
		(0.003)			
L2.RDI			0.00774^{*}		
			(0.003)		
L3.RDI				0.0150^{***}	
				(0.003)	
L4.RDI					0.0113^{***}
					(0.003)
Size	0.299^{***}	0.350^{***}	0.392^{***}	0.455^{***}	0.537^{***}
	(0.038)	(0.037)	(0.037)	(0.051)	(0.085)
Age	-0.0821^{***}	-0.0787^{***}	-0.0793^{***}	-0.0729^{***}	-0.0616^{***}
	(0.010)	(0.010)	(0.009)	(0.010)	(0.012)
Cash	0.00518^{**}	0.00521^{**}	0.00463^{*}	0.00317	0.00241
	(0.002)	(0.002)	(0.002)	(0.002]	[0.002)

变　　量	企业绩效综合指数（fi）				
	（1）	（2）	（3）	（4）	（5）
FLev	0.00114	0.00128	0.000441	−0.00144	−0.00620**
	(0.001)	(0.002)	(0.002)	(0.002)	(0.002)
Shrcr	0.000272	0.00372	0.00695*	0.0113**	0.0127**
	(0.002)	(0.002)	(0.003)	(0.004)	(0.005)
ID	0.00147	0.00334	0.00416	0.00365	0.00536
	(0.002)	(0.002)	(0.003)	(0.003)	(0.004)
_cons	−5.228***	−6.630***	−7.705***	−9.274***	−11.15***
	(0.761)	(0.729)	(0.779)	(1.091)	(1.812)
N	2464	2156	1848	1540	1232
R-sq（adj）	0.138	0.139	0.156	0.18	0.186

注：括号内为稳健标准误，*、**和***分别表示在 10%、5%和 1%显著性水平下显著。

（四）面板门限模型分析

基于 1%和 99%的 Winsorize 处理之后的数据，以企业绩效综合指数（fi）为被解释变量，企业规模（Size）为门限变量，分别以当期研发投入（RDI）和它的滞后 1～4 阶变量为核心解释变量，拟合面板门限模型。

1. 门限效应检验

根据设定的模型，借鉴 Wang（2015）的“自抽样法”（Bootstrap）程序命令，运用 Stata 统计软件，设定反复抽样 300 次。首先检验是否存在一个门限值，若存在，则再检验是否存在两个门限值；若存在，则再检验是否存在三个门限值。

表 1-2-9 给出了门限效应检验结果，以及相应的 F 统计量、P 值和显著性水平为 5%的临界值，由检验结果可知，在 5%显著性水平下，当期的研发投入有一个门限值，研发投入的四个滞后变量都有两个门限值。

表 1-2-9　门限效应检验结果

模型假设		当期研发投入			滞后一期研发投入			滞后二期研发投入		
原假设	备择假设	F	P	5%临界值	F	P	5%临界值	F	P	5%临界值
H_0: 没有门限值	H_1: 一个门限值	27.94	0.040	25.022	32.66	0.040	29.408	55.19	0.000	16.844
H_0: 一个门限值	H_1: 两个门限值	19.77	0.083	22.989	87.73	0.003	18.435	27.08	0.017	17.809
H_0: 两个门限值	H_1: 三个门限值				332.36	0.193	42.485	12.66	0.543	32.501

模型假设		滞后三期研发投入			滞后四期研发投入		
原假设	备择假设	F	P	5%临界值	F	P	5%临界值
H_0: 没有门限值	H_1: 一个门限值	45.67	0.000	14.942	42.55	0.000	18.983
H_0: 一个门限值	H_1: 两个门限值	42.83	0.000	17.006	33.87	0.007	18.948
H_0: 两个门限值	H_1: 三个门限值	21.21	0.53	40.234	23.14	0.440	37.144

表 1-2-10 给出了门限值的估计结果与相应的置信区间；图 1-2-1 至图 1-2-9 是相应的似然比函数图，图中，1st Threshold Parameter 对应 Th-1，2nd Threshold Parameter 对应 Th-2，图中虚线是似然比（Likelihood Ratio）统计量在显著性水平为 5%时的临界值。

表 1-2-10　门限值估计结果与相应的置信区间

门　限　值	估　计　值	95%的置信区间
RDI	20.175	（20.127，20.183）
L.RDI Th-1	20.785	（20.781，20.849）
L.RDI Th-2	20.821	（20.809，20.826）
L2.RDI Th-1	21.163	（21.143，21.173）
L2.RDI Th-2	21.935	（21.841，21.938）
L3.RDI Th-1	21.198	（21.148，21.201）
L3.RDI Th-2	22.506	（22.485，22.512）
L4.RDI Th-1	21.063	（21.020，21.073）
L4.RDI Th-2	22.491	（22.472，22.495）

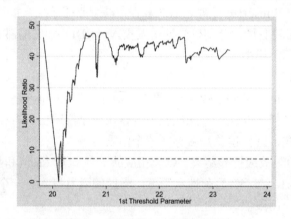

图 1-2-1　当期研发投入：单门限估计值

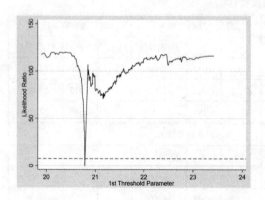

图 1-2-2　滞后一期研发投入：第一个门限估计值

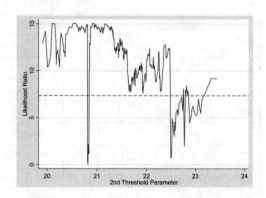

图 1-2-3　滞后一期研发投入：第二个门限估计值

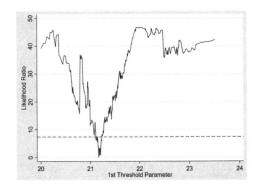

图 1-2-4　滞后二期研发投入：第一个门限估计值

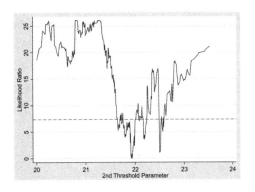

图 1-2-5　滞后二期研发投入：第二个门限估计值

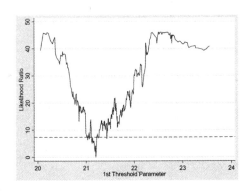

图 1-2-6　滞后三期研发投入：第一个门限估计值

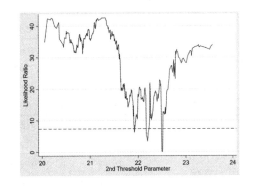

图 1-2-7　滞后三期研发投入：第二个门限估计值

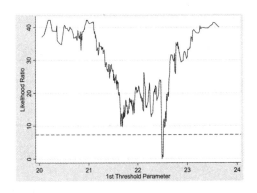

图 1-2-8　滞后四期研发投入：第一个门限估计值

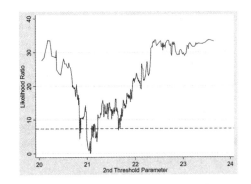

图 1-2-9　滞后四期研发投入：第二个门限估计值

2．门限模型回归结果

门限模型回归结果见表 1-2-11，说明如下。（1）当期研发投入对企业绩效的影响存在单门限效应，在企业规模大于门限值 20.175 的情况下，当期研发投入负向影响企业绩效；而企业规模小于门限值 20.175 时，当期研发投入对企业绩效的影响不显著。（2）滞后一期研发投入对企业绩效的影响存在双门限效应，当企业规模小于第一个门限值 20.785 或大于第二个门限值 20.821 时，滞后一期研发投入对企业绩效有显著的负向影响；当企业规模在两个门限值 20.785 和 20.821 之间时，滞后一期研发投入对企业绩效有显著的正向影响。（3）滞后二期研发投入对企业绩效的影响存在双门限效应，当企业规模小于第一个门限值 21.163 时，滞后二期研发投入对企业绩效有显著的负向影响；当企业规模大于第一个门限值21.163时，滞后二期研发投入对企业绩效有显著的正向影响，特别是当企业规模大于第二个门限值21.935时，滞后二期研发投入对企业绩效的正向影响更大。(4)滞后三期研发投入和滞后四期研发投入对企业绩效的影响都存在双门限效应，它们对企业绩效的影响特征类似滞后二期研发投入，不同之处在于：当企业规模小于第一个门限值时，滞后三期研发投入对企业绩效的影响不显著。

表1-2-11　门限模型回归结果

门限变量		RDI	L.RDI	L2.RDI	L3.RDI	L4.RDI
Size	α_1	−0.0007	−0.0168***	−0.0074**	−0.0006	−0.0158**
		(0.0047)	(0.0034)	(0.0035)	(0.0041)	(0.0062)
	α_2	−0.0223***	0.0684***	0.0113***	0.0212***	0.0092**
		(0.0028)	(0.0083)	(0.0035)	(0.0039)	(0.0045)
	α_3		−0.0077**	0.0314***	0.0541***	0.0470***
			(0.0031)	(0.0050)	(0.0066)	(0.0073)
Age		−0.0431***	−0.0335***	−0.0488***	−0.045***	−0.0404***
		(0.0049)	(0.0054)	(0.0064)	(0.0008)	(0.0108)
Cash		0.0038**	0.0029*	0.0030*	0.0014	0.0017
		(0.0016)	(0.0016)	(0.0018)	(0.0020)	(0.0024)
FLev		0.0048***	0.0044***	0.0028***	0.0006	−0.0045***
		(0.0009)	(0.0009)	(0.0010)	(0.0011)	(0.0015)
Shrcr		−0.0055***	−0.0022	0.0009	0.0040	0.0071*
		(0.0018)	(0.0019)	(0.0022)	(0.0028)	(0.0040)
ID		−0.0021	0.0001	0.0006	0.0017	0.0051
		(0.0022)	(0.0031)	(0.0025)	(0.0029)	(0.0036)
样本数		2464	2156	1848	1540	1232
R^2		0.0787	0.0872	0.0736	0.0983	0.1046
F		26.23***	21.97***	15.22***	16.69***	13.38***

注：括号内为检验的标准误，***、**和*分别表示在1%、5%和10%显著性水平下显著。

（五）稳健性检验

为检验静态面板模型及面板门限回归模型结果的稳健性，本案例将样本区间改成2015—2019年，重新估计静态面板模型，并重新估计并检验门限值和门限模型。

静态面板模型的稳健性检验结果见表1-2-12，与表1-2-8对比可发现，当期研发投入、滞后一期研发投入和滞后二期研发投入对企业绩效的影响方向和显著性未发生改变，只是估计的系数值稍有变动；而滞后三期研发投入和滞后四期研发投入对企业绩效影响的系数估计值大小及显著性都未发生改变。这些结果表明，静态面板模型具有很好的稳健性。

门限值估计结果与相应的置信区间和门限模型回归的稳健性检验结果见表1-2-13和表1-2-14，分别与表1-2-10和表1-2-11对比，结果如下。(1)以当期研发投入为核心解释变量的门限模型中，门限值由原来的一个变成两个；以滞后一期研发投入和二期研发投入为核心解释变量的门限模型中，门限值的个数未发生变化，门限值稍有点变大；以滞后三期研发投入和滞后四期研发投入为核心解释变量的门限模型中,门限值的个数和大小都未发生变化。(2) 以当期研发投入和滞后一期研发投入为核心解释变量的门限模型中, 个别回归系数的正负号和显著性发生了变化;以滞后二期研发投入为核心解释变量的门限模型中, 回归系数的正负号和显著性基本上未发生变化;以滞后三期研发投入和四期研发投入为核心解释变量的门限模型中, 回归系数的正负号和显著性都未发生变化。这些结果表明, 以当期研发投入和滞后一期研发投入为核心解释变量的门限模型稳定性较弱, 但以滞后二期研发投入、滞后三期研发投入和滞后四期研发投入为核心解释变量的门限模型具有较好的稳定性, 尤其是后面两个模型, 其稳定性非常好。

表 1-2-12　静态面板模型的稳健性检验结果

变　量	企业绩效综合指数（fi）				
	（1）	（2）	（3）	（4）	（5）
RDI	−0.0288***				
	（0.004）				
L.RDI		−0.00511			
		（0.003）			
L2.RDI			0.0108**		
			（0.003）		
L3.RDI				0.0150***	
				（0.003）	
L4.RDI					0.0113***
					（0.003）

注：括号内为稳健标准误，*、**和***分别表示在10%、5%和1%的水平上显著。

表 1-2-13　门限值估计结果与相应的置信区间

门　限　值	估　计　值	95%的置信区间
RDI Th-1	20.850	（20.840，20.854）
RDI Th-2	22.496	（22.485，22.506）
L.RDI Th-1	21.181	（21.141，21.186）
L.RDI Th-2	22.496	（22.484，22.506）
L2.RDI Th-1	21.181	（21.141，21.186）
L2.RDI Th-2	22.496	（22.485，22.506）
L3.RDI Th-1	21.198	（21.148，21.201）
L3.RDI Th-2	22.506	（22.485，22.512）
L4.RDI Th-1	21.063	（21.020，21.073）
L4.RDI Th-2	22.491	（22.472，22.495）

表 1-2-14　门限模型回归的稳健性检验结果

门限变量		RDI	L.RDI	L2.RDI	L3.RDI	L4.RDI
Size	α_1	-0.0534***	-0.0207***	-0.0058	-0.0006	-0.0158**
		(0.0053)	(0.0044)	(0.0041)	(0.0041)	(0.0062)
	α_2	-0.0297***	-0.0006	0.0163***	0.0212***	0.0092**
		(0.0040)	(0.0045)	(0.0041)	(0.0039)	(0.0045)
	α_3	0.0071	0.0266***	0.0484***	0.0541***	0.0470***
		(0.0062)	(0.0071)	(0.0070)	(0.0066)	(0.0073)

注：括号内为检验的标准误，***、**和*分别表示在1%、5%和10%显著性水平下显著。

五、案例小结

本案例基于 2012—2019 年创业板上市公司的平衡面板样本数据，首先构造了企业绩效综合水平评价指标体系，获得了企业绩效信息；然后，采用静态面板模型和面板门限模型实证研究了当期研发投入以及滞后一期、二期、三期和四期研发投入对企业绩效的影响。最终得到如下研究结果。

（1）当期研发投入对企业绩效有显著的负向影响；滞后一期研发投入对企业绩效有较弱的负向影响，不显著；滞后二期研发投入对企业绩效有较弱的正向影响；滞后三期和四期研发投入对企业绩效有非常显著的正向影响。

（2）各期研发投入对企业绩效的影响具有状态依赖性，它们在不同的企业规模下，对企业绩效的影响存在差异。当期研发投入和滞后一期研发投入对企业绩效的影响具有依赖企业规模的门限效应，但稳定性较弱；滞后二期、三期和四期研发投入对企业绩效的影响具有依赖企业规模的门限效应，而且稳定性很好。

（3）一般来说，研发投入对规模较小企业的企业绩效具有负向影响，而对规模较大企业的企业绩效具有正向影响。同时，滞后二期、三期和四期研发投入对企业绩效的影响更为稳定。

案例 3　债务融资对终极控制股东侵占行为影响的差异性研究
　　　　　——基于企业生命周期视角

一、案例背景

债务融资是公司治理中的一个重要环节，其治理效应颇受研究者的关注，特别是对当今上市公司中普遍存在的集中股权结构公司，从债务融资视角去研究终极控制股东的利益侵占行为已成为研究热点，研究结论较为丰富。较多学者的研究表明，债务融资为终极控制股东的利益侵占行为提供了可控资源，创造了侵占条件，促进了终极控制股东的利益侵占行为；不同的债务类型存在不同治理效应，其对终极控制股东侵占行为的影响存在差异并具有状态依赖性。然而，上述研究并未考虑债务融资在不同的生命周期阶段对终极控制股东侵占行为影响的差异性。生命周期理论认为，企业的现金流、经营能力及管理能力等特点在生命周期各阶段存在较大差异，进而，其代理问题也存在差异，这些将促使债务融资的治理效应在生命周期各阶段存在差异性，进而引起终极控制股东利益侵占行为的差异性。为了更全面、更深层次地了解债务融资对终极控制股东侵占行为的影响,本案例从企业发展进程的动态层面，探讨债务融资类型及债务融资期限在生命周期各阶段对终极控制股东侵占行为影响的动态演变和差异性。

二、似无相关回归模型

似无相关回归（Seemingly Unrelated Regression，SUR）模型是指那些表面上看起来没有关系，但实质上有关系的两个（或多个）回归方程构成的模型。

（一）基本模型

考虑 m 个似无相关方程（m 个被解释变量），设第 i 个方程有 K_i 个解释变量、N_i 个样本点，则第 i 个方程可以写成

$$y_i = X_i \beta_i + \varepsilon_i \quad (i=1,2,\cdots,m) \tag{1-3-1}$$

式中，y_i 为 $(N_i \times 1)$ 向量，对应于 y_i 的 N_i 的观测值；X_i 为 $(N_i \times K_i)$ 设计矩阵；β_i 为 $(K_i \times 1)$ 未知参数向量；ε_i 为 $(N_i \times 1)$ 随机误差向量。每个方程中的解释变量可相同，也可不相同。

将所有方程叠放在一起，可得

$$y \equiv \begin{pmatrix} y_1 \\ y_2 \\ \vdots \\ y_m \end{pmatrix} = \begin{pmatrix} X_1 & 0 & 0 & 0 \\ 0 & X_2 & \cdots & 0 \\ \vdots & \vdots & & \vdots \\ 0 & 0 & \cdots & X_m \end{pmatrix} \begin{pmatrix} \beta_1 \\ \beta_2 \\ \vdots \\ \beta_m \end{pmatrix} + \begin{pmatrix} \varepsilon_1 \\ \varepsilon_2 \\ \vdots \\ \varepsilon_m \end{pmatrix} \equiv X\beta + \varepsilon \tag{1-3-2}$$

设 m 个似无相关方程中的第 i ($i=1,2,\cdots,m$) 个方程满足"零均值、不相关、等方差"条件，记第 i 个方程的方差为 σ_{ii}，则式（1-3-2）中干扰项 ε 的协方差矩阵为

$$\boldsymbol{\Omega} = \mathrm{Var}\begin{pmatrix} \boldsymbol{\varepsilon}_1 \\ \boldsymbol{\varepsilon}_2 \\ \vdots \\ \boldsymbol{\varepsilon}_m \end{pmatrix} = E\begin{pmatrix} \boldsymbol{\varepsilon}_1 \\ \boldsymbol{\varepsilon}_2 \\ \vdots \\ \boldsymbol{\varepsilon}_m \end{pmatrix}(\boldsymbol{\varepsilon}_1' \quad \boldsymbol{\varepsilon}_2' \quad \cdots \quad \boldsymbol{\varepsilon}_m') = E\begin{pmatrix} \boldsymbol{\varepsilon}_1\boldsymbol{\varepsilon}_1' & \boldsymbol{\varepsilon}_1\boldsymbol{\varepsilon}_2' & \cdots & \boldsymbol{\varepsilon}_1\boldsymbol{\varepsilon}_m' \\ \boldsymbol{\varepsilon}_2\boldsymbol{\varepsilon}_1' & \boldsymbol{\varepsilon}_2\boldsymbol{\varepsilon}_2' & \cdots & \boldsymbol{\varepsilon}_2\boldsymbol{\varepsilon}_m' \\ \vdots & \vdots & & \vdots \\ \boldsymbol{\varepsilon}_m\boldsymbol{\varepsilon}_1' & \boldsymbol{\varepsilon}_m\boldsymbol{\varepsilon}_2' & \cdots & \boldsymbol{\varepsilon}_m\boldsymbol{\varepsilon}_m' \end{pmatrix}$$

$$= \begin{pmatrix} \sigma_{11}\boldsymbol{I}_{K1} & \mathrm{Cov}(\boldsymbol{\varepsilon}_1\boldsymbol{\varepsilon}_2') & \cdots & \mathrm{Cov}(\boldsymbol{\varepsilon}_1\boldsymbol{\varepsilon}_m') \\ \mathrm{Cov}(\boldsymbol{\varepsilon}_2\boldsymbol{\varepsilon}_1') & \sigma_{22}\boldsymbol{I}_{K2} & \cdots & \mathrm{Cov}(\boldsymbol{\varepsilon}_2\boldsymbol{\varepsilon}_m') \\ \vdots & \vdots & & \vdots \\ \mathrm{Cov}(\boldsymbol{\varepsilon}_m\boldsymbol{\varepsilon}_1') & \mathrm{Cov}(\boldsymbol{\varepsilon}_m\boldsymbol{\varepsilon}_2') & \cdots & \sigma_{mm}\boldsymbol{I}_{Km} \end{pmatrix}$$

（1-3-3）

式中，$\boldsymbol{I}_{Ki}$ 表示 K_i 阶的单位矩阵。

（二）SUR 的 FGLS 估计

假设 $\boldsymbol{\Omega}$ 已知，则 GLS 式最有效的估计方法为

$$\hat{\boldsymbol{\beta}}_{\mathrm{GLS}} = (\boldsymbol{X}^{\mathrm{T}}\boldsymbol{\Omega}^{-1}\boldsymbol{X})^{-1}\boldsymbol{X}^{\mathrm{T}}\boldsymbol{\Omega}^{-1}\boldsymbol{y} \qquad (1\text{-}3\text{-}4)$$

一般来说，此 GLS 估计量与单一方程 OLS 估计量不同。然而，现实中 $\boldsymbol{\Omega}$ 一般是未知的，故需要先估计 $\hat{\boldsymbol{\Omega}}$，然后进行 FGLS 估计，得到

$$\hat{\boldsymbol{\beta}}_{\mathrm{SUR}} = (\boldsymbol{X}^{\mathrm{T}}\hat{\boldsymbol{\Omega}}^{-1}\boldsymbol{X})^{-1}\boldsymbol{X}^{\mathrm{T}}\hat{\boldsymbol{\Omega}}^{-1}\boldsymbol{y} \qquad (1\text{-}3\text{-}5)$$

在得到 FGLS 估计后，可以得到新的残差，再一次计算 $\hat{\hat{\boldsymbol{\Omega}}}$，不断迭代，直至系数估计值 $\hat{\boldsymbol{\beta}}_{\mathrm{SUR}}$ 收敛为止。

（三）SUR 的假设检验

在对多方程系统进行 SUR 估计后，需要检验

$$H_0 : \boldsymbol{R}\boldsymbol{\beta} = \boldsymbol{r}$$

式中，$\boldsymbol{R}$ 为限制矩阵；$\boldsymbol{r}$ 为限制向量。由于 $\boldsymbol{\beta}$ 包含了所有方程的参数，故可以检验跨方程的参数约束。如果不拒绝"$H_0 : \boldsymbol{R}\boldsymbol{\beta} = \boldsymbol{r}$"，则可把"$\boldsymbol{R}\boldsymbol{\beta} = \boldsymbol{r}$"作为约束条件，进行有约束的 FGLS 估计。

三、数据样本与研究设计

（一）变量的定义及描述

本案例被解释变量是上市公司终极控制股东掏空程度，用"资金占用"来衡量，借鉴陈红等（2012）的定义：Tunnel=（其他应收款-其他应付款）/总资产，若 Tunnel>0，表示终极控制股东对上市公司实施利益侵占行为；若 Tunnel<0，则表示终极控制股东为了自身长远利益实施"负侵占行为"，即支持行为。

解释变量有银行债务比率、商业信用比率、短期债务比率及长期债务比率；控制变量有资产负债率、净资产收益率、企业规模、企业赢利能力、有形资产比率、Q 值、行业虚拟变量，其定义见表 1-3-1。

表 1-3-1　变量定义

变量类型	变量符号	变量名称	定　　义
被解释变量	Tunnel	终极控制股东掏空程度	（其他应收款-其他应付款）/资产总额
解释变量	Bank	银行债务比率	（短期借款+长期借款）/资产总额
	Tc	商业信用比率	（应付账款+应付票据+预收账款）/资产总额
	Sdebt	短期债务比率	流动负债/资产总额
	Ldebt	长期债务比率	（长期借款+应付债券+长期应付款）/资产总额
控制变量	Lev	资产负债率	负债总额/资产总额
	ROE	净资产收益率	净利润/股东权益合计
	Logassets	企业规模	一百万元衡量的资产总额的自然对数
	Profit	企业赢利能力	EBITDA/资产总额
	Tangibility	有形资产比率	有形资产总额/资产总额
	Q	Q 值	（股权市值+总负债账面价值）/资产总额
	Industry	行业虚拟变量	CSRC 行业分类，共 20 个虚拟变量，其中，由于样本中 N、P、Q、R、S 数量较少，将其合为一类作为参考类；制造业行业取其代码前 2 位分类

（二）样本选择与数据来源

本案例选取 2007—2017 年沪深两市非金融类 A 股上市公司的非平衡面板数据作为初始样本，并通过如下方式进行样本筛选。（1）剔除同时发布 B 股或 H 股的公司样本；（2）剔除有数据缺失的公司样本。最终获得 14559 个观测值，为消除极端值的影响，本案例对连续型变量进行了 1% 和 99% 的 Winsorize 处理。本案例数据均来源于 CCER 数据库和 CSMAR 数据库。

（三）研究设计

首先借鉴现有文献中的常用方法，将上市公司进行企业生命周期划分，然后在不同生命周期下构建计量模型，具体方法如下。

1. 企业生命周期划分

针对企业生命周期的划分，Dickinson（2011）提出了一个实用性较强的方法，该方法根据企业经营、投资和融资活动现金流的正负符号，将企业分为导入期、增长期、成熟期、衰退期（3 个）和淘汰期（2 个）。由于我国情况特殊，企业能在交易所挂牌上市就表明该企业已经度过了初创时期，而且 Dickinson 的后 5 种现金流组合更符合我国衰退期企业的特征，本案例借鉴曹裕等（2010）和黄宏斌等（2016）的做法，采用现金流组合法进行划分，不同生命周期下的企业现金流特征组合见表 1-3-2，其中成长期、成熟期和衰退期分别记为 I、II、III。

表 1-3-2　不同生命周期下的企业现金流特征组合

项　　目	成长期		成熟期	衰退期			淘汰期	
	导入期	增长期	成熟期	衰退期 1	衰退期 2	衰退期 3	淘汰期 1	淘汰期 2
经营现金流净额	-	+	+	-	+	+	-	-
投资现金流净额	-	-	-	+	+	+	+	+
筹资现金流净额	+	+	-	-	+	-	+	-

2. 计量模型设定

本案例先消除个体效应，然后根据生命周期的划分标准将样本分成三个子样本，并对每个子样本建立如下模型。

$$Tunnel_i = \mu + \alpha \cdot Debt_i + \boldsymbol{\beta}^{\mathrm{T}} \cdot \mathbf{ControlVar}_i + \varepsilon_i \qquad （1\text{-}3\text{-}6）$$

式中，$Tunnel_i$ 是被解释变量——终极控制股东掏空程度；$Debt_i$ 为解释变量，分别为 Bank（银行债务比率）、Tc（商业信用比率）、Sdebt（短期债务比率）、Ldebt（长期债务比率）；$\mathbf{ControlVar}_i$ 为表 1-3-1 中所有控制变量构成的列向量；$\boldsymbol{\beta}$ 是控制变量的回归系数列向量；μ 是常数项；ε_i 是随机扰动项。

最后，采用似无相关模型检验解释变量系数在生命周期中的三个阶段是否有显著性差异。

四、实证检验与结果分析

（一）变量的描述性统计

表 1-3-3 给出了主要变量在生命周期各阶段的描述性统计结果。由表 1-3-3 可知，终极控制股东掏空程度（Tunnel）在全样本及成长期、成熟期和衰退期样本的均值分别是 -0.025、-0.021、-0.023 和 -0.035，最大值为 0.100，这说明终极控制股东对上市公司既有实施利益侵占行为情况，也有实施"负侵占行为"，即支持行为情况，平均而言，实施了支持行为，且支持力度在生命周期各阶段有一定的差别。银行债务比率（Bank）在全样本及成长期、成熟期和衰退期样本的均值分别是 0.179、0.220、0.140 和 0.160，这表明成长期的银行债务比率明显高于成熟期及衰退期，而成熟期的银行债务比率最低。类似地，平均而言，商业信用比率（Tc）在成长期比在成熟期和衰退期略低；成长期和衰退期的短期债务比率（Sdebt）差别不大，但都高于成熟期；长期债务比率（Ldebt）从成长期到衰退期出现递减特征；资产负债率（Lev）呈现出与银行债务比率类似的特征。这些统计特征说明，在企业生命周期的各个阶段，不同的债务类型比率、负债水平及债务期限呈现出不同的特征。

表 1-3-3　主要变量在生命周期各阶段的描述性统计结果

变　量	全样本					成长期样本				
	均值	标准差	最小值	最大值	观测值	均值	标准差	最小值	最大值	观测值
Tunnel	-0.025	0.064	-0.387	0.100	14559	-0.021	0.056	-0.387	0.100	6679
Bank	0.179	0.152	0.000	0.620	14559	0.220	0.145	0.000	0.620	6679
Tc	0.169	0.124	0.005	0.571	14559	0.168	0.118	0.005	0.571	6679
Sdebt	0.386	0.197	0.038	0.982	14559	0.404	0.177	0.038	0.982	6679
Ldebt	0.076	0.106	0.000	0.470	14559	0.099	0.113	0.000	0.470	6679
Lev	0.480	0.222	0.050	1.076	14559	0.519	0.197	0.050	1.076	6679
ROE	0.061	0.152	-0.850	0.500	14559	0.057	0.138	-0.850	0.500	6679
Logassets	8.116	1.318	5.424	12.150	14559	8.363	1.306	5.424	12.150	6679
Profit	0.086	0.069	-0.163	0.309	14559	0.085	0.062	-0.163	0.309	6679
Tangibility	0.875	0.195	0.049	1.000	14559	0.867	0.205	0.049	1.000	6679
Q	2.556	1.854	0.908	11.950	14559	2.336	1.624	0.908	11.950	6679

续表

变　量	成熟期样本					衰退期样本				
	均值	标准差	最小值	最大值	观测值	均值	标准差	最小值	最大值	观测值
Tunnel	−0.023	0.056	−0.387	0.100	5032	−0.035	0.085	−0.387	0.100	2670
Bank	0.140	0.146	0.000	0.620	5032	0.160	0.152	0.000	0.620	2670
Tc	0.170	0.129	0.005	0.571	5032	0.170	0.129	0.005	0.571	2670
Sdebt	0.356	0.198	0.038	0.982	5032	0.402	0.227	0.038	0.982	2670
Ldebt	0.0590	0.098	0.000	0.470	5032	0.058	0.096	0	0.470	2670
Lev	0.431	0.224	0.0500	1.076	5032	0.482	0.249	0.050	1.076	2670
ROE	0.079	0.135	−0.850	0.500	5032	0.036	0.199	−0.850	0.500	2670
Logassets	8.046	1.307	5.424	12.15	5032	7.749	1.192	5.424	12.150	2670
Profit	0.102	0.068	−0.163	0.309	5032	0.062	0.074	−0.163	0.309	2670
Tangibility	0.873	0.192	0.049	1.000	5032	0.895	0.173	0.049	1.000	2670
Q	2.609	1.795	0.908	11.950	5032	2.797	2.101	0.908	11.95	2670

注：表中检验结果四舍五入，统一保留三位小数。

（二）侵占条件及侵占动机的差异性检验

用上市公司自由现金流作为侵占条件的代理变量，并参考王燕妮（2013）的计算方法，即

自由现金流（FCF）＝（经营活动产生的现金净流量）−（构建固定资产、无形资产和其他长期投资所支付的现金）＋（处置固定资产、无形资产和其他长期资产所收回的现金净额）

同时，用终极控制股东的现金流权作为侵占动机的反向代理变量，终极收回控制股东的两权分离度作为侵占动机的正向代理变量，两权分离度=控制权/现金流权，其中，控制权等于每条控制链条上最低的持股比例之和，现金流权等于每条控制链条上持股比例乘积之和。

由于自由现金流不服从正态分布，借助 SAS 9.4 软件中 GLM 过程，检验自由现金流（Fcf）、终极控制股东的现金流权（Cash）以及终极控制股东的两权分离度（Wedge）在生命周期各阶段是否有显著性差异，Fcf、Cash 及 Wedge 在生命周期内的差异性检验见表 1-3-4。

表 1-3-4　Fcf、Cash 及 Wedge 在生命周期内的差异性检验

变　量	生命周期各阶段	均　值	均值是否相等的 Bon 法检验	
			检验组	修正 P 值
Fcf	成长期（I）	−4.80e+08		
	成熟期（II）	5.37e+08	II-I	<0.0001
	衰退期（III）	−4.80e+06	III-I	<0.0001
			III-II	<0.0001
Cash	成长期（I）	33.63		
	成熟期（II）	34.92	II-I	0.0001
	衰退期（III）	30.87	III-I	<0.0001
			III-II	<0.0001

变　　量	生命周期各阶段	均　　值	均值是否相等的 Bon 法检验	
			检验组	修正 P 值
Wedge	成长期（I）	1.39		
	成熟期（II）	1.37	II-I	0.6374
	衰退期（III）	1.46	III-I	0.0046
			III-II	0.0006

由表 1-3-4 知，自由现金流在企业生命周期内存在显著性差异，在成熟期内的自由现金流均值最大且为正，在成长期与衰退期的自由现金流均值都为负，成长期的自由现金流均值最小。终极控制股东的现金流权均值在成熟期最大，在衰退期最小，且在生命周期的三个阶段都具有显著差异。终极控制股东的两权分离度的均值在成长过程中出现先减后增的情况，但在成长期与成熟期内无显著差异，在衰退期与成长期及成熟期内有显著差异。这些结果表明，成熟期的上市公司为终极控制股东实施利益侵占行为提供了最便利的条件，但此时的终极控制股东侵占动机较弱；衰退期的上市公司自由现金流较为匮乏，但此时终极控制股东的利益侵占动机较为强烈；成长期的上市公司自由现金流最为匮乏，且此时终极控制股东的侵占动机也较弱。

（三）计量模型估计与回归系数差异性检验

借鉴连玉君和廖俊平（2017）的方法，运用 Stata 软件，先将本案例中的非平衡面板数据去除个体效应，然后基于处理后的数据，按照生命周期的三个阶段将全样本数据分为三个子样本，采用普通最小二乘法估计模型［式（1-3-6）］，最后用似无相关模型检验解释变量系数在生命周期三个阶段之间的差异。

1. 企业生命周期下的债务类型与终极控制股东利益侵占

（1）债务类型的计量模型估计与结果分析。

将式（1-3-6）中的 Debt 分别采用银行债务比率和商业信用，并分别利用全样本、成长期样本、成熟期样本以及衰退期样本，对式（1-3-6）进行估计，各生命周期下的债务类型与利益侵占的回归结果见表 1-3-5。

表 1-3-5　各生命周期下的债务类型与利益侵占的回归结果

Tunnel	银行债务比率				商　业　信　用			
	全样本	成长期	成熟期	衰退期	全样本	成长期	成熟期	衰退期
Bank	0.170***	0.156***	0.133***	0.240***				
	(0.004)	(0.006)	(0.007)	(0.012)				
Tc					0.089***	0.075***	0.098***	0.109***
					(0.005)	(0.010)	(0.007)	(0.013)
Lev	−0.198***	−0.188***	−0.161***	−0.242***	−0.143***	−0.128***	−0.130***	−0.175***
	(0.005)	(0.005)	(0.005)	(0.007)	(0.003)	(0.004)	(0.004)	(0.007)
ROE	0.003	0.025***	−0.003	−0.003	−0.027***	−0.005	−0.042***	0.023***
	(0.004)	(0.006)	(0.007)	(0.008)	(0.004)	(0.006)	(0.007)	(0.008)

续表

Tunnel	银行债务比率				商业信用			
	全样本	成长期	成熟期	衰退期	全样本	成长期	成熟期	衰退期
Logassets	0.010***	0.010***	0.006***	0.014***	0.009***	0.008***	0.005***	0.013***
	(0.000)	(0.001)	(0.001)	(0.001)	(0.000)	(0.001)	(0.001)	(0.002)
Profit	0.018**	0.008	0.013	0.019	0.054***	0.047***	0.053***	0.026
	(0.009)	(0.014)	(0.015)	(0.022)	(0.009)	(0.014)	(0.015)	(0.023)
Tangibility	0.012***	0.011***	0.013***	0.018**	0.006**	0.009***	0.005	0.003
	(0.002)	(0.003)	(0.004)	(0.008)	(0.003)	(0.003)	(0.004)	(0.008)
Q	−0.005***	−0.005***	−0.004***	−0.006***	−0.007***	−0.006***	−0.005***	−0.008***
	(0.000)	(0.000)	(0.000)	(0.001)	(0.000)	(0.000)	(0.000)	(0.001)
Industry	控制	控制	控制	控制	控制	控制	控制	控制
N	14559	6679	5032	2670	14559	6679	5032	2670
R-sq(adj)	0.291	0.262	0.218	0.374	0.232	0.198	0.194	0.294

注：***、**、*分别表示在1%、5%、10%显著性水平下显著，括号内数据为标准误。

由表 1-3-5 的第 2～5 列可知，银行债务比率在全样本中的回归系数显著为正，在企业各生命周期内也显著为正，相对来讲，在衰退期的回归系数最大，成长期的回归系数略高于成熟期的回归系数，这表明银行债务比率正向影响了终极控制股东的利益侵占行为，其影响强度在衰退期最大，在成长期和成熟期的影响强度是否存在统计上的差异有待进一步检验。

由表 1-3-5 的第 6～9 列可知，商业信用在全样本中的回归系数显著为正，在企业各生命周期内也显著为正，回归系数由成长期到衰退期依次变大，这说明商业信用正向影响终极控制股东的利益侵占行为，且在不同生命周期阶段的影响程度存在差异。

（2）生命周期下债务类型回归系数差异性检验。

为进一步确认表 1-3-5 中解释变量在各生命周期内的系数大小是否存在显著性差异，本案例借助似无相关模型检验方法，对上述系数间差异进行统计检验，采用 Stata 15 软件，各生命周期间的银行债务比率及商业信用回归系数差异性检验结果见表 1-3-6。

由表 1-3-6 可知，银行债务比率的回归系数在衰退期与成熟期以及衰退期与成长期之间存在显著性差异，但成长期与成熟期之间的差异不显著，结合表 1-3-5 中的信息可得结论：从成长期到衰退期，银行债务比率对终极控制股东利益侵占的正向影响强度单调不减，呈"递增型"；商业信用的回归系数在衰退期与成长期之间的差异在 0.1 显著性水平下显著，成熟期与成长期之间的差异不显著，结合表 1-3-5 中的信息可得结论：从成长期到衰退期，商业信用对终极控制股东利益侵占的正向影响强度单调不减，呈"递增型"。

表 1-3-6　各生命周期间的银行债务比率及商业信用回归系数差异性检验结果

变量	成长期—成熟期	成熟期—衰退期	成长期—衰退期
Bank	chi2（1）= 2.34	chi2（1）= 29.52	chi2（1）= 19.99
	(0.126)	(0.000)	(0.000)
Tc	chi2（1）= 3.41	chi2（1）= 0.33	chi2（1）= 3.53
	(0.065)	(0.565)	(0.060)

注：括号内为显著性检验的 P 值。

2. 企业生命周期下的债务期限与终极控制股东利益侵占

（1）债务期限的计量模型估计与结果分析。

将式（1-3-6）中的 Debt 分别采用短期债务和长期债务，并分别利用全样本、成长期、成熟期及衰退期样本，对式（1-3-6）进行估计，各生命周期下的债务期限对终极控制股东行为的影响见表 1-3-7。

表 1-3-7　各生命周期下的债务期限对终极控制股东行为的影响

Tunnel	短 期 债 务				长 期 债 务			
	全样本	成长期	成熟期	衰退期	全样本	成长期	成熟期	衰退期
Sdebt	-0.062***	-0.043***	-0.066***	-0.086***				
	(0.005)	(0.007)	(0.009)	(0.016)				
Ldebt					0.087***	0.057***	0.089***	0.129***
					(0.006)	(0.007)	(0.010)	(0.018)
Lev	-0.068***	-0.073***	-0.047***	-0.072***	-0.131***	-0.118***	-0.114***	-0.159***
	(0.005)	(0.007)	(0.009)	(0.015)	(0.003)	(0.004)	(0.004)	(0.006)
ROE	-0.014***	0.009	-0.023***	-0.016*	-0.013***	0.010	-0.023***	-0.012
	(0.004)	(0.006)	(0.007)	(0.008)	(0.004)	(0.006)	(0.007)	(0.008)
Logassets	0.007***	0.007***	0.004***	0.011***	0.007***	0.006***	0.003***	0.010***
	(0.001)	(0.001)	(0.001)	(0.002)	(0.000)	(0.001)	(0.001)	(0.002)
Profit	0.046***	0.026*	0.040***	0.027	0.042***	0.024*	0.037**	0.024
	(0.009)	(0.014)	(0.015)	(0.024)	(0.009)	(0.014)	(0.015)	(0.023)
Tangibility	0.014***	0.014***	0.014***	0.014*	0.014***	0.014***	0.015***	0.015*
	(0.003)	(0.003)	(0.004)	(0.009)	(0.003)	(0.003)	(0.004)	(0.008)
Q	-0.007***	-0.006***	-0.005***	-0.008***	-0.007***	-0.006***	-0.005***	-0.008***
	(0.000)	(0.000)	(0.000)	(0.001)	(0.000)	(0.000)	(0.000)	(0.001)
Industry	控制	控制	控制	控制	控制	控制	控制	控制
N	14559	6679	5032	2670	14559	6679	5032	2670
R-sq(adj)	0.220	0.187	0.173	0.284	0.225	0.190	0.178	0.290

注：***、**、*分别表示在1%、5%、10%显著性水平下显著，括号内数据为标准误。

由表 1-3-7 的第 2～5 列可知，短期债务在全样本中的回归系数显著为负，在企业各生命周期内的回归系数也为负，且其绝对值出现递增现象，这表明短期债务在总体上及各生命周期内是负向影响终极控制股东的利益侵占行为的，且影响强度逐渐递增。

由表 1-3-7 的第 6～9 列可知，长期债务在全样本中的回归系数显著为正，在各生命周期内也显著为正，回归系数从成长期到衰退期出现依次递增现象，这说明长期债务在总体上及各生命周期内是正向影响终极控制股东的利益侵占行为的，且影响强度逐渐递增。

（2）生命周期下债务期限回归系数差异性检验。

为进一步确认表 1-3-7 中解释变量在各个生命周期阶段的系数大小是否存在显著性差异，

借助似无相关模型检验方法，对上述系数间差异进行统计检验，各生命周期间的短期债务及长期债务回归系数差异性检验结果见表 1-3-8。

表 1-3-8　各生命周期间的短期债务及长期债务回归系数差异性检验结果

变　量	成长期—成熟期	成熟期—衰退期	成长期—衰退期
Sdebt	chi2(1)= 3.80	chi2(1)=0.91	chi2(1)= 4.70
	(0.051)	(0.339)	(0.030)
Ldebt	chi2(1)= 6.05	chi2(1)=3.63	chi2(1)= 13.07
	(0.014)	(0.057)	(0.000)

注：括号内为显著性检验的 P 值。

由表 1-3-8 可知，在 10%显著性水平下，短期债务的回归系数在成长期与成熟期及衰退期之间存在显著性差异，但成熟期与衰退期之间的差异不显著，结合表 1-3-7 中的信息可得结论：从成长期到衰退期，短期债务对终极控制股东利益侵占的负向影响强度单调不减，呈"递增型"；长期债务在生命周期各个阶段内存在显著性差异，结合表 1-3-7 中的信息可得结论：从成长期到衰退期，长期债务对终极控制股东利益侵占的正向影响强度单调递增，呈"递增型"。

3．稳健性检验

为检验上述结果的可靠性，本案例采用以下两种稳健性检验。

（1）将 2016 年和 2017 年的样本剔除后，重新估计模型，估计结果表明，银行债务比率、商业信用、短期债务和长期债务在符号与显著性水平上都未发生改变，且不同生命周期内解释变量回归系数之间差异的显著性未发生改变。

（2）在回归模型中增加终极控制股东性质（国有控股和家族控股）虚拟变量后，重新估计模型，估计结果表明：银行债务比率在各生命周期内回归系数的符号与显著性水平上都未发生改变，且成长期和成熟期的回归系数之间差异由原来的不显著变为在 10%显著性水平下显著，其他两种情况依然是在 1%显著性水平下有显著差异；商业信用、短期债务和长期债务在各生命周期内回归系数的符号与显著性水平上都未发生改变，且不同生命周期内回归系数之间差异的显著性未发生改变。

稳健性检验结果表明，本案例的结论都具有良好的稳健性。

五、案例小结

公司债务融资的治理效应及债务融资对终极控制股东侵占行为的影响备受研究者的关注，本案例基于企业生命周期，分别从债务融资类型和债务期限结构两方面实证研究了银行债务比率、商业信用、短期债务及长期债务对终极控制股东利益侵占行为的影响，得到以下结论。

（1）银行债务比率在企业的各个生命周期阶段都正向影响终极控制股东的利益侵占行为，其中，在衰退期的影响强度最大，且与成长期及成熟期之间有显著性差异。这表明，银行债务比率在企业各生命周期内不但不具有治理效应，反而为终极控制股东的利益侵占行为提供了便利，凸显了掠夺效应，衰退期的掠夺效应显著强于成长期和成熟期。

（2）商业信用在企业的各个生命周期阶段都正向影响终极控制股东的利益侵占行为，其中，在成熟期和衰退期的影响强度较大，且成长期与成熟期及衰退期之间有显著性差异，成熟期与衰退期之间的差异不显著。这表明，商业信用在企业各个生命周期阶段凸显了掠夺效应，尤其是在成熟期和衰退期，由于终极控制股东拥有较好的侵占条件或较强的侵占动机，商业信用的掠夺效应较为突出。

（3）短期债务在企业的各生命周期内都负向影响终极控制股东的利益侵占行为，这表明，短期债务在企业各个生命周期阶段都具有显著的治理效应，且在成熟期和衰退期的治理效应显著强于成长期。

（4）长期债务在企业的各个生命周期内都正向影响终极控制股东的利益侵占行为，这表明，长期债务在企业各个生命周期阶段都凸显了掠夺效应，促进了终极控制股东的掏空行为，尤其是在衰退期，其掠夺效应的强度最大。

案例4　基于VAR模型的投资者情绪与股市收益率关系的实证分析

一、案例背景

2020年新冠病毒在全球蔓延开来，在病毒的侵袭下，人民失业、企业倒闭、供应链断裂，全球宏观经济下行，股票市场过度波动，投资者情绪恐慌。一方面，股票市场的波动，股市收益率持续下跌，可能引起投资者的情绪恐慌；另一方面，投资者的情绪恐慌，也可能出现过度抛售股票行为，进而引起股票过度波动，股市收益率持续下跌。投资者情绪与股市收益率之间的关系复杂，到底谁影响了谁？还是相互影响？为此，本案例采用VAR模型去探索投资者情绪与股市收益率之间的关系。

二、VAR模型及相关理论

（一）VAR模型

1. VAR模型的定义

设有两个时间序列变量$\{y_{1t}, y_{2t}\}$，分别作为两个回归方程的被解释变量；而解释变量为这两个变量的p阶滞后值，构成一个二元的VAR(p)模型：

$$\begin{cases} y_{1t}=\beta_{10}+\beta_{11}y_{1,t-1}+\cdots+\beta_{1p}y_{1,t-p}+\gamma_{11}y_{2,t-1}+\cdots+\gamma_{1p}y_{2,t-p}+\varepsilon_{1t} \\ y_{2t}=\beta_{20}+\beta_{21}y_{1,t-1}+\cdots+\beta_{2p}y_{1,t-p}+\gamma_{21}y_{2,t-1}+\cdots+\gamma_{2p}y_{2,t-p}+\varepsilon_{2t} \end{cases} \tag{1-4-1}$$

ε_{1t}与ε_{2s}均为白噪声序列，但允许两个方程的扰动项之间存在"同期相关性"，即有

$$\text{Cov}(\varepsilon_{1t}, \varepsilon_{2s})=\begin{cases} \sigma_{12}, & \text{若 } t=s \\ 0, & \text{其他} \end{cases}$$

将式（1-4-1）写成如下等价式：

$$\begin{pmatrix} y_{1t} \\ y_{2t} \end{pmatrix}=\begin{pmatrix} \beta_{10} \\ \beta_{20} \end{pmatrix}+\begin{pmatrix} \beta_{11} & \gamma_{11} \\ \beta_{21} & \gamma_{21} \end{pmatrix}\begin{pmatrix} y_{1,t-1} \\ y_{2,t-1} \end{pmatrix}+\cdots+\begin{pmatrix} \beta_{1p} & \gamma_{1p} \\ \beta_{2p} & \gamma_{2p} \end{pmatrix}\begin{pmatrix} y_{1,t-p} \\ y_{2,t-p} \end{pmatrix}+\begin{pmatrix} \varepsilon_{1t} \\ \varepsilon_{2t} \end{pmatrix} \tag{1-4-2}$$

进而等价于

$$\boldsymbol{y}_t=\boldsymbol{\Gamma}_0+\boldsymbol{\Gamma}_1\boldsymbol{y}_{t-1}+\cdots+\boldsymbol{\Gamma}_p\boldsymbol{y}_{t-p}+\boldsymbol{\varepsilon}_t \tag{1-4-3}$$

式中，$\boldsymbol{y}_t=\begin{pmatrix} y_{1t} \\ y_{2t} \end{pmatrix}$；$\boldsymbol{\Gamma}_0=\begin{pmatrix} \beta_{10} \\ \beta_{20} \end{pmatrix}$；$\boldsymbol{\Gamma}_t=\begin{pmatrix} \beta_{1t} & \gamma_{1t} \\ \beta_{2t} & \gamma_{2t} \end{pmatrix}(t=1,\cdots,p)$；$\boldsymbol{\varepsilon}_t=\begin{pmatrix} \varepsilon_{1t} \\ \varepsilon_{2t} \end{pmatrix}$。

该模型中方程个数可以推广到多个，主要用于分析联合变量之间的动态关系，致力于描绘两个及以上变量之间的动态时滞影响，动态即p期滞后，联合是指研究多个被解释变量之间的相互影响关系；因此可以说，VAR模型常用于研究联合内生变量之间的动态关系，VAR模型也是非结构化的多方程模型，将单变量自回归模型推广到由多变量组成的时间序列向量自回归模型，基于两个或两个以上的时间序列变量数据构建模型，并进行系统性预测；由于它不带有任何约束条件，故又称为无约束VAR模型。

2. VAR 模型的优势

VAR 模型将系统中的每个内生变量作为其滞后值的函数来构造模型，就是把所有的变量看作一个向量，然后对其滞后项进行回归。VAR 模型可用于进行金融时间序列的长期预测来分析变量间的动态关系结构；以金融价格为例，传统的时间序列模型，如 ARIMA、ARIMA-GARCH 等，只能分析价格自身的变化，模型的形式如下：

$$y_t = \boldsymbol{\beta}_1 \cdot y_{t-1} + \boldsymbol{\beta}_2 \cdot y_{t-2} + \cdots + \boldsymbol{\beta}_p \cdot y_{t-p} + \boldsymbol{\varepsilon}_t \qquad (1\text{-}4\text{-}4)$$

式中，y_{t-1} 为自身的滞后项。向量自回归模型不仅分析自身滞后项，还分析其他相关因素滞后项对模型产生的影响，模型的形式为

$$y_t = \boldsymbol{\beta}_1 \cdot y_{t-1} + \boldsymbol{\alpha}_1 \cdot x_{t-1} + \boldsymbol{\beta}_2 \cdot y_{t-2} + \boldsymbol{\alpha}_2 \cdot x_{t-2} + \cdots + \boldsymbol{\beta}_p \cdot y_{t-p} + \boldsymbol{\alpha}_p \cdot x_{t-p} \boldsymbol{\varepsilon}_t \qquad (1\text{-}4\text{-}5)$$

式中，x_{t-1} 是其他因素的滞后项。简而言之，VAR 模型是一种综合模型，它结合了许多线性回归的优点，如可以加入多个因子，以及时间序列模型的优点，如可以分析滞后项的影响。

3. VAR 模型的特点

与联立方程组模型相比，VAR 模型有如下特点。

（1）VAR 模型不是基于严谨的经济学理论，在建模的过程中，只需要明确两点：第一，模型中应该包含哪些变量，且变量之间存在格兰杰因果关系；第二，确定滞后阶数 p，需保证残差刚好不存在自相关。

（2）VAR 模型没有对参数施加零约束（如 t 检验）。

（3）VAR 模型的解释变量中没有 t 期变量。

（4）VAR 模型中需要估计的参数较多。若 VAR 模型含有 3 个变量（N=3），最大滞后期数为 2 期（p =2），那么有 $pN^2 = 2 \times 9 = 18$ 个参数需要估计。

（5）样本量较小时，估计精度较差，因此需要大样本，一般来说 $N > 50$。

4. VAR 模型滞后阶数的选择

用 AIC 赤池信息准则和 SC 施瓦茨准则确定 p 值。原则是随着 p 值的增加，使 AIC 值和 SIC 值同时达到最小。但是我们经常会发现 AIC 与 SIC 的最小值对应着不同的 p 值，这时采用 LR 检验法（似然比检验）。AIC 值和 BIC 值的计算公式如下：

$$\text{AIC}(p) = \ln \det(\hat{\boldsymbol{\Sigma}}_p) + \frac{2n^2 p}{T} \qquad (1\text{-}4\text{-}6)$$

$$\text{BIC}(p) = \ln \det(\hat{\boldsymbol{\Sigma}}_p) + \frac{n^2 p \ln T}{T} \qquad (1\text{-}4\text{-}7)$$

式中，n 是向量的维数；T 是样本的长度；p 为滞后期长度；ln 表示自然对数；det 是矩阵的行列式；$\hat{\boldsymbol{\Sigma}}_p$ 是当滞后期长度为 p 时，残差向量的白噪声协方差数组估计。

确定 p 值的具体方法如下：

对于年度和季度数据，分别确定模型 VAR(1)、VAR(2)、VAR(3)、VAR(4)，滞后期长度一般为 4，比较 AIC 和 SIC 的值，使它们同时取最小值的 p 值；对月度数据，通常比较至滞后期长度为 12 后停止。

5. VAR 模型稳定的条件

对模型的定阶完成后，需要估计参数，观察参数的显著性，并对参数进行稳定性检验。本案例采用的是 AR 根法，即 VAR(p) 模型特征方程根的绝对值的倒数要在单位圆内。

当 $p=1$ 时，式（1-4-3）中的具体形式如下：

$$\boldsymbol{y}_t = \boldsymbol{T}_0 + \boldsymbol{\Gamma}_1 \boldsymbol{y}_{t-1} + \boldsymbol{\varepsilon}_t \qquad (1\text{-}4\text{-}8)$$

模型稳定的条件是特征方程 $|\boldsymbol{\Gamma}_1 - \lambda \boldsymbol{I}| = 0$ 的根都在单位圆内，或者相反的特征方程 $|\boldsymbol{I} - L\boldsymbol{\Gamma}_1| = 0$ 的根都在单位圆外，其中 $\boldsymbol{I}$ 为单位矩阵。

当 $p > 1$ 时，VAR(p)模型可以通过友矩阵变换（Companion Form），改写成 1 阶分块矩阵的 VAR 模型形式。然后利用其特征方程的根判别稳定性。具体过程如下。

将（1-4-3）改写成如下等价形式

$$\begin{pmatrix} \boldsymbol{y}_t \\ \boldsymbol{y}_{t-1} \\ \boldsymbol{y}_{t-2} \\ \vdots \\ \boldsymbol{y}_{t-p+1} \end{pmatrix}_{2p\times 1} = \begin{pmatrix} \boldsymbol{\Gamma}_0 \\ 0 \\ 0 \\ \vdots \\ 0 \end{pmatrix}_{2p\times 1} + \begin{pmatrix} \boldsymbol{\Gamma}_1 & \boldsymbol{\Gamma}_2 & \cdots & \boldsymbol{\Gamma}_{p-1} & \boldsymbol{\Gamma}_p \\ \boldsymbol{I} & 0 & \cdots & 0 & 0 \\ 0 & \boldsymbol{I} & \cdots & 0 & 0 \\ \vdots & \vdots & & \vdots & \vdots \\ 0 & 0 & \cdots & \boldsymbol{I} & 0 \end{pmatrix}_{2p\times 2p} \begin{pmatrix} \boldsymbol{y}_{t-1} \\ \boldsymbol{y}_{t-2} \\ \boldsymbol{y}_{t-3} \\ \vdots \\ \boldsymbol{y}_{t-p} \end{pmatrix}_{2p\times 1} + \begin{pmatrix} \boldsymbol{\varepsilon}_t \\ 0 \\ 0 \\ \vdots \\ 0 \end{pmatrix}_{2p\times 1} \qquad (1\text{-}4\text{-}9)$$

令 $\boldsymbol{Y}_t = \begin{pmatrix} \boldsymbol{y}_t \\ \boldsymbol{y}_{t-1} \\ \boldsymbol{y}_{t-2} \\ \vdots \\ \boldsymbol{y}_{t-p+1} \end{pmatrix}_{2p\times 1}, \boldsymbol{A}_0 = \begin{pmatrix} \boldsymbol{\Gamma}_0 \\ 0 \\ 0 \\ \vdots \\ 0 \end{pmatrix}_{2p\times 1}, \boldsymbol{A}_1 = \begin{pmatrix} \boldsymbol{\Gamma}_1 & \boldsymbol{\Gamma}_2 & \cdots & \boldsymbol{\Gamma}_{p-1} & \boldsymbol{\Gamma}_p \\ \boldsymbol{I} & 0 & \cdots & 0 & 0 \\ 0 & \boldsymbol{I} & \cdots & 0 & 0 \\ \vdots & \vdots & & \vdots & \vdots \\ 0 & 0 & \cdots & \boldsymbol{I} & 0 \end{pmatrix}_{2p\times 2p}, \boldsymbol{U}_t = \begin{pmatrix} \boldsymbol{\varepsilon}_t \\ 0 \\ 0 \\ \vdots \\ 0 \end{pmatrix}_{2p\times 1}$，则

VAR(p)可以改写成如下所示分块矩阵的模型形式。

$$\boldsymbol{Y}_t = \boldsymbol{A}_0 + \boldsymbol{A}_1 \boldsymbol{Y}_{t-1} + \boldsymbol{U}_t \qquad (1\text{-}4\text{-}10)$$

模型稳定的条件是特征方程 $|\boldsymbol{A}_1 - \lambda \boldsymbol{I}| = 0$ 的根都在单位圆内，或者相反的特征方程 $|\boldsymbol{I} - L\boldsymbol{A}_1| = 0$ 的根都在单位圆外。

只有通过参数稳定性检验的模型才具有预测能力，进行因果关系、脉冲响应和方差分解分析才有意义。

（二）格兰杰因果检验

格兰杰因果检验是统计学中一种假设检验的方法，即检验自变量 x 是否是因变量 y 的原因。格兰杰检验基于回归分析中的自回归模型，自回归模型通常只能得出同一变量的提前滞后期相关性；然而，经济学家克莱夫·格兰杰于 1969 年证明，通过对自回归模型进行一系列的检验，可以确定不同变量之间的时序相关性。

格兰杰因果检验的结果并不是真正意义上的因果关系，而只是一种统计估计，不能作为确定因果关系是否存在的依据。

格兰杰非因果性：如果由 y_t 和 x_t 的滞后值决定的 y_t 的条件分布与不包括 x_t 仅由 y_t 滞后值所决定的条件分布相同，即

$$f(y_t \mid y_{t-1},\cdots,x_{t-1},\cdots) = f(y_t \mid y_{t-1},\cdots) \qquad (1\text{-}4\text{-}11)$$

则可以说 x_{t-1} 对 y_t 存在格兰杰非因果性，即 x 外生于 y。

在一个 VAR(2)模型中

$$\begin{pmatrix} y_t \\ x_t \end{pmatrix} = \begin{pmatrix} a_{10} \\ a_{20} \end{pmatrix} + \begin{pmatrix} a_{11}^{(1)} & a_{12}^{(1)} \\ a_{21}^{(1)} & a_{22}^{(1)} \end{pmatrix} \begin{pmatrix} y_{t-1} \\ x_{t-1} \end{pmatrix} + \begin{pmatrix} a_{11}^{(2)} & a_{12}^{(2)} \\ a_{21}^{(2)} & a_{22}^{(2)} \end{pmatrix} \begin{pmatrix} y_{t-2} \\ x_{t-2} \end{pmatrix} + \cdots +$$
$$\begin{pmatrix} a_{11}^{(p)} & a_{12}^{(p)} \\ a_{21}^{(p)} & a_{22}^{(p)} \end{pmatrix} \begin{pmatrix} y_{t-p} \\ x_{t-p} \end{pmatrix} + \begin{pmatrix} \varepsilon_{1t} \\ \varepsilon_{2t} \end{pmatrix} \qquad (1\text{-}4\text{-}12)$$

当模型中 x 的滞后项系数 $a_{12}^{(q)}$ 全为 0 时，变量 x 外生于变量 y。

格兰杰因果检验的要点如下。

（1）格兰杰因果关系不是逻辑上的因果关系，而是统计上的因果关系，也就是先后关系。

（2）为了防止伪回归，格兰杰检验要求序列是平稳的或者协整的。

（3）格兰杰检验的结果与滞后阶数的选择有关，滞后阶数不同，检验的结果也不同，因此检验时要同时检验多个滞后阶数才能得到稳健的结果。

（4）从统计学的角度来看，如果变量间不存在因果关系，应剔出模型。

（5）单向因果关系可以进入模型。

（6）格兰杰因果关系可应用于研究政策的时滞性。

（三）脉冲响应函数

脉冲响应函数分析法：在当代宏观经济建模中，脉冲响应函数用于描述经济指标如何随着时间的推移对外生脉冲做出反应，通常在向量自回归的背景下建模，因此需要在 VAR 模型的基础上进行分析；描述消费、产出、投资和就业等内生宏观经济变量在受到冲击时和随后时间点对系统的动态影响。近几年，国内外文献中提出了不对称脉冲响应函数，即正面冲击的影响与负面冲击的影响是不同的，需要分别讨论。

（四）方差分解

用方差衡量每一个结构冲击对内生变量变化的贡献，进而评估不同因素对结果的影响程度。VAR 模型的方差分解目的是确定变量的方差形成原因，发现模型中对变量产生影响的每个随机扰动在总离散中的重要程度。

三、实证分析

（一）变量的定义及描述

本案例涉及两个分析变量"投资者情绪"和"股市收益率"。"投资者情绪"参考魏星集等（2014）定义的标准化投资者情绪指数（StdISI），并用其剔除宏观经济因素后的标准化投资者情绪指数（StdEISI）做稳健性检验。"股市收益率"采用沪深 300 指数股的对数收益率，计算公式为

$$\text{股市收益率（rate）} = \ln \frac{P_t}{P_{t-1}} = \ln(P_t) - \ln(P_{t-1})$$

式中，P_t 为沪深 300 指数第 t 期收盘价。

（二）样本选择与数据来源

由于使用月度数据来更好地刻画中国证券市场投资者情绪的易变性，本案例采用 2010 年 3 月到 2020 年 12 月的月度数据，共 130 个样本点。本案例中投资者情绪数据来源于国泰安 CSMAR 数据库，收益率数据来源于 Wind 数据库。

（三）投资者情绪与股市收益率关系的实证分析

1. 平稳性检验

VAR 模型要求所有因子数据是同阶协整的，如果 N 个因子里有一个不平稳，就要全体做差分，一直到所有因子平稳为止。同时为了避免出现伪回归，也需要先检验序列的平稳性。

（1）序列图检验。

画出标准化投资者情绪指数（StdISI）和股市收益率（rate）的时序图，分别如图 1-4-1 和图 1-4-2 所示。可以看出，StdISI 和 rate 没有明显的趋势和周期，可初步判断为平稳。另外，这两个时序图都有明显的异方差性，故进一步采用 PP 检验平稳性。

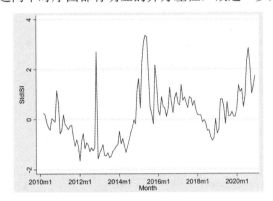

图 1-4-1　StdISI 时序图

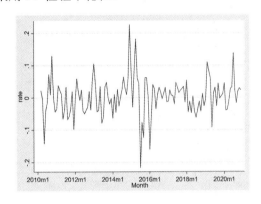

图 1-4-2　rate 时序图

（2）PP 检验。

PP 检验的结果见表 1-4-1，该表表明在 1%显著性水平下，StdISI 和 rate 都为平稳序列。

表 1-4-1　PP 检验的结果

变　　量	检验（rho）值	显著性水平	1%临界值	检验结果
StdISI	−26.294	0.01	−19.897	平稳
rate	−88.249	0.01	−19.897	平稳

2. 构建 VAR 模型

（1）确定最佳滞后期。

建立向量自回归模型的原理是把内生变量纳入因变量中，同时将滞后期纳入自变量中，并将模型的维度扩展到向量；模型的前提是变量序列平稳或者变量间具有协整关系，滞后期越长，模型反映的动态信息就越完全，但自由度会越少，因此需要选择合适的滞后期以达到两者间的平衡状态，找到最佳的滞后阶数。利用 Stata 软件，运行得出 StdISI 与 rate 的 VAR 模型滞后期选择结果，见表 1-4-2。该表表明滞后 1 阶和滞后 4 阶都可以，但在滞后 4 阶时有多个统计量指向最佳滞后期，故选择滞后4阶。

表 1-4-2　StdISI 与 rate 的 VAR 模型滞后期选择结果

滞后阶数	LL	LR	df	p	FPE	AIC	HQIC	SBIC
0	−7.106				0.004	0.149	0.168	0.195
1	62.531	139.270	4	0.000	0.001	−0.927	−0.871	**−0.789**[*]
2	71.465	17.868	4	0.001	0.001	−1.008	−.914*	−0.778
3	76.307	9.684	4	0.046	0.001	−1.021	−0.891	−0.700
4	81.694	**10.774**[*]	4	0.029	**0.001**[*]	**−1.044**[*]	−0.876	−0.630
5	83.233	3.078	4	0.545	0.001	−1.004	−0.798	−0.498
6	83.813	1.159	4	0.885	0.001	−0.948	−0.705	−0.350
7	86.479	5.333	4	0.255	0.001	−0.926	−0.646	−0.236
8	89.388	5.819	4	0.213	0.001	−0.908	−0.591	−0.127

*表示该准则选择的最佳滞后期。

（2）VAR(4)回归结果。

通过 Stata 软件运行得出 VAR(4)模型回归结果，见表 1-4-3。该表表明，在 StdISI 方程中，StdISI 的滞后 1 阶和 3 阶系数显著，rate 的滞后 1 阶显著，即 StdISI 不仅受到自身滞后 1 阶和 3 阶的影响，还受到 rate 滞后 1 阶的影响；在 rate 方程中，只有 rate 滞后 1 阶、3 阶和 4 阶是显著的，即 rate 只受到自身滞后 1 阶、3 阶和 4 阶的影响，而不受 StdISI 的滞后阶变量的影响。

表 1-4-3　VAR(4)模型回归结果

StdISI 方程	系数	标准误	Z 值	p 值	rate 方程	系数	标准误	Z 值	p 值
StdISI					StdISI				
L1.	0.429	0.091	4.690	0.000	L1.	−0.003	0.008	−0.330	0.741
L2.	0.093	0.099	0.940	0.347	L2.	0.005	0.009	0.580	0.564
L3.	0.199	0.096	2.060	0.039	L3.	0.004	0.009	0.400	0.686
L4.	0.113	0.084	1.340	0.179	L4.	−0.009	0.008	−1.240	0.215
rate					rate				
L1.	6.960	0.990	7.030	0.000	L1.	0.319	0.090	3.540	0.000
L2.	−0.892	1.137	−0.790	0.432	L2.	−0.056	0.103	−0.540	0.587
L3.	0.850	1.116	0.760	0.446	L3.	−0.202	0.101	−1.990	0.047
L4.	−0.104	1.037	−0.100	0.920	L4.	0.205	0.094	2.180	0.030
_cons	0.015	0.053	0.280	0.781	_cons	0.004	0.005	0.780	0.433

3. 沃尔德检验

为确定方程及方程的各阶系数的联合显著性，需要进行沃尔德检验，检验结果见表 1-4-4。由该表可知，全部方程检验中除滞后 2 阶外，其他的滞后阶数都是显著的，可进行后续分析。

表 1-4-4 沃尔德检验结果

滞后阶数	StdISI 方程			rate 方程			全部方程		
	卡方值	自由度	p 值	卡方值	自由度	p 值	卡方值	自由度	p 值
1	95.378	2	0.000	12.949	2	0.002	99.822	4	0.000
2	1.494	2	0.474	0.625	2	0.732	1.703	4	0.790
3	4.810	2	0.090	4.140	2	0.126	10.179	4	0.038
4	1.846	2	0.397	6.670	2	0.036	10.630	4	0.031

4. 平稳性检验

VAR 模型的稳定对后续分析非常重要,一个不稳定的 VAR 模型可能导致脉冲响应的分析结果无效,为此,需要检验模型的平稳性。如果 VAR 模型中所有根的模倒数均位于单位圆内,则认为该模型系统是稳定的,施加脉冲冲击时,这个冲击只会短暂地改变方程自身的值,并且这种影响会随着时间的推移而消减。

对构建好的 VAR(4)模型进行单位根检验,单位根图见图 1-4-3,该图表明模型特征根的模倒数都在单位圆内,说明模型整体稳定,可以进行下一步分析。

5. 格兰杰因果检验

为进一步探索投资者情绪与股市收益率之间是否具有格兰杰因果关系,对两变量进行格兰杰因果关系检验,检验结果见表 1-4-5。该表表明,在 StdISI 方程中,拒绝了原假设"rate 不是 StdISI 的格兰杰因",说明了 rate 是 StdISI 的格兰杰因;而在 rate 方程中,不拒绝"StdISI 不是 rate 的格兰杰因"。从总体上看,在 StdISI 与 rate 之间的关系中,存在单向的因果关系,即 rate 是 StdISI 的格兰杰因。

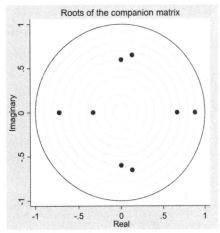

图 1-4-3 单位根图

表 1-4-5 StdISI 与 rate 的格兰杰因果检验结果

方 程	排除变量	原 假 设	卡 方 值	自 由 度	p 值
StdISI	rate	rate 不是 StdISI 的格兰杰因	50.492	8.664	0.000
rate	StdISI	StdISI 不是 rate 的格兰杰因	2.150	2.343	0.708

6. 脉冲响应分析

脉冲响应函数表示的是内生变量对随机误差变化的反应,能全面地反映一个变量对另一个变量的全局影响状态。在上述 VAR(4)模型中得到了沪深 300 指数收益率与投资者情绪指数的相互关系方程之后,利用 Stata 软件画出相应的脉冲响应图,见图 1-4-4 至图 1-4-7。

图 1-4-4 和图 1-4-5 均以 StdISI 为脉冲变量,分别描绘 StdISI 对 StdISI 和 rate 的动态效应。由图 1-4-4 可知,最初的 StdISI 冲击会引起 StdISI 长期存在,即一旦一种 StdISI 产生,该情绪将不会立即消除,而是会持续一段时间,大约会持续 9 期。由图 1-4-5 可知,StdISI 对 rate 冲击响应不显著,这可能是因为其他因素,如宏观经济环境,对股市收益率的影响更大。

图 1-4-6 和图 1-4-7 均以 rate 为脉冲变量，分别描绘 rate 对 rate 和 StdISI 的动态效应。由图 1-4-6 可知，最初的 rate 冲击会对 rate 有短期的影响，大约会持续两期。由图 1-4-7 可知，最初的 rate 会对 StdISI 的影响持续较长，大约会持续 5 期。

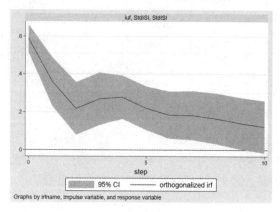

图 1-4-4　StdISI-StdISI 响应图　　　　图 1-4-5　StdISI-rate 响应图

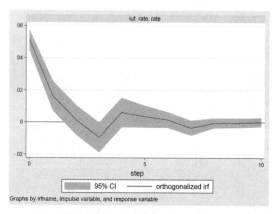 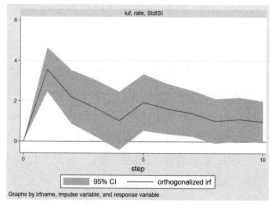

图 1-4-6　rate-rate 响应图　　　　图 1-4-7　rate-StdISI 响应图

7. 方差分解分析

在预测方差中，为确定各内生变量的贡献度需进行方差分解分析，上述模型的方差分解结果见表 1-4-6，及图 1-4-8 和图 1-4-9。

由表 1-4-6 中 StdISI 的方差分解或图 1-4-8 可以看出，在 1 期内，StdISI 对 StdISI 变化的贡献度达到 100%，此后也一直处于较高水平，达到 70% 以上；rate 对 StdISI 的贡献度较小，从第 2 期开始，达到 20% 以上。

由表 1-4-6 中 rate 的方差分解或图 1-4-9 可以看出，rate 对 rate 的贡献度一直都很高，达到 90% 以上；而 StdISI 对 rate 的贡献度非常低，不到 10%。

表 1-4-6　方差分解

阶　　数	StdISI 的方差分解		rate 的方差分解	
	StdISI	rate	StdISI	rate
1	1	0	0.084	0.916

阶　　数	StdISI 的方差分解		rate 的方差分解	
	StdISI	rate	StdISI	rate
2	0.790	0.210	0.080	0.920
3	0.749	0.251	0.082	0.918
4	0.746	0.254	0.079	0.921
5	0.759	0.241	0.079	0.921
6	0.742	0.258	0.080	0.920
7	0.732	0.268	0.080	0.920
8	0.727	0.273	0.080	0.920
9	0.727	0.273	0.080	0.920
10	0.724	0.276	0.081	0.919

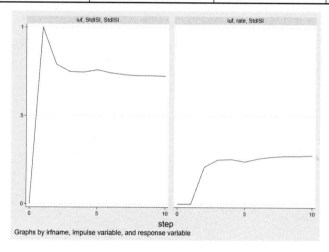

图 1-4-8　StdISI 的方差分解图

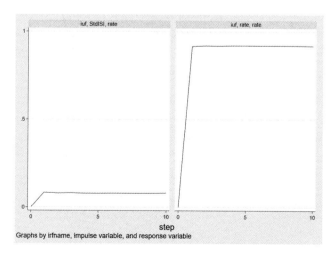

图 1-4-9　rate 的方差分解图

8. 稳健性检验

用"剔除宏观经济因素后的标准化投资者情绪指数（StdEISI）"替换上述分析中的"标准化投资者情绪指数（StdISI）"，重新构建 VAR 模型并进行相应的检验，结果发现最佳的 VAR 模型依然是 VAR(4)，回归结果及参数的显著性检验未发生大的改变，模型依然平稳，投资者情绪与股市收益率之间存在单向的因果关系——股市收益率是投资者情绪的格兰杰因。此外，在脉冲响应分析与方差分解分析中，也得到与前述分析类似的结果。稳健性检验结果表明，本案例中的实证分析结果具有良好的稳健性。

四、案例小结

本案例通过构建 VAR(4)模型探讨了投资者情绪指数与股市收益率之间的关系，实证研究发现：投资者情绪指数与股市收益率之间存在单向的因果关系，股市收益率是投资者情绪指数的格兰杰因，但投资者情绪指数不是股市收益率的格兰杰因；最初的投资者情绪指数冲击会引起该投资者情绪指数长期存在，但它对股市收益率冲击响应不显著；最初的股市收益率冲击会对股市收益率有短期的影响，而且它对投资者情绪指数也有持续的影响。在预测方差的贡献方面，投资者情绪指数对自身变化的贡献度较大，在 1 期达到 100%，此后达到 70% 以上；股市收益率对自身的贡献度更高，达到 90% 以上。

第2章 经济统计分析案例

经济统计分析主要利用统计分析原理与技术,对国民经济领域的相关活动进行分类、量化、数据搜集和整理,以及进行描述和分析,反映经济活动的规律性或揭示其基本数量关系。经济统计分析的研究领域包含国民经济核算、政府统计工作和重大社会经济热点问题等,涉及计量经济学、贝叶斯分析和多元统计等统计理论。本章介绍 3 个案例,内容涉及面板数据聚类分析、Probit 回归模型、Tobit 回归模型及多变量灰色预测模型 GM(1,*N*)。

案例 1 长三角城市群一体化水平分析——基于面板数据的聚类分析

一、案例背景

长三角地区作为我国经济规模最大的地区,有着重要的战略意义。在 2018 年,中共中央、国务院印发《中共中央 国务院关于建立更加有效的区域协调发展新机制的意见》明确指出,各地政府积极主动促进城市群之间的互动发展,其中,长三角城市群的建设被提为重大事项。2019 年 12 月,国家又接着颁布了新的一体化规划文件,促使长江经济带迈入了新的阶段,长三角城市群一体化的进程被提升到了另一个阶段,新的机遇与挑战迎面而来。

长三角城市群一体化有利于解决该区域内部发展不平衡、不协调等问题。并且,长三角城市群一体化有利于破除区域城市间的发展合作壁垒,让资金、人才等生产要素充分流动,如安徽省的加入有利于承担东西部的联合发展问题,起扁担的作用。再者,长三角城市群是长江经济的重要部分,而长江经济是我国的重要经济带,故在新的历史时机,长三角城市群对国家的发展意义重大。

然而,在新时代的发展浪潮下,长三角城市群受到疫情的冲击,城市群内部来自自身的发展不足,缺少有效协调发展机制。本案例将在构建长三角城市群一体化水平指数的基础上,对长三角城市群一体化水平进行基于面板数据的聚类分析,研究的结论将有利于深入了解长三角城市群一体化的发展情况,为政府部门按照长三角地区的发展现状制定发展规划,稳步推进长三角地区发展,促进国家经济发展提供参考,也可为国内的其他城市群提供经验。

二、测度方法与理论模型

（一）面板数据测度指标体系的熵值法

熵值法通过对信息熵来进行权重计算，能较好地发挥各个指标在指标体系上的作用，避免人为因素的直接影响，本案例借鉴王晓红和李雅欣（2021）的方法，对面板数据指标体系进行测度，具体计算步骤如下。

（1）数据标准化。

设 d 为年度数，n 为各个城市的样本数量，m 为选取的指标的个数，$x_{\theta ij}$ 为原始数据中 θ 年度第 i 个城市第 j 个指标的数据。因为指标的单位和量级均有差异，无法正常直接计算，所以需要对数据进行标准化，统一化为 0 和 1 的数。常用的标准化方法如下。

正向指标，则采用

$$\tilde{x}_{\theta ij} = \frac{x_{\theta ij} - x_{\min}}{x_{\max} - x_{\min}} \tag{2-1-1}$$

负向指标，则采用

$$\tilde{x}_{\theta ij} = \frac{x_{\max} - x_{\theta ij}}{x_{\max} - x_{\min}} \tag{2-1-2}$$

式中，$x_{\max}$ 为指标 j 的最大值；$x_{\min}$ 为指标 j 的最小值；$\tilde{x}_{\theta ij}$ 为处理后的值。需要特别注意的是，由于处理后有的数值是 0，所以进行平移操作，即在正向指标和负向指标计算后，全部另加一个极小值，本案例选的是 0.000001。

（2）计算指标体系中的比重矩阵。比重矩阵中的元素为

$$p_{\theta ij} = \frac{\tilde{x}_{\theta ij}}{\sum_{\theta=1}^{d}\sum_{i=1}^{n} \tilde{x}_{\theta ij}}, 0 \leq p_{\theta ij} \leq 1 \tag{2-1-3}$$

（3）计算出第 j 项指标的信息熵。

$$e_j = -\frac{1}{\ln(dn)}\sum_{\theta=1}^{d}\sum_{i=1}^{n} p_{\theta ij} \ln p_{\theta ij}, 0 \leq e_j \leq 1 \tag{2-1-4}$$

（4）计算出第 j 项指标的熵权 w_j。

需要保证 $\sum_{j=1}^{m} w_j = 1$，其中

$$w_j = \frac{1-e_j}{\sum_{j=1}^{n}(1-e_j)} \tag{2-1-5}$$

（5）计算综合得分。

第 θ 年度下第 i 个城市的综合得分为

$$Z_{\theta i} = \sum_{j=1}^{m} w_j \tilde{x}_{\theta ij} \tag{2-1-6}$$

（二）面板数据的聚类分析模型

面板数据兼具截面数据和时间序列数据特性，近年来，这种数据在经济管理领域应用较为广泛。传统的聚类分析研究对象一般是截面数据或者单指标时间序列的数据，该聚类方法不能体现出各个指标的时序发展特征，从而当研究所用的数据是面板数据时，传统聚类方法结果的可信度大大降低，不具有信服力。因此，本案例采用李因果（2010）的面板数据聚类方法，它是充分考虑各个指标的水平、增长速度和波动情况之后的聚类方法。面板数据聚类分析在度量样品相似性时采用绝对量距离、增长速度距离和波动距离的加权，该聚类分析过程为：首先，计算绝对量距离、增长速度距离和波动距离；然后，计算出三类距离的权重，求出三类距离的综合距离；最后，基于综合距离采用经典的系统聚类法。具体过程如下。

1. 计算三种距离

设 x_{ikt} 表示 t 时期个体 i 的第 k 个指标，其中 $i=1,2,\cdots,N$，$k=1,2,\cdots,m$，$t=1,2,\cdots,T$。d_{ij} 表示第 i 和 j 个样本点之间的距离。具体定义如下。

（1）个体 i 和 j 之间的绝对量距离：

$$d_{ij}(\text{AQED})=\left[\sum_{k=1}^{m}\sum_{t=1}^{T}(x_{ikt}-x_{jkt})^2\right]^{1/2} \tag{2-1-7}$$

（2）个体 i 和 j 之间的增长速度距离：

$$d_{ij}(\text{ISED})=\left[\sum_{k=1}^{m}\sum_{t=1}^{T}\left(\frac{\Delta x_{ikt}}{x_{ikt-1}}-\frac{\Delta x_{jkt}}{x_{jkt-1}}\right)^2\right]^{1/2} \tag{2-1-8}$$

（3）个体 i 和 j 之间的波动距离：

$$d_{ij}(\text{VCED})=\left[\sum_{t=1}^{T}\left(\frac{\bar{x}_{it}}{S_{it}}-\frac{\bar{x}_{jt}}{S_{jt}}\right)^2\right]^{1/2} \tag{2-1-9}$$

其中，$\bar{x}_{it}=\frac{1}{m}\sum_{k=1}^{m}x_{ikt}$，$S_{it}=\frac{1}{m-1}\sum_{k=1}^{m}(x_{ikt}-\bar{x}_{it})^2$，$\bar{x}_{it}$ 和 S_{it} 分别表示在时间 t 下，个体 i 的 m 个指标的均值和标准差，$d_{ij}(\text{VCED})$ 反映了样本指标值随着时间变化的波动程度。

注意，在具体应用时，通常需要对距离进行标准化处理，消除其量纲的影响。以绝对量距离为例，标准化距离定义为

$$zd_{i_1i_2}(\text{AQED})=\frac{d_{i_1i_2}(\text{AQED})-\min d_{i_1i_2}(\text{AQED})}{\max d_{i_1i_2}(\text{AQED})-\min d_{i_1i_2}(\text{AQED})} \tag{2-1-10}$$

式中，$i_1,i_2=1,2,\cdots,n$，$i_1\neq i_2$。

2. 计算距离权重及综合距离

个体 i 和个体 j 之间的综合距离定义为

$$d_{ij}(\text{CED})=\alpha\cdot d_{ij}(\text{AQED})+\beta\cdot d_{ij}(\text{ISED})+\gamma\cdot d_{ij}(\text{VCED}) \tag{2-1-11}$$

标准化后的综合距离公式变为

$$zd_{i_1i_2}(\text{CED})=\alpha\cdot zd_{i_1i_2}(\text{AQED})+\beta\cdot zd_{i_1i_2}(\text{ISED})+\gamma\cdot zd_{i_1i_2}(\text{VCED}) \tag{2-1-12}$$

其中，$\alpha+\beta+\gamma=1$，α、β、γ 表示三种距离的权重，如果 $\beta=\gamma=0$，那么此种方法就退变成为一般的绝对指标聚类分析。

α、β、γ 权重的计算方法可以采用主观、客观赋权法，即：

$$\omega_s = \omega_s^0 \cdot \omega_s^1 \tag{2-1-13}$$

式中，ω_s^0 是主观权重；ω_s^1 是客观权重。主观权重可以由研究者对事物的认识和对距离类型的重要程度偏好主观测定，如"专家调查法"和"层次分析法"等。客观权重可以采用熵权值法，在参考李因果（2020）的基础上，本案例进行了细微修改，具体步骤如下。

（1）计算特征比重。

不妨设标准化之后的第 k 个距离矩阵 $\boldsymbol{D}_k = (d_{ij})_k, k = 1,2,3$，为一个上三角形矩阵，则第 k 个距离矩阵的特征比重为 $\boldsymbol{P}_k = (p_{ij})_k$，其中

$$p_{ij} = \frac{d_{ij}}{\sum\limits_{i=1}^{n-1}\sum\limits_{\substack{j=2\\i<j}}^{n} d_{ij}} \tag{2-1-14}$$

（2）计算第 k 个距离矩阵的熵值：

$$e_k = -\frac{1}{\ln M}\sum_{i=1}^{n-1}\sum_{\substack{j=2\\i<j}}^{n} p_{ij}\ln p_{ij}, k = 1,2,3 \tag{2-1-15}$$

式中，$M = \frac{1}{2}n(n-1)$。

（3）计算第 k 个距离矩阵的客观权重：

$$\omega_k^1 = \frac{1-e_j}{\sum\limits_{j=1}^{3}(1-e_j)}, k = 1,2,3 \tag{2-1-16}$$

3. 基于综合距离的系统聚类

在获得综合距离矩阵后，采用经典的系统聚类分析方法，将样本点逐一合并归类，聚类过程如下。

（1）利用式（2-1-12）计算 N 个样品间的综合距离，记样品间的距离矩阵 $\boldsymbol{D}^{(0)}$。

（2）样品各独自成类，首先令 $\boldsymbol{D}^{(1)} = \boldsymbol{D}^{(0)}$，第 k 类 $G_k = \{X_{(k)}\}(k = 1,2,\cdots,N)$，然后对样品 $X_{(k)}(k = 2,3,\cdots,N)$ 执行步骤（3）和（4）。

（3）对步骤（2）得出的距离矩阵 $\boldsymbol{D}^{(i-1)}$，根据并类准则合并距离最小的两类为一个新类。

（4）利用经典系统聚类分析方法中的类递推公式，计算新类与其他类的距离，得到新的距离矩阵 $\boldsymbol{D}^{(i)}$。重复步骤（3）和（4），直至所有样品聚为一类。

（5）画出聚类树状图，并结合实际问题决定分类的个数及各类的成员。

三、指标选取与数据来源

（一）指标选取

在参考谈胖（2017）和李琳等（2016）文献的基础上，考虑 2010—2019 时间段内数据口径未发生改变的指标，根据科学性、代表性、综合性、可行性几个指标选取原则，构建出指标体系，共有 38 个指标（三级），指标体系见表 2-1-1。

表 2-1-1　指标体系

目标变量	一级指标	二级指标	三级指标	
			符　号	名　称
城市群一体化水平评价指标体系	经济	居民收入	X1_1	人均 GDP
			X1_2	城镇人均可支配收入
			X1_3	农村人均可支配收入
		经济增长	X1_4	第一产业
			X1_5	第二产业
			X1_6	第三产业
		财政收支	X1_7	一般公共预算收入
			X1_8	一般公共预算支出
			X1_9	社会消费品零售总额
	市场	劳动力市场	X2_1	第二产业就业人员数
			X2_2	第三产业就业人员数
			X2_3	职工平均工资
		市场分割指数	X2_4	居民价格消费指数
			X2_5	食品居民消费价格指数
			X2_6	烟酒居民消费价格指数
			X2_7	衣着居民消费价格指数
			X2_8	居住居民消费价格指数
			X2_9	生活用品及服务居民消费价格指数
			X2_10	交通和通信居民消费价格指数
			X2_11	教育文化和娱乐居民消费价格指数
			X2_12	医疗保健居民消费价格指数
	交通	交通通达度	X3_1	公路旅客周转量
			X3_2	公路客运量
		通信通达度	X3_3	邮电业务总量
	生态环境	环境保护	X4_1	工业废水排放量
			X4_2	工业固体废物综合利用率
			X4_3	工业废气排放总量
		环境建设	X4_4	污水处理厂集中处理率
			X4_5	生活垃圾无害化处理率
			X4_6	建成区绿化覆盖率
	公共服务	教育	X5_1	普通高校在校学生人数
			X5_2	普通高校教师人数
		文化	X5_3	公共图书馆藏书数
		医疗	X5_4	医院床位数
			X5_5	医院执业（助理）医生人数
		社会保障	X5_6	城镇基本养老保险参保人数
			X5_7	城镇基本医疗保险参保人数
			X5_8	城镇基本失业保险参保人数

（二）数据来源与预处理

选取长三角地区 26 个城市的 38 个指标的 2010—2019 年年度数据，所选指标的所有数据均来自三省一市的省与地市级的统计局里的统计年鉴、统计公报和《中国城市统计年鉴》，对极个别缺失的数据通过平均值等方法进行了填补。

同时，将数据进行了标准化处理，处理的方法见熵权 TOPSIS 模型中提到的标准化处理方法。在表 2-1-1 中，工业废水排放量和工业废气排放总量两个指标是负向指标，按照负向指标的处理方法处理；市场分割指数的各个价格指数，其值过高或过低都不好，不属于负向指标，将其视为正向指标，并连同其他正向指标按照正向指标的标准化处理。

四、数据分析

（一）聚类分析

在反映城市群一体化水平的 38 个指标中，由于指标 X4_5（生活垃圾无害化处理率）在连续几年的取值都是 100%，没有波动，无法计算出面板数据聚类分析中的波动矩阵，因此在这部分的分析中，将该指标去掉。按照面板数据的聚类方法，首先，计算出绝对量距离矩阵、增长速度距离矩阵和波动矩阵，并将其标准化；其次，令主观权重值都为 1，并采用熵权值法计算客观矩阵；最后，计算出综合距离矩阵。

基于综合距离矩阵，采用 Ward 系统聚类法，得到聚类过程树，如图 2-1-1 所示。

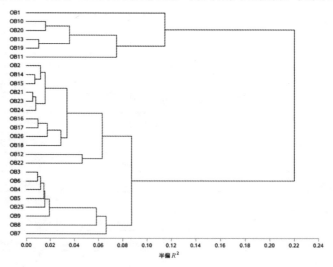

图 2-1-1 聚类过程树

其中，观测序号对应的城市信息见表 2-1-2。

表 2-1-2 观测序号对应的城市信息

城　市	观测序号	城　市	观测序号	城　市	观测序号
上海	1	南京	10	杭州	19
合肥	2	无锡	11	宁波	20

城　　市	观测序号	城　　市	观测序号	城　　市	观测序号
芜湖	3	常州	12	嘉兴	21
马鞍山	4	苏州	13	湖州	22
铜陵	5	南通	14	绍兴	23
安庆	6	盐城	15	金华	24
滁州	7	扬州	16	舟山	25
池州	8	镇江	17	台州	26
宣城	9	泰州	18		

将半偏 R^2 控制在 0.1 以内，并结合图 2-1-1，可知将 26 个城市聚成 4 类比较合适，聚类结果见表 2-1-3。

表 2-1-3　聚类结果

类　别	城　　市
第 1 类	合肥、常州、南通、盐城、扬州、镇江、泰州、嘉兴、湖州、绍兴、金华、台州
第 2 类	芜湖、马鞍山、铜陵、安庆、滁州、池州、宣城、舟山
第 3 类	南京、无锡、苏州、杭州、宁波
第 4 类	上海

（二）城市群一体化水平的熵值测度

为进一步探索每一类城市群一体化水平特征，现采用面板数据测度指标体系的熵值法，基于城市群一体化水平指标评价体系 38 个指标的面板数据，分别计算出城市群一体化水平分项综合值，即经济、市场、交通、生态环境和公共服务各个分项的综合值。其中，在计算各个分项综合值时，采用该分项所对应指标的面板数据。相应的指标权重和分项权重见表 2-1-4 和表 2-1-5。

表 2-1-4　长三角城市群一体化水平指标权重

目标变量	维度及权重		指标权重	
	权重	内容	权重	内容
城市群一体化水平评价指标体系	0.3093	经济	0.0091	人均 GDP
			0.0056	城镇人均可支配收入
			0.0075	农村人均可支配收入
			0.0167	第一产业
			0.0345	第二产业
			0.0613	第三产业
			0.0695	一般公共预算收入
			0.0582	一般公共预算支出
			0.0470	社会消费品零售总额

目标变量	维度及权重		指标权重	
	权重	内容	权重	内容
城市群一体化水平评价指标体系	0.0573	市场	0.0214	第二产业就业人员数
			0.0308	第三产业就业人员数
			0.0050	职工平均工资
			0.0000	居民价格消费指数
			0.0001	食品居民消费价格指数
			0.0000	烟酒居民消费价格指数
			0.0000	衣着居民消费价格指数
			0.0000	居住居民消费价格指数
			0.0000	生活用品及服务居民消费价格指数
			0.0000	交通和通信居民消费价格指数
			0.0000	教育文化和娱乐居民消费价格指数
			0.0000	医疗保健居民消费价格指数
	0.1478	交通	0.0351	公路旅客周转量
			0.0344	公路客运量
			0.0782	邮电业务总量
	0.0739	生态环境	0.0350	工业废水排放量
			0.0003	工业固体废物综合利用率
			0.0363	工业废气排放总量
			0.0007	污水处理厂集中处理率
			0.0007	生活垃圾无害化处理率
			0.0008	建成区绿化覆盖率
	0.4117	公共服务	0.0571	普通高校在校学生人数
			0.0668	普通高校教师人数
			0.0840	公共图书馆藏书数
			0.0264	医院床位数
			0.0216	医院执业（助理）医生人数
			0.0506	城镇基本养老保险参保人数
			0.0515	城镇基本医疗保险参保人数
			0.0536	城镇基本失业保险参保人数

由表 2-1-4 可知，城市群一体化水平评价指标体系权重赋值中，权重较大的是经济和公共服务，其次是交通，市场和生态环境的较小。这说明较好的经济、公共服务和便利的交通是提升城市群一体化水平的关键，但也不能忽视市场和生态环境。

由表 2-1-5 可知，经济一体化水平分项权重赋值中，权重较大的是 X1_5（第二产业）、X1_6（第三产业）、X1_7（一般公共预算收入）、X1_8（一般公共预算支出）和 X1_9（社会消费品零售总额）。市场一体化水平分项权重赋值中，权重较大的是 X2_1（第二产业就业人员数）和 X2_2（第三产业就业人员数）。交通一体化水平分项权重赋值中，权重较大的是 X3_1（公路旅客周转量）、X3_2（公路客运量）和 X3_3（邮电业务总量）。生态环境一体化水平分项权重赋值中，权重较大的是 X4_1（工业废水排放量）和 X4_3（工业废气排放总量）。公共服务一体化水平分项权重赋值中，权重较大的是 X5_1（普通高校在校学生人数）、X5_2（普通高校教师人数）、X5_3（公共图书馆藏书数）、X5_6（城镇基本养老保险参保人数）、X5_7（城镇基本医疗保险参保人数）和 X5_8（城镇基本失业保险参保人数）。

表 2-1-5　分项权重

变量符号	城市群一体化水平分项权重				
	经　济	市　场	交　通	生态环境	公共服务
X1_1	0.0293				
X1_2	0.0180				
X1_3	0.0241				
X1_4	0.0540				
X1_5	0.1116				
X1_6	0.1982				
X1_7	0.2246				
X1_8	0.1884				
X1_9	0.1519				
X2_1		0.3731			
X2_2		0.5367			
X2_3		0.0868			
X2_4		0.0001			
X2_5		0.0010			
X2_6		0.0003			
X2_7		0.0004			
X2_8		0.0003			
X2_9		0.0002			
X2_10		0.0003			
X2_11		0.0002			
X2_12		0.0005			
X3_1			0.2378		
X3_2			0.2327		
X3_3			0.5295		
X4_1				0.4738	
X4_2				0.0042	
X4_3				0.4912	

变量符号	城市群一体化水平分项权重				
	经 济	市 场	交 通	生态环境	公共服务
X4_4				0.0100	
X4_5				0.0099	
X4_6				0.0109	
X5_1					0.1387
X5_2					0.1624
X5_3					0.2040
X5_4					0.0640
X5_5					0.0526
X5_6					0.1228
X5_7					0.1252
X5_8					0.1303

（三）城市群一体化水平的类特征

此部分，主要从城市群一体化水平的综合和各分项的统计量及图形的角度探索各类城市的特性与差异。

1. 描述性统计量

先求出每个城市群一体化水平综合和各分项的 10 年的均值、增长速度和波动值，其中增长速度和波动值的计算公式分别为 $\dfrac{\Delta x_{ikt}}{x_{ikt-1}}$ 和 $\dfrac{\overline{x}_{it}}{S_{it}}$；然后，对各类城市求出相应的均值。其结果见表 2-1-6。

表 2-1-6　描述性统计量

统 计 量	城市类别	综 合	经 济	市 场	交 通	生态环境	公共服务
均值	1	0.1278	0.0296	0.0452	0.0102	0.0212	0.0216
	2	**0.0878**	**0.0156**	**0.0409**	**0.0047**	**0.0182**	**0.0084**
	3	0.2232	0.0556	0.0518	0.0215	0.0322	0.0621
	4	**0.4480**	**0.1421**	**0.0718**	**0.0326**	**0.0389**	**0.1625**
增长速度	1	0.0351	0.1000	**0.0097**	**0.0205**	0.0069	0.0659
	2	**0.0310**	**0.1054**	0.0102	0.0608	**0.0203**	**0.0663**
	3	0.0416	0.0965	0.0116	0.0880	**−0.0005**	0.0568
	4	**0.0602**	0.0954	**0.0198**	**0.1325**	0.0080	**0.0533**
波动值	1	11.2023	3.8355	**38.6411**	3.2403	**36.1252**	6.1976
	2	**13.5619**	**4.0064**	36.4157	2.3840	**17.3193**	**6.0218**
	3	9.2918	3.9043	32.6851	**4.0180**	21.5708	**7.5902**
	4	**5.8204**	**3.6250**	15.9575	**2.1253**	25.8072	7.3994

　　由表 2-1-6 可知，在**均值方面**，第 4 类城市的城市群一体化水平综合和各分项的均值都是最大的，其次是第 3 类城市，最小的是第 2 类城市。在**增长速度方面**，第 4 类城市的综合、市场、交通一体化水平的增长速度都是最大的，而公共服务一体化水平的增长速度是最小的；第 3 类城市的生态环境一体化水平的增长速度是最小的；第 2 类城市的经济、生态环境和公共服务一体化水平的增长速度都是最大的，而综合一体化水平的增长速度是最小的；第 1 类城市的市场和交通一体化水平的增长速度都是最小的。在**波动值方面**，第 4 类城市的综合、经济、市场、交通一体化水平的波动值是最小的，但其生态环境和公共服务一体化水平的波动值达到第二大；第 3 类城市的交通和公共服务一体化水平的波动值最大，其他波动值居中，处于第二或第三大；第 2 类城市的综合和经济一体化水平的波动值是最大的，生态环境和公共服务一体化水平的波动值是最小的；第 1 类城市的市场和生态环境一体化水平的波动值最大。

　　2. 时序图

　　（1）综合一体化水平特征

　　各个城市综合一体化水平时序图见图 2-1-2 至图 2-1-6。

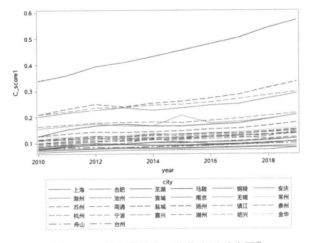

图 2-1-2　城市群综合一体化水平时序图[①]

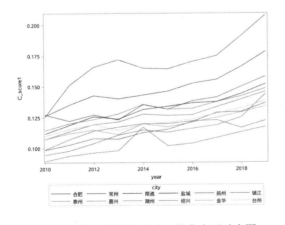

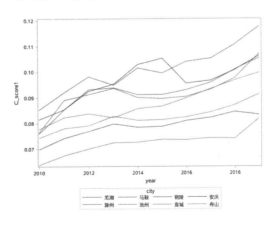

图 2-1-3　第 1 类城市综合一体化水平时序图　　　图 2-1-4　第 2 类城市综合一体化水平时序图

　　① 图中"马鞍"为"马鞍山"，下同。

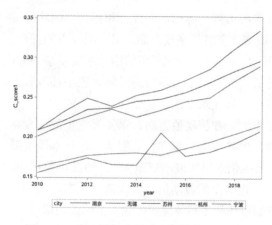
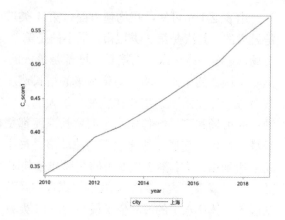

图 2-1-5　第 3 类城市综合一体化水平时序图　　　图 2-1-6　第 4 类城市综合一体化水平时序图

　　由图 2-1-2 至图 2-1-6 可知，从整体上看，城市群综合一体化水平具有上升的趋势。将图 2-1-2 至图 2-1-6 结合表 2-1-6 可知，上海（第 4 类城市）的综合一体化水平最高，增长速度最快，波动最小；南京等第 3 类城市的综合一体化水平较高，增长速度较快，波动较小；合肥等第 1 类城市的综合一体化水平较低，增长速度较慢，波动较大；芜湖等第 2 类城市的综合一体化水平最低，增长速度最慢，波动最大。

　　（2）经济一体化水平特征

　　各个城市经济一体化水平时序图见图 2-1-7 至图 2-1-11。

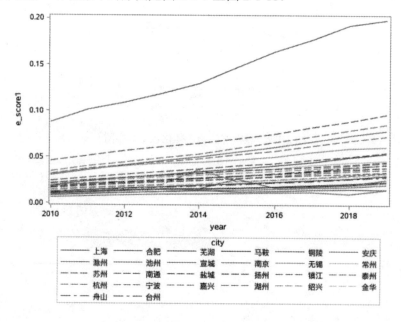

图 2-1-7　城市群经济一体化水平时序图

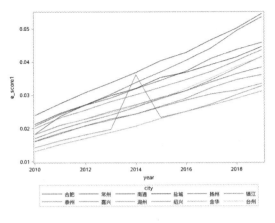

图 2-1-8　第 1 类城市经济一体化水平时序图　　　图 2-1-9　第 2 类城市经济一体化水平时序图

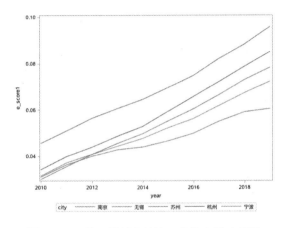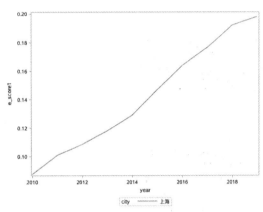

图 2-1-10　第 3 类城市经济一体化水平时序图　　　图 2-1-11　第 4 类城市经济一体化水平时序图

经济一体化水平的特征和综合一体化水平的特征类似。

（3）市场一体化水平特征

各个城市市场一体化水平时序图见图 2-1-12 至图 2-1-16。

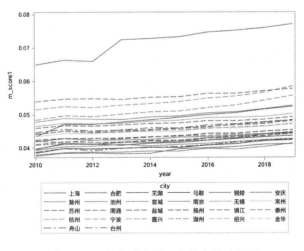

图 2-1-12　城市群市场一体化水平时序图

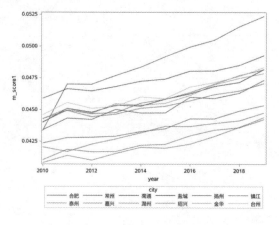

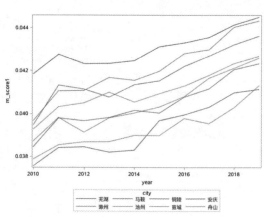

图 2-1-13　第 1 类城市市场一体化水平时序图　　　图 2-1-14　第 2 类城市市场一体化水平时序图

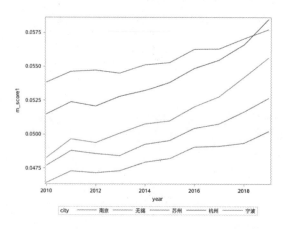

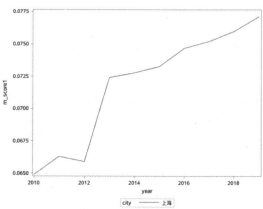

图 2-1-15　第 3 类城市市场一体化水平时序图　　　图 2-1-16　第 4 类城市市场一体化水平时序图

由图 2-1-12 至图 2-1-16 可知，从整体上看，城市群市场一体化水平具有上升的趋势。将图 2-1-12 至图 2-1-16 结合表 2-1-6 可知，上海（第 4 类城市）的市场一体化水平最高，增长速度最快，波动最小；南京等第 3 类城市的市场一体化水平较高，增长速度较快，波动较小；合肥等第 1 类城市的市场一体化水平较低，增长速度最慢，波动最大；芜湖等第 2 类城市的市场一体化水平最低，增长速度较慢，波动较大。

（4）交通一体化水平特征

各个城市交通一体化水平时序图见图 2-1-17 至图 2-1-21。

由图 2-1-17 至图 2-1-21 可知，从整体上看，长三角城市群交通一体化水平在 2018 年之前的上升趋势不明显，在 2018 年之后有上升的趋势。将图 2-1-17 至图 2-1-21 结合表 2-1-6 可知，上海（第 4 类城市）的交通一体化水平最高，增长速度最快，波动最小；南京等第 3 类城市的交通一体化水平较高，增长速度较快，波动最大；合肥等第 1 类城市的交通一体化水平较低，增长速度最慢，波动较大；芜湖等第 2 类城市的交通一体化水平最低，增长速度较慢，波动较小。

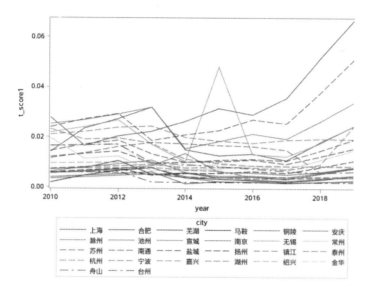

图 2-1-17 长三角城市群交通一体化水平时序图

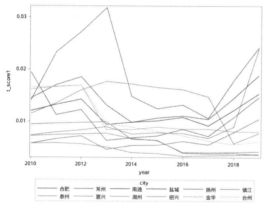

图 2-1-18 第 1 类城市交通一体化水平时序图

图 2-1-19 第 2 类城市交通一体化水平时序图

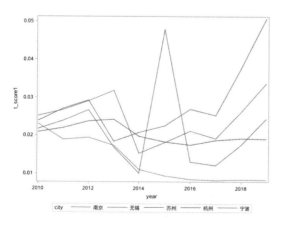

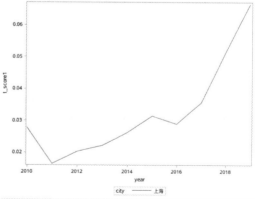

图 2-1-20 第 3 类城市交通一体化水平时序图

图 2-1-21 第 4 类城市交通一体化水平时序图

（5）生态环境一体化水平特征

各个城市生态环境一体化水平时序图见图 2-1-22 至图 2-1-26。

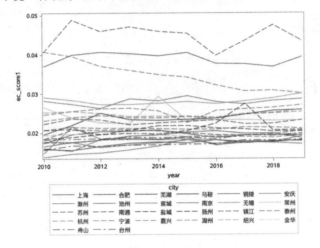

图 2-1-22　城市群生态环境一体化水平时序图

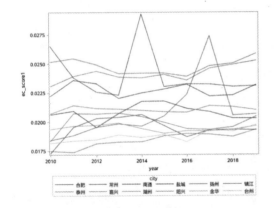

图 2-1-23　第 1 类城市生态环境一体化水平时序图

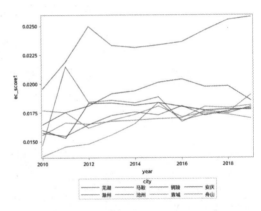

图 2-1-24　第 2 类城市生态环境一体化水平时序图

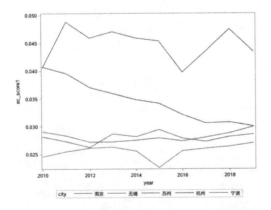

图 2-1-25　第 3 类城市生态环境一体化水平时序图

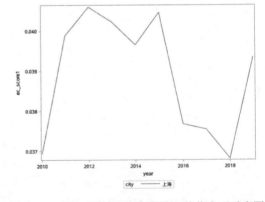

图 2-1-26　第 4 类城市生态环境一体化水平时序图

由图 2-1-22 至图 2-1-26 可知，从整体上看，城市群生态环境一体化水平无明显上升趋势，且有较大的波动。将图 2-1-22 至图 2-1-26 结合表 2-1-6 可知，上海（第 4 类城市）的生态环境一体化水平最高，波动较大；南京等第 3 类城市的生态环境一体化水平较高，波动较小；合肥等第 1 类城市的生态环境一体化水平较低，波动最大；芜湖等第 2 类城市的生态环境一体化水平最低，波动最小。

（6）公共服务一体化水平特征

各个城市公共服务一体化水平时序图见图 2-1-27 至图 2-1-31。

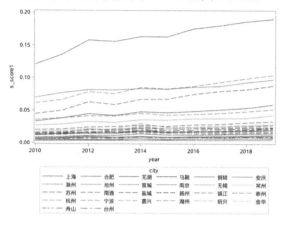

图 2-1-27　城市群公共服务一体化水平时序图

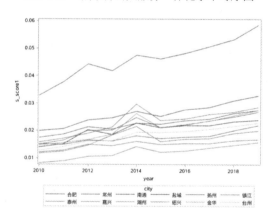

图 2-1-28　第 1 类城市公共服务一体化水平时序图

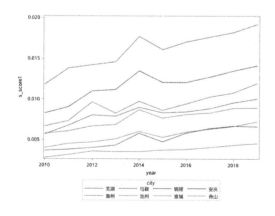

图 2-1-29　第 2 类城市公共服务一体化水平时序图

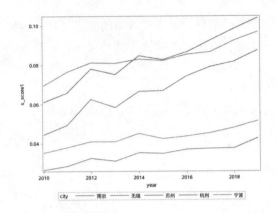

图 2-1-30　第 3 类城市公共服务一体化水平时序图

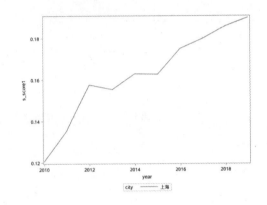

图 2-1-31　第 4 类城市公共服务一体化水平时序图

由图 2-1-27 至图 2-1-31 可知，从整体上看，城市群公共服务一体化水平有明显的上升趋势。将图 2-1-27 至图 2-1-31 结合表 2-1-6 可知，上海（第 4 类城市）的公共服务一体化水平最高，增长速度最慢，波动较大；南京等第 3 类城市的公共服务一体化水平较高，增长速度较慢，波动最大；合肥等第 1 类城市的公共服务一体化水平较低，增长速度最快，波动较小；芜湖等第 2 类城市的公共服务一体化水平最低，增长速度最快，波动最小。

五、案例小结

本案例基于长三角城市群 26 个城市在经济、市场、交通、生态环境、公共服务 5 个方面 38 个指标的 2010—2019 年数据，对长三角城市群一体化水平进行统计分析。首先，利用除 X4_5（生活垃圾无害化处理率）之外的 37 个指标的原始数据，做了面板数据的聚类分析；然后，采用熵值法获得了 26 个城市的综合一体化水平，以及经济、市场、交通、生态环境和公共服务 5 个分项的一体化水平；最后，结合聚类分析的结果，探索出长三角城市群的一体化水平特征。最终得到以下结论。

（1）根据长三角城市群一体化水平的发展情况，26 个城市可以聚成 4 类，其中，第 1 类城市={合肥、常州、南通、盐城、扬州、镇江、泰州、嘉兴、湖州、绍兴、金华、台州}；第 2 类城市={芜湖、马鞍山、铜陵、安庆、滁州、池州、宣城、舟山}；第 3 类城市={南京、无锡、苏州、杭州、宁波}；第 4 类城市={上海}。

（2）较好的经济、公共服务和便利的交通是提升城市综合一体化水平的关键。

（3）各类城市的综合一体化水平、增长速度和波动值存在差异，整体而言：第 4 类城市的综合一体化水平最高，增长速度最快，波动最小；第 3 类城市的综合一体化水平较高，增长速度较快，波动较小；第 1 类城市的综合一体化水平较低，增长速度较慢，波动较大；第 2 类城市的综合一体化水平最低，增长速度最慢，波动最大。

（4）就城市群一体化水平的各个分项指标来看，整体而言：经济、市场和公共服务一体化水平有良好的上升发展趋势；交通一体化水平在 2018 年之前的上升趋势不明显，在 2018 年之后有上升的趋势；生态环境一体化水平无明显上升趋势，且有较大的波动。

案例 2　发展地理标志农产品对农村减贫的影响分析——来自 CFPS 的经验证据

一、案例背景

2021 年中共中央、国务院颁布了 21 世纪以来的第 18 个指导"三农"工作的中央一号文件《中共中央　国务院关于全面推进乡村振兴加快农业农村现代化的意见》，该文件明确指出打造农业品牌，做实农业品牌的格局。2019 年国务院实施地理标志农产品保护工程，将地理标志农产品的发展作为农业转型升级的重要推手。地理标志农产品认证可以使得农产品的生产规模和经济效益不断提高。地理标志农产品的认证对农民脱贫增收有何影响？影响有多大？本案例使用中国家庭跟踪调查数据，运用 Probit 和 Tobit 回归模型从全国层面分析地理标志农产品对于农村家庭的脱贫增收影响，此外，还分析地理标志农产品分别对我国东部、中部和西部三大地区农民脱贫增收的影响情况。

二、数据与变量说明

（一）数据来源

本案例根据 2016 年和 2018 年中国家庭跟踪调查（CFPS）数据，对中国农村家庭贫困情况进行测度分析。由于中国贫困主要集中在农村地区，因此剔除城镇观测值，且删除"不知道"和"不适用"样本，经处理，共得到 12757 个农村家户样本观测值（其中，2016 年 6478 个，2018 年 6279 个）。核心解释变量农产品地理标志数来自中国绿色食品发展中心。此外，本案例的全部数据处理使用 Stata 软件。

（二）变量设置与说明

（1）被解释变量——农户贫困。考虑到基本国情，采用中国官方指定的"2010 年标准"，即按 2010 年不变价格计算，农民每年人均收入低于 2300 元。具体地讲，我们计算了我国农村地区的贫困发生率、贫困深度和贫困强度，其计算公式如下：

$$P_\lambda = \frac{1}{n}\sum_{i=1}^{m}\left(\frac{l-s_i}{l}\right)^\lambda \tag{2-2-1}$$

式中，l 代表贫困线标准；s_i 代表第 i 个家庭的人均收入；$l-s_i$ 表示第 i 个家庭与贫困线的差距；n 为该地区的总农村人口规模；m 为该地区的农村贫困人口规模（即 $s_i < l$ 的数量）。当 λ 取值为 0 时，P_0 为贫困发生率；当 λ 取值为 1 时，P_1 为贫困深度指数；当 λ 取值为 2 时，P_2 为贫困强度指数。

表 2-2-1 给出了 2016 年和 2018 年我国各地区农村的贫困指数。2010 年我国贫困发生率为 25.4%，2014 年为 18.7%，2016 年和 2018 年分别下降到 13.4% 和 11.7%。从 2010 年的 25.4% 降到 2018 年的 11.7%，降幅达到 54.0%，这说明我国农村的脱贫工作取得了巨大的成就。但是仍然存

在地区间发展不平衡的问题，北京和上海农村的贫困发生率为 0，而四川农村的贫困发生率最高，达到了 21.2%。贫困发生率刻画了收入水平在贫困线以下人口的占比，但是无法刻画贫困人口收入水平与贫困线的差距。为此，本案例还计算了贫困深度指数和贫困强度指数。贫困深度指数反映了贫困人口收入与贫困线标准的差距，2016 年我国农村贫困深度指数为 5.2%，2018 年为 4.6%，贫困深度指数在两年间下降了 0.8%。贫困强度指数为贫困人口收入与贫困线标准差的平方，2016 年我国农村贫困强度指数为 2.8%，2018 年为 2.6%，这说明贫困强度在这两年有所下降。

表 2-2-1　2016 年和 2018 年我国各地区农村的贫困指数

年份或地区	贫困发生率		贫困深度指数		贫困强度指数	
	指数/%	贡献度/%	指数/%	贡献度/%	指数/%	贡献度/%
2016 年	13.4	53.3	5.2	53.1	2.8	51.9
2018 年	11.7	46.7	4.6	46.9	2.6	48.1
北京	0.0	0.0	0.0	0.0	0.0	0.0
天津	3.9	1.5	8.6	8.2	0.3	0.5
河北	14.4	5.7	4.9	4.7	2.6	4.6
山西	14.7	5.9	6.3	6.0	3.5	6.2
辽宁	11.8	4.7	4.6	4.4	2.7	4.8
吉林	11.6	4.6	4.8	4.6	3.1	5.5
黑龙江	6.5	2.6	1.0	1.0	0.3	0.5
上海	0.0	0.0	0.0	0.0	0.0	0.0
江苏	4.4	1.8	0.9	0.9	2.8	5.0
浙江	1.0	0.4	0.2	0.2	0.1	0.2
安徽	3.2	1.3	0.6	0.6	0.2	0.4
福建	8.9	3.5	4.0	3.8	2.6	4.6
江西	11.1	4.4	4.2	4.0	2.4	4.3
山东	12.9	5.2	4.6	4.4	2.3	4.1
河南	13.0	5.2	5.0	4.8	2.4	4.3
湖北	3.7	1.5	0.8	0.8	0.5	0.9
湖南	10.0	4.0	4.0	3.8	2.1	3.7
广东	9.4	3.7	3.8	3.6	2.2	3.9
广西	16.5	6.6	6.6	6.3	3.7	6.6
重庆	15.4	6.1	7.4	7.1	4.4	7.8
四川	21.2	8.5	9.2	8.8	5.3	9.4
贵州	18.6	7.4	7.9	7.5	4.5	8.0
云南	8.8	3.5	4.0	3.8	2.4	4.3
陕西	16.3	6.5	6.0	5.7	3.0	5.3
甘肃	13.7	5.5	5.3	5.1	3.0	5.3
总计	10.4	100.0	4.2	100.0	2.3	100.0

注：基于 CFPS2016 年和 2018 年的调查数据计算。

（2）解释变量和控制变量。农产品地理标志数是本案例的核心解释变量，中国绿色食品发展中心公布了自 2010 年以来各年全国 31 个省市农产品地理标志登记情况，包括产品名称、产品类别和证书编号等。根据公布的信息，我们分别计算出截止至 2016 年和 2018 年 31 个省市农产品地理标志总数，然后将其除以 100 得到农产品地理标志指标作为本案例的核心解释变量。

此外，本案例还引入了其他控制变量：① 家庭规模，使用家庭总人口数来衡量；② 户主年龄，户主的实际年龄除以 10；③ 户主年龄的平方，户主实际年龄的平方除以 100；④ 户主的文化程度，使用三类虚拟变量刻画，分别是小学及以下文化程度（户主教育程度是小学取值为 1，否则为 0）、初中文化程度（户主教育程度是初中取值为 1，否则为 0）、高中及以上文化程度（户主教育程度是高中及以上取值为 1，否则为 0）；⑤ 户主的民族（户主为汉族取值为 1，否则为 0）；⑥ 户主的婚姻（户主有伴侣取值为 1，否则为 0）；⑦ 户主的健康（非常健康、很健康和比较健康取值为 1，否则为 0）。

（三）变量的描述性统计

表 2-2-2 给出了相关变量的描述性统计。可以看出，截止至 2016 年，我国各省份农产品地理标志数平均为 79 件，截止至 2018 年为 100 件，两年时间平均增长了 21 件，增幅为 26.6%，这说明在乡村振兴大背景下，地理标志农产品的认证得到了各地相关政府的重视。从家庭规模上看，农村家庭的平均规模为 3.9 人，明显大于全国平均家庭规模 2.62 人，2018 年我国农村家庭规模也较 2016 年家庭规模有所减小，这说明农村家庭的规模也在慢慢缩小。另外，农村家庭户主的文化程度为小学以下的均值为 0.328，小学的均值为 0.275，初中的均值为 0.273，高中及以上的均值为 0.124，并且户主的平均年龄在 51 岁。这说明我国农村家庭户主的文化程度偏低，这与他们当时中国处在动荡的时代特征相符。综上所述，所有的变量均分布在合理的范围内。

表 2-2-2　相关变量的描述性统计

	变量符号	所有样本		2016 年样本		2018 年样本	
		均　值	方　差	均　值	方　差	均　值	方　差
贫困发生率	Pov1	0.127	0.333	0.136	0.342	0.118	0.322
贫困深度指数	Pov2	0.049	0.158	0.053	0.161	0.046	0.154
贫困强度指数	Pov3	0.027	0.109	0.029	0.108	0.026	0.109
农产品地理标志数	GI	0.896	0.654	0.795	0.631	1.000	0.660
家庭规模	Fsize	3.927	2.003	3.988	2.000	3.864	2.003
户主年龄	Age	5.150	1.435	5.110	1.432	5.191	1.438
小学	Edu1	0.275	0.447	0.278	0.448	0.273	0.445
初中	Edu2	0.273	0.445	0.258	0.438	0.288	0.453
高中及以上	Edu3	0.124	0.329	0.119	0.324	0.128	0.335
户主的健康	Health	0.622	0.485	0.601	0.490	0.643	0.479
户主的民族	Ethnic	0.889	0.314	0.891	0.312	0.888	0.315
户主的婚姻	Marry	0.842	0.365	0.852	0.355	0.832	0.374

三、计量分析及其结果

（一）基准回归分析

本案例探讨农产品地理标志数对农村家庭贫困的影响，建立如下非平衡面板数据回归方程：

模型一：$\text{Pov1}_{it} = \alpha_0 + \alpha_1 \times \text{GI}_{it} + \boldsymbol{\alpha}_2 \times \textbf{Control}_{it} + \varepsilon_{it}$　　　　（2-2-2）

模型二：$\text{Pov2}_{it} = \beta_0 + \beta_1 \times \text{GI}_{it} + \boldsymbol{\beta}_2 \times \textbf{Control}_{it} + \varepsilon_{it}$　　　　（2-2-3）

模型三：$\text{Pov3}_{it} = \gamma_0 + \gamma_1 \times \text{GI}_{it} + \boldsymbol{\gamma}_2 \times \textbf{Control}_{it} + \varepsilon_{it}$　　　　（2-2-4）

式中，下标 i 表示农村家庭样本，t 代表年份；Pov1、Pov2、Pov3 分别为贫困发生率、贫困深度指数和贫困强度指数；GI 为农产品地理标志数；**Control** 为控制变量组向量；α_0、β_0、γ_0 分别为三个模型的常数项系数；α_1、β_1、γ_1 分别为三个模型的解释变量回归系数；$\boldsymbol{\alpha}_2$、$\boldsymbol{\beta}_2$、$\boldsymbol{\gamma}_2$ 分别为三个模型的控制变量组向量的回归系数向量；ε_{it} 为随机扰动项。第 i 个农村家庭第 t 年的贫困情况被表示成为核心解释变量农产品地理标志数和控制变量（家庭规模、户主年龄及其平方、户主的文化程度、户主的家庭、户主的民族、户主的婚姻和随机误差项）的函数。模型一中的被解释变量 Pov1_{it} 为农村家庭是否贫困，取值为 0 或 1，是一个典型的二元选择模型，本案例使用 Probit 回归模型进行参数估计。在模型二和模型三中，被解释变量分别为农村家庭的贫困深度指数和贫困强度指数，两个指数均为 0 到 1 之间的连续数值，为了对这种类型的数据进行估计，采用 Tobit 回归模型进行参数估计。表 2-2-3 给出了农产品地理标志数对农村家庭贫困情况的估计结果。

表 2-2-3　农产品地理标志数对农村家庭贫困情况的估计结果

	模型一	模型二	模型三
	贫困发生率	贫困深度指数	贫困强度指数
农产品地理标志数	−0.520***	−0.041***	−0.021***
	(−5.71)	(−3.57)	(−3.02)
家庭规模	−0.001	0.000	0.001
	(−0.19)	(0.35)	(0.76)
户主年龄	−0.347***	−0.047***	−0.026***
	(−2.95)	(−5.18)	(−4.59)
户主年龄的平方	0.054***	0.006***	0.003***
	(4.79)	(6.30)	(5.55)
小学及以下	−0.204***	−0.023***	−0.016***
	(−4.92)	(−5.95)	(−5.79)
初中	−0.254***	−0.030***	−0.020***
	(−3.69)	(−6.06)	(−6.18)
高中及以上	−0.622***	−0.046***	−0.028***
	(−6.65)	(−10.85)	(−10.87)

续表

	模 型 一	模 型 二	模 型 三
	贫困发生率	贫困深度指数	贫困强度指数
户主的健康	−0.162***	−0.012***	−0.007***
	(−4.62)	(−4.53)	(−4.16)
户主的民族	−0.003	−0.007	−0.004
	(−0.02)	(−0.69)	(−0.65)
户主的婚姻	−0.086**	−0.010*	−0.007
	(−1.97)	(−1.72)	(−1.60)
观测值	12086	12755	12755

注：括号内的数值为省级聚类稳健标准误（robust standard error clustered by province）；***、**、*分别表示在 1%、5%和 10%的水平显著；控制变量还包括区县虚拟变量。

表 2-2-3 报告了模型一、模型二和模型三的参数估计结果。模型一是农产品地理标志数对贫困发生率的影响，一个地区的农产品地理标志数越多，说明该地区的农产品的推广做得越好，因此农民通过种植农产品得到的收入越高。可以看到，农产品地理标志数对贫困发生率有负向影响，且估计系数在 0.01 的水平下显著。模型二和模型三分别是农产品地理标志数对贫困深度指数和贫困强度指数的影响，其结果均表明一个地区的农产品地理标志数可以降低该地区的贫困深度指数和贫困强度指数，且均在 0.01 的水平下显著。

表 2-2-3 还列出了其他控制变量的参数估计结果，且这些控制变量的参数方向基本上符合经济学的解释。对于模型一，年龄对贫困发生率有正"U"的影响，即随着户主年龄的增长，其家庭陷入贫困的概率逐渐降低，但是，当户主年龄达到一定年纪后，其家庭陷入贫困的概率随着年龄的增加而增加；相对于没有受过教育的户主而言，受过小学及以下教育、初中教育和高中及以上的教育都能够显著降低贫困发生率，并且受教育的水平越高，陷入贫困的概率越低，这也进一步说明了教育对于脱贫的意义；户主有较好的身体健康状态，发生贫困的概率较低；相对于少数民族来说，汉族群体陷入贫困的概率更低，但是没有通过显著性检验；相对于没有配偶的人群而言，有配偶的人群陷入贫困的概率更低。在模型二和模型三中，参数估计的结果与模型一的结果基本类似，仅有户主婚姻变量在模型二中显著性下降和在模型三中变得不显著，但其方向与模型一的方向一致。

（二）内生性分析

由于模型可能因为存在遗漏变量和测量误差等因素导致内生性问题，进而使得模型的参数估计结果为有偏且非一致。为了解决核心解释变量农产品地理标志数的内生性问题，构造了相应的工具变量进行两阶段最小二乘法估计。类似于 Gibson 和 Rozelle 的工具变量的设计思想，构造了累积时间效应的工具变量。累积时间效应变量考虑了农产品地理标志数得到认证的累积时间，假设某地在某年获得地理标志认证的农产品数为 m 个，截止至今年已经认证了 n 年，则该地的在当年获得的农产品地理标志数在今年的时间效应为 $m \times n$，以此类推，计算出该地各年认证的农产品地理标志数的时间效应，最后将各年的时间效应加总除以 100 得到该地区所有农产品地理标志数在今年的累积时间效应指标。

表 2-2-4 给出了农产品地理标志数对农村家庭贫困情况的工具变量估计结果。三个模型的第一阶段回归的 F 统计量为 2517.33，远大于 10。综合该估计结果可以认为本案例的工具变量选取是有效的。限于篇幅，表 2-2-4 没有列出控制变量的参数结果，但控制变量的参数结果与表 2-2-3 基本一致。表 2-2-4 主要集中在农产品地理标志数的估计上，可以看到估计系数的方向与表 2-2-3 的是一致的。从三列的估计结果可以看出，农产品地理标志数显著降低了农村家庭陷入贫困的概率。在系数的绝对值上，模型一使用工具变量估计出来的系数绝对值为 0.457 要稍微小于原来估计出来系数绝对值（0.520），模型二和模型三使用工具变量估计出来的系数也小于原来的估计系数。

表 2-2-4　农产品地理标志数对农村家庭贫困情况的工具变量估计结果

	模　型　一	模　型　二	模　型　三
	贫困发生率	贫困深度指数	贫困强度指数
农产品地理标志数	-0.457***	-0.032*	-0.012
	(-3.13)	(-1.66)	(-1.10)
控制变量	是	是	是
第一阶段估计			
累积时间效应	0.014***	0.014***	0.014***
	(3.41)	(3.44)	(3.44)
第一阶段 F 统计值	2517.33	2517.33	2517.33
Wald 统计值	761.56	586.35	563.19
观测值	12217	12944	12944

注：括号内的数值为省级聚类稳健标准误（robust standard error clustered by province）；***、**、*分别表示在 1%、5%和 10%的水平显著；控制变量还包括区县虚拟变量。

（三）异质性分析

本案例将省份划分为东部、中部和西部三大区域（西部地区包括甘肃、宁夏、陕西、四川、重庆、贵州、云南和广西共 8 个省、自治区及直辖市；中部地区包括安徽、江西、河南、湖北、湖南、吉林、山西、黑龙江共 8 个省；东部地区包括江苏、浙江、山东、北京、上海、天津、广东、辽宁、福建和河北共 10 个省及直辖市）。然后使用回归模型分别对东部、中部和西部地区进行分组回归估计，农产品地理标志数对农村家庭贫困发生率影响的异质性检验见表 2-2-5。限于文章篇幅，本案例只给出了被解释变量为贫困发生率的 Probit 分组回归结果，被解释变量为贫困强度指数和贫困深度指数的 Tobit 分组回归结果未展现，但 Tobit 分组回归结果的基本结论与 Probit 分组回归结果一致。

从表 2-2-5 中可以看出，东部地区的农产品地理标志数的系数为-0.431，没有通过显著性检验；中部地区和西部地区的农产品地理标志数的系数分别是-0.484 和-0.821，并且均在 1%的显著性水平下通过了显著性检验。这说明在东部地区地理标志农产品的认证对于农户而言并没有带来显著的脱贫效应，但对于中部地区和西部地区的农户而言，地理标志农产品的认证能够带来显著的脱贫效应。从系数的绝对值来看，西部地区的农产品地理标志数的系数绝对值要大于中部地区，这说明其脱贫效应在西部地区要远大于中部地区。这可能由以下两个原因导致：第一，相对于东部地区而言，中西部地区经济发展相对滞后，农产品的销路相对狭窄，但是中西部地区的农产品受到地理标志的认证后，知名度得到提升且销路得以打开，因此农户可以增加农产品的销售收入；第二，国家统计局对农民收入分为工资性、家庭经营性、财产性、转移性四个方面，从事农业农产品的生产经营而获得的收入是其中的一部分，由于东部地区经济较为发达，经济越发达的区域对于从事农业农产品的生产经营收入的依赖程度可能越低。

表 2-2-5　农产品地理标志数对农村家庭贫困发生率影响的异质性检验

	模 型 一	模 型 二	模 型 三
	东 部 地 区	中 部 地 区	西 部 地 区
农产品地理标志数	−0.431	−0.484***	−0.821***
	(−1.22)	(−7.32)	(−5.64)
家庭规模	0.012	−0.010	−0.003
	(0.92)	(−0.83)	(−0.23)
户主年龄	−0.183	−0.314***	−0.269
	(−0.91)	(−7.66)	(−1.34)
户主年龄的平方	0.039*	0.056***	0.040**
	(1.68)	(9.10)	(2.33)
小学及以下	−0.117***	−0.310***	−0.213***
	(−3.08)	(−4.30)	(−2.90)
初中	−0.230***	−0.211	−0.240***
	(−3.48)	(−0.84)	(−4.65)
高中及以上	−0.534***	−0.777***	−0.523***
	(−3.76)	(−12.35)	(−3.41)
户主的健康	−0.159**	−0.181***	−0.177***
	(−2.26)	(−7.07)	(−2.58)
户主的民族	0.748***	0.063	−0.090
	(28.09)	(0.26)	(−0.66)
户主的婚姻	−0.239***	0.037	−0.061
	(−4.56)	(0.54)	(−0.79)
观测值	3206	3277	4657

注：括号内的数值为省级聚类稳健标准误（robust standard error clustered by province）；***、**、*分别表示在1%、5%和10%的水平显著；控制变量还包括区县虚拟变量。

（四）稳健性检验

在以上的计量分析中，被解释变量贫困发生率、贫困深度指数和贫困强度指数采用的均为国家贫困标准，但有学者认为我国官方制定的贫困标准较低。因此，为了检验以上实证模型结果的稳健性，下文采用国际贫困标准进行稳健性检验，检验结果见表 2-2-6。与前文采用国家贫困标准的回归结果相比（表 2-2-3），采用国际贫困标准后，核心解释变量农产品地理标志数的显著性在贫困发生率、贫困深度指数和贫困强度指数上没有变化，均在 1%的显著性水平上显著。从系数的绝对值上看，核心解释变量农产品地理标志数在贫困发生率上的参数估计值的绝对值大于使用国家贫困标准，特别是使用 2 美元较高的贫困标准时。由此可见，若贫困标准改为国际标准，上文的计量分析的主要发现与结论是稳健的。

表 2-2-6　基于国际贫困标准的稳健性检验

	1 美元标准			2 美元标准		
	贫困发生率	贫困深度指数	贫困强度指数	贫困发生率	贫困深度指数	贫困强度指数
农产品地理标志数	-0.824***	-0.037***	-0.017***	-0.799***	-0.096***	-0.058***
	(-6.06)	(-3.98)	(-3.35)	(-5.13)	(-4.47)	(-4.40)
控制变量	Yes	Yes	Yes	Yes	Yes	Yes
观测值	11703	12755	12755	12251	12755	12755

注：括号内的数值为省级聚类稳健标准误（robust standard error clustered by province）；***、**、*分别表示在 1%、5%和 10%的水平显著；控制变量还包括区县虚拟变量。

四、案例小结

本案例从贫困发生率、贫困强度指数和贫困深度指数三个角度分析了我国农村贫困情况，与 2010 年的贫困发生率相比，2018 年我国农村地区贫困发生率下降了 54%。将贫困发生率、贫困强度指数和贫困深度指数作为被解释变量，实证检验了发展地理标志农产品对农村家庭的减贫影响。实证结果表明：地理标志农产品的认证可以拓宽农产品的销路，进而显著降低农村家庭的贫困情况，且这一结论在考虑多种情况的回归分析中依然保持稳健。此外，地理标志农产品的认证效果表现出区域异质性，具体为地理标志农产品的认证能够显著降低中西部农村家庭的贫困情况，且地理标志农产品对西部地区的减贫作用要大于中部地区，但是对东部地区的影响不显著。

案例3 社会消费品零售总额的因素分析

一、案例背景

目前，我国经济发展较快，居民收入稳步增长，消费结构在整体上是消费升级的趋势，人们对生存类的消费品需求在不断减少，对发展性消费品（如发展身体和智力的体育和文化产品）和享受性消费品（如高端营养品、华丽服装、艺术珍品等）的需求持续增长。随着消费结构的不断升级，我国居民的消费习惯和消费观念随之不断发生转变，整个消费市场用不断升级的方式，满足居民的消费需求。

社会消费品零售总额作为衡量我国居民消费水平的重要指标，社会各界对它的研究从未停止。他们中的大多数对消费品零售总额的一些因素进行了理论研究，或者对部分省市进行了研究，或者单独预测了消费品零售总额，很少有结合社会消费品零售总额的影响因素对全国的社会消费品零售总额进行预测的。本案例使用灰色关联度分析影响因素的影响程度，并利用关联度较大的影响因素，使用多变量灰色预测模型GM(1,N)进行预测。

二、理论分析与研究内容

社会消费品零售总额的变化，不只是在单一因素影响下的结果，而是在多种因素共同作用下产生的结果，在进行社会消费品零售总额因素分析的过程中，需要了解哪些因素与消费品零售总额具有更强的相关性，以及这些因素的具体影响效果。在灰色系统中的灰色关联度分析方法，能计算出灰色关联度数值，通过比较数值的大小直接衡量各因素与它的相关程度。

单变量灰色预测模型不用考虑相关因素对系统发展趋势的影响，具有建模简单等优点，是目前灰色预测模型研究领域成果最多、应用最广的主流模型。但是，该模型通常不能反映外部环境变化对系统变化趋势的影响。多变量灰色预测模型GM(1,N)的建模对象，由一个系统特征序列和(N-1)个相关因素序列构成，其建模过程充分考虑了相关因素对系统变化趋势的影响，是一种典型的因果关系预测的模型，与多元线性回归模型有一定的相似之处。但是这两种方法具有本质上的区别，前者以灰色理论为基础，而后者以概率统计为基础。本案例的主要工作是选取1999—2019年的数据，实现对社会消费品零售总额的因素分析及预测。

三、影响因素分析

社会消费品零售总额是反映我国国内消费需求最重要的经济指标之一，其对我国扩大内需的经济发展方向具有非常重要的意义。它的影响因素有很多，根据凯恩斯的绝对收入理论，消费主要取决于消费者的收入，收入越高，消费就越高。居民的消费取决于他们的绝对收入。此外，消费观念的转变会对社会消费品零售总额起一定的作用，随着脱贫攻坚的全面完成，人们的消费观念出现较大的转变，不再满足于衣食住行简单的必需品，而是追求精神文化的享受，提升生活质量；再者，国家的相关政策对人们的消费有着很大的影响。在国家颁布相关政策时，经常会对行业的发展起一定的作用，潜移默化地引导着行业发生变化，进而影响我国社会消费品零售总额的变化。

综合考虑各方面因素，本案例主要从收入、消费和社会保障方面来确定影响因素，选择国民总收入和人均 GDP 代表人民的收入水平；城乡居民人均收入比值代表收入差距，反映城镇和农村居民的收入差距；居民消费水平代表居民的消费情况；商品零售价格指数和居民消费价格指数代表消费的价格水平；人口自然增长率代表人口增长幅度；养老保险基金收入代表社会保障制度。以上 1999—2019 年各项相关经济指标的统计数据来源：国家统计局。

灰色关联度的定义及计算过程如下。

定义 2-3-1　设选择等时距连续的一组数据作为系统行为序列

$$X_0^{(0)} = (x_0^{(0)}(1), x_0^{(0)}(2), \cdots, x_0^{(0)}(n))$$
$$X_1^{(0)} = (x_1^{(0)}(1), x_1^{(0)}(2), \cdots, x_1^{(0)}(n))$$
$$\cdots$$
$$X_i^{(0)} = (x_i^{(0)}(1), x_i^{(0)}(2), \cdots, x_i^{(0)}(n))$$
$$\cdots$$
$$X_m^{(0)} = (x_m^{(0)}(1), x_m^{(0)}(2), \cdots, x_m^{(0)}(n))$$

当分辨系数 $\xi \in (0,1)$ 时（一般取 $\xi=0.5$），令

$$\gamma(x_0^{(0)}(k), x_i^{(0)}(k)) = \frac{\min\limits_i \min\limits_k |x_0^{(0)}(k) - x_i^{(0)}(k)| + \xi \max\limits_i \max\limits_k |x_0^{(0)}(k) - x_i^{(0)}(k)|}{|x_0^{(0)}(k) - x_i^{(0)}(k)| + \xi \max\limits_i \max\limits_k |x_0^{(0)}(k) - x_i^{(0)}(k)|} \quad (2\text{-}3\text{-}1)$$

$$\gamma(X_1^{(0)}, X_i^{(0)}) = \frac{1}{n} \sum_{k=1}^{n} \gamma(x_1^{(0)}(k), x_i^{(0)}(k)) \quad (2\text{-}3\text{-}2)$$

$\gamma(X_0^{(0)}, X_i^{(0)})$ 称为 $X_0^{(0)}$ 与 $X_i^{(0)}$ 的灰色关联度，简记为 γ_{0i}，在 k 点的关联系数 $\gamma(x_0^{(0)}(k), x_i^{(0)}(k))$ 简记为 $\gamma_{0i}(k)$。灰色关联度的计算步骤如下。

（1）求出各序列的初值像（或均值像）。令

$$X_i^{(0)\mathrm{T}} = \frac{X_i^{(0)}}{x_i^{(0)}(1)} = (x_i^{(0)\mathrm{T}}(1), x_i^{(0)\mathrm{T}}(2), \cdots, x_i^{(0)\mathrm{T}}(n)), \quad i = 0,1,2,\cdots,m \quad (2\text{-}3\text{-}3)$$

（2）求出 $X_0^{(0)}$ 与 $X_i^{(0)}$ 的初值像（或均值像）对应分量之差的绝对值序列。记

$$\Delta_i(k) = |x_0^{(0)\mathrm{T}}(k) - x_i^{(0)\mathrm{T}}(k)|, \quad \Delta_i = (\Delta_i(1), \Delta_i(2), \cdots, \Delta_i(n)), \quad i = 1,2,\cdots,m \quad (2\text{-}3\text{-}4)$$

（3）求出 $\Delta_i(k) = |x_0^{(0)\mathrm{T}}(k) - x_i^{(0)\mathrm{T}}(k)|$，$k = 1,2,\cdots,n$，$i = 1,2,\cdots,m$ 的最大值与最小值。分别记

$$M = \max_i \max_k \Delta_i(k), \quad m = \min_i \min_k \Delta_i(k) \quad (2\text{-}3\text{-}5)$$

（4）计算关联系数。

$$\gamma_{0i}(k) = \frac{m + \xi M}{\Delta_i(k) + \xi M}, \quad \xi \in (0,1), \quad k = 1,2,\cdots,n, \quad i = 1,2,\cdots,m \quad (2\text{-}3\text{-}6)$$

（5）最后求出关联系数的平均值就是所要的关联度。

$$\gamma_{0i} = \frac{1}{n} \sum_{k=1}^{n} \gamma_{0i}(k), \quad i = 1,2,\cdots,m \quad (2\text{-}3\text{-}7)$$

通过 MATLAB 程序计算出各因素的灰色关联度的大小，各因素灰色关联度的大小及排序见表 2-3-1。

表 2-3-1　各因素灰色关联度的大小及排序

因素	居民消费水平	商品零售价格指数	居民消费价格指数	人口自然增长率	人均GDP	国民总收入/亿元	养老保险基金收入	城乡居民人均收入比值
灰色关联度	0.8874	0.7308	0.7369	0.7069	0.9379	0.9656	0.7405	0.7377
排名	3	7	6	8	2	1	4	5

由灰色关联分析原则，各个不同因素与社会消费品零售总额的关联度越大，则说明该因素与社会消费品零售总额的关系越密切，其对社会消费品零售总额的影响越大；反之，关联度越小则对社会消费品零售总额的影响越小。选取国民总收入、人均 GDP、居民消费水平和养老保险基金收入的灰色关联度均在 0.74 以上，并且通过分析可知这四个因素对社会消费品零售总额在一定程度上起主要的影响作用，利用这些因素对社会消费品零售总额进行预测，理论上相对其他方法效果更好，并且能够有效地反映外部环境因素对社会消费品零售总额的影响程度。

四、社会消费品零售总额的预测

（一）各因素的 GM(1,1) 模型预测

GM(1,1) 模型的定义及建模过程如下。

定义 2-3-2　设序列 $\boldsymbol{X}^{(0)}=(x^{(0)}(1),x^{(0)}(2),\cdots,x^{(0)}(n))$，其中 $x^{(0)}(k)\geqslant 0, k=1,2,\cdots,n$；$\boldsymbol{X}^{(1)}$ 为 $\boldsymbol{X}^{(0)}$ 的累加生成序列，记为 1-AGO 序列：$\boldsymbol{X}^{(1)}=(x^{(1)}(1),x^{(1)}(2),\cdots,x^{(1)}(n))$，其中 $x^{(1)}(k)=\sum_{i=1}^{k}x^{(0)}(i),\ k=1,2,\cdots,n$。

GM(1,1) 模型的原始形式为

$$x^{(0)}(k)+ax^{(1)}(k)=b \tag{2-3-8}$$

序列 $\boldsymbol{Z}^{(1)}$ 被称为 $\boldsymbol{X}^{(1)}$ 的紧邻均值生成序列，其中

$$\boldsymbol{Z}^{(1)}=(z^{(1)}(2),z^{(1)}(3),\cdots,z^{(1)}(n)) \tag{2-3-9}$$

$$z^{(1)}(k)=\frac{1}{2}x^{(1)}(k)+\frac{1}{2}x^{(1)}(k-1),\ k=2,3,\cdots,n \tag{2-3-10}$$

GM(1,1) 模型均值形式 $x^{(0)}(k)+az^{(1)}(k)=b$ 的变化微分方程为

$$\frac{\mathrm{d}x^{(1)}}{\mathrm{d}t}+ax^{(1)}=b \tag{2-3-11}$$

式中，a、b 为待解系数，分别称作发展系数和灰色作用量，并记 a、b 构成的矩阵为灰色参数 $\hat{\boldsymbol{a}}=\begin{bmatrix}a\\b\end{bmatrix}$，只要求出 a、b，便能求出 $\boldsymbol{X}^{(1)}$，进而求出 $\boldsymbol{X}^{(0)}$ 的预测值。

对 $\hat{\boldsymbol{a}}=\begin{bmatrix}a\\b\end{bmatrix}$ 使用最小二乘法估计，可得 $\hat{\boldsymbol{a}}=(\boldsymbol{B}^{\mathrm{T}}\boldsymbol{B})^{-1}\boldsymbol{B}^{\mathrm{T}}\boldsymbol{Y}$。

其中

$$\boldsymbol{B} = \begin{bmatrix} -z^{(1)}(2) & 1 \\ -z^{(1)}(3) & 1 \\ \vdots & \vdots \\ -z^{(1)}(n) & 1 \end{bmatrix} = \begin{bmatrix} -0.5(x^{(1)}(1)+x^{(1)}(2)) & 1 \\ -0.5(x^{(1)}(2)+x^{(1)}(3)) & 1 \\ \vdots & \vdots \\ -0.5(x^{(1)}(n-1)+x^{(1)}(n)) & 1 \end{bmatrix}, \quad \boldsymbol{Y} = \begin{bmatrix} x^{(0)}(2) \\ x^{(0)}(3) \\ \vdots \\ x^{(0)}(n) \end{bmatrix} \qquad (2\text{-}3\text{-}12)$$

将 $\hat{\boldsymbol{a}} = \begin{bmatrix} a \\ b \end{bmatrix}$ 代入式（2-3-11），并对式（2-3-11）进行求解，可得

$$\hat{x}^{(1)}(k) = \left(x^{(0)}(1) - \frac{b}{a} \right) e^{-a(k-1)} + \frac{b}{a}, \quad k=1,2,\cdots,n \qquad (2\text{-}3\text{-}13)$$

将式（2-3-13）的结果累减还原（ $\hat{x}^{(0)}(1)=\hat{x}^{(1)}(1)$, $\hat{x}^{(0)}(n)=\hat{x}^{(1)}(n)-\hat{x}^{(1)}(n-1)$ ），即可得预测值

$$\hat{x}^{(0)} = (\hat{x}^{(0)}(1), \hat{x}^{(0)}(2), \cdots, \hat{x}^{(0)}(n), \hat{x}^{(0)}(n+1), \cdots, \hat{x}^{(0)}(n+m))$$

式中， $\hat{x}^{(0)}(1), \hat{x}^{(0)}(2), \cdots, \hat{x}^{(0)}(n)$ 为原始数据， $\hat{x}^{(0)}(n+1), \cdots, \hat{x}^{(0)}(n+m)$ 为预测数据。

利用 GM(1,1) 模型分别对社会消费品零售总额、国民总收入、人均 GDP、居民消费水平和养老保险基金收入进行预测，建立模型如下。

社会消费品零售总额的 GM(1,1) 模型为

$$\hat{x}^{(1)}(k) = \left(x^{(0)}(1) - \frac{44051.2650}{-0.1187} \right) e^{0.1187(k-1)} + \frac{44051.2650}{-0.1187}, \quad k=1,2,\cdots,n \qquad (2\text{-}3\text{-}14)$$

国民总收入的 GM(1,1) 模型为

$$\hat{x}^{(1)}(k) = \left(x^{(0)}(1) - \frac{119472.0866}{-0.1105} \right) e^{0.1105(k-1)} + \frac{119472.0866}{-0.1105}, \quad k=1,2,\cdots,n \qquad (2\text{-}3\text{-}15)$$

人均 GDP 的 GM(1,1) 模型为

$$\hat{x}^{(1)}(k) = \left(x^{(0)}(1) - \frac{9287.1995}{-0.1060} \right) e^{0.1060(k-1)} + \frac{9287.1995}{-0.1060}, \quad k=1,2,\cdots,n \qquad (2\text{-}3\text{-}16)$$

居民消费水平的 GM(1,1) 模型为

$$\hat{x}^{(1)}(k) = \left(x^{(0)}(1) - \frac{3122.9269}{-0.1092} \right) e^{0.1092(k-1)} + \frac{3122.9269}{-0.1092}, \quad k=1,2,\cdots,n \qquad (2\text{-}3\text{-}17)$$

养老保险基金收入的 GM(1,1) 模型为

$$\hat{x}^{(1)}(k) = \left(x^{(0)}(1) - \frac{2525.7725}{-0.1603} \right) e^{0.1603(k-1)} + \frac{2525.7725}{-0.1603}, \quad k=1,2,\cdots,n \qquad (2\text{-}3\text{-}18)$$

利用式（2-3-14）至式（2-3-18）分别对社会消费品零售总额、国民总收入、人均 GDP、居民消费水平和养老保险基金收入进行预测，基于 GM(1,1)模型的 2020—2024 年的预测值见表 2-3-2。

表 2-3-2　基于 GM(1,1)模型的 2020—2024 年的预测值

年份	社会消费品零售总额/亿元	国民总收入/亿元	人均 GDP/元	居民消费水平/元	养老保险基金收入/元
2020	550722.17	1245635.18	88357.08	32520.82	76075.54
2021	620137.27	1391114.40	98237.34	36272.80	89304.07

年份	社会消费品 零售总额/亿元	国民总收入/亿元	人均 GDP/元	居民消费 水平/元	养老保险 基金收入/元
2022	698301.70	1553584.30	109222.42	40457.70	104832.85
2023	786318.30	1735029.27	121435.88	45125.35	123061.89
2024	885428.77	1937665.40	135015.07	50331.55	144460.72

基于 GM(1,1)模型的平均相对误差见表 2-3-3。

表 2-3-3　基于 GM(1,1)模型的平均相对误差

	社会消费品 零售总额	国民 总收入	人均 GDP	居民消费 水平	养老保险 基金收入
平均相对误差	16.83%	14.86%	13.77%	4.83%	20.64%

（二）社会消费品零售总额的 GM(1,N)模型预测

GM(1,N)模型的定义及建模过程如下。

定义 2-3-3　设系统特征数据序列为

$$\boldsymbol{X}_1^{(0)} = (x_1^{(0)}(1), x_1^{(0)}(2), \cdots, x_1^{(0)}(n))$$

相关因素序列为

$$\boldsymbol{X}_2^{(0)} = (x_2^{(0)}(1), x_2^{(0)}(2), \cdots, x_2^{(0)}(n))$$
$$\boldsymbol{X}_3^{(0)} = (x_3^{(0)}(1), x_3^{(0)}(2), \cdots, x_3^{(0)}(n))$$
$$\cdots$$
$$\boldsymbol{X}_N^{(0)} = (x_N^{(0)}(1), x_N^{(0)}(2), \cdots, x_N^{(0)}(n))$$

序列 $\boldsymbol{X}_i^{(1)}$ 被称为 $\boldsymbol{X}_i^{(0)}$ 的一次累加生成序列，记为 1-AGO 序列（$i=1,2,\cdots,N$）。其中

$$\boldsymbol{X}_i^{(1)} = (x_i^{(1)}(1), x_i^{(1)}(2), \cdots, x_i^{(1)}(n)), \quad i=2,\cdots,N \qquad (2\text{-}3\text{-}19)$$

$$x_i^{(1)}(i) = \sum_{j=1}^{i} x_i^{(0)}(i), \quad i=2,\cdots,N \qquad (2\text{-}3\text{-}20)$$

序列 $\boldsymbol{Z}_1^{(1)}$ 被称为 $\boldsymbol{X}_1^{(1)}$ 的紧邻均值生成序列，其中

$$\boldsymbol{Z}_1^{(1)} = (z_1^{(1)}(2), z_1^{(1)}(3), \cdots, z_1^{(1)}(n)), \quad i=2,3,\cdots,N \qquad (2\text{-}3\text{-}21)$$

$$z_i^{(1)}(i) = \frac{1}{2} x_1^{(1)}(i) + \frac{1}{2} x_1^{(1)}(i-1), \quad i=2,3,\cdots,N \qquad (2\text{-}3\text{-}22)$$

GM(1,N)模型为

$$x_1^{(0)}(i) + a z_1^{(1)}(i) = \sum_{i=2}^{N} b_i x_i^{(1)}(i), \quad i=2,3,\cdots,N \qquad (2\text{-}3\text{-}23)$$

在 GM(1,N)模型中，a 称为系统发展系数，表明了特征因素在各相关因素作用下的发展态势；$b_i x_i^{(1)}(k)$ 称为驱动项；$b_1, b_2, \cdots, b_N$ 称为灰作用量，表明了各相关因素对特征因素的动态影响程度及对其作用的大小；$\hat{\boldsymbol{a}} = [a, b_1, b_2, \cdots, b_N]^{\mathrm{T}}$ 称为参数列。

根据最小二乘法估计，可得参数列 $\hat{\boldsymbol{a}} = [a, b_1, b_2, \cdots, b_N]^{\mathrm{T}}$ 满足

$$\hat{a} = (B^{\mathrm{T}}B)^{-1}B^{\mathrm{T}}Y \tag{2-3-24}$$

其中

$$B = \begin{bmatrix} -z_1^{(1)}(2) & x_2^{(1)}(2) & \cdots & x_N^{(1)}(2) \\ -z_1^{(1)}(3) & x_2^{(1)}(3) & \cdots & x_N^{(1)}(3) \\ \vdots & \vdots & & \vdots \\ -z_1^{(1)}(n) & x_2^{(1)}(n) & \cdots & x_N^{(1)}(n) \end{bmatrix} \tag{2-3-25}$$

$$Y = \begin{bmatrix} x_1^{(0)}(2) \\ x_1^{(0)}(3) \\ \vdots \\ x_1^{(0)}(n) \end{bmatrix} \tag{2-3-26}$$

GM(1,N)模型的变化形式为

$$\frac{\mathrm{d}x_1^{(1)}(i)}{\mathrm{d}t} + ax_1^{(1)}(i) = \sum_{i=2}^{N} b_i x_1^{(1)}(i), \quad i = 2,3,\cdots,N \tag{2-3-27}$$

引理 2-3-1 设序列 $X_i^{(0)}, X_i^{(1)}(i=1,2,\cdots,N)$，$Z_1^{(1)}$ 及矩阵 $\hat{a}$、B、Y 如定义 2-3-3 所述，则

（1）式（2-3-27）的解为

$$x_1^{(1)}(t) = \mathrm{e}^{-at}\left[x_1^{(1)}(0) - t\sum_{i=2}^{N} b_i x_i^{(1)}(0) + \sum_{i=2}^{N}\int b_i x_i^{(1)}(t)\mathrm{e}^{at}\mathrm{d}t \right] \tag{2-3-28}$$

（2）当 $X_i^{(1)}(i=1,2,\cdots,N)$ 的变化幅度很小时，可视 $\sum_{i=2}^{N} b_i x_i^{(1)}(k)$ 为灰色常量，则 GM(1,N) 模型的近似时间响应式为

$$\hat{x}_1^{(1)}(k+1) = \left[x_1^{(1)}(0) - \frac{1}{a}\sum_{i=2}^{N} b_i x_i^{(1)}(k+1) \right]\mathrm{e}^{-ak} + \frac{1}{a}\sum_{i=2}^{N} b_i x_i^{(1)}(k+1) \tag{2-3-29}$$

（3）GM(1,N)模型的累减生成式为

$$\hat{x}_1^{(0)}(k+1) = \alpha^{(1)}\hat{x}_1^{(1)}(k+1) = \hat{x}_1^{(1)}(k+1) - \hat{x}_1^{(1)}(k) \tag{2-3-30}$$

社会消费品零售总额的 GM(1,N)模型预测过程及结果如下。

设 1999—2019 年的社会消费品零售总额（$X_1^{(0)}$）为系统特征数据序列

$$X_1^{(0)} = (x_1^{(0)}(1), x_1^{(0)}(2), \cdots, x_1^{(0)}(n))$$
$$= (35647.9, 39105.7, \cdots, 408017.2)$$

由灰色关联度分析可得出 4 个关联度较强的因素，分别为国民总收入（$X_2^{(0)}$）、人均 GDP（$X_3^{(0)}$）、居民消费水平（$X_4^{(0)}$）和养老保险基金收入（$X_5^{(0)}$），利用 1999—2019 年的数据进行研究，则序列数 $n=21$，故相关因素序列为

$$X_2^{(0)} = (x_2^{(0)}(1), x_2^{(0)}(2), \cdots, x_2^{(0)}(n))$$
$$= (89366.5, 99066.1, \cdots, 988528.9)$$

$$X_3^{(0)} = (x_3^{(0)}(1), x_3^{(0)}(2), \cdots, x_3^{(0)}(n))$$
$$= (7229, 7942, \cdots, 70892)$$

$$X_4^{(0)} = (x_4^{(0)}(1), x_4^{(0)}(2), \cdots, x_4^{(0)}(n))$$
$$= (3143, 3698, \cdots, 27563)$$

$$\boldsymbol{X}_5^{(0)} = (x_5^{(0)}(1), x_5^{(0)}(2), \cdots, x_5^{(0)}(n))$$
$$= (1965.1, 2278.1, \cdots, 522918.8)$$

利用 MATLAB 程序求解可得

$$\boldsymbol{B} = \begin{bmatrix} -z_1^{(1)}(2) & x_2^{(1)}(2) & \cdots & x_N^{(1)}(2) \\ -z_1^{(1)}(3) & x_2^{(1)}(3) & \cdots & x_N^{(1)}(3) \\ \vdots & \vdots & & \vdots \\ -z_1^{(1)}(n) & x_2^{(1)}(n) & \cdots & x_N^{(1)}(n) \end{bmatrix}$$

$$= \begin{bmatrix} -55200.75 & 188432.6 & 6841 & 4243.2 & 15171 \\ -96281.3 & 297708.8 & 10795 & 6732.2 & 23888 \\ \vdots & \vdots & \vdots & \vdots & \vdots \\ -3422595.7 & 8888575.2 & 247739 & 367728 & 657556 \end{bmatrix} \tag{2-3-31}$$

$$\boldsymbol{Y} = \begin{bmatrix} x_1^{(0)}(2) \\ x_1^{(0)}(3) \\ \vdots \\ x_1^{(0)}(n) \end{bmatrix} = \begin{bmatrix} 39105.7 \\ 43055.4 \\ \vdots \\ 408017.2 \end{bmatrix} \tag{2-3-32}$$

$$\hat{\boldsymbol{a}} = [a, b_1, b_2, \cdots, b_N]^T$$
$$= [-0.2650, -1.1462, -3.1075, 0.5017, 15.6219]^T \tag{2-3-33}$$

利用式（2-3-33）求出参数列 $\hat{\boldsymbol{a}} = [a, b_1, b_2, \cdots, b_N]^T$ 的值，代入式（2-3-23）的 GM$(1, N)$ 模型，得 GM$(1,5)$ 模型为

$$x_1^{(0)}(i) - 0.2650 z_1^{(1)}(i)$$
$$= -1.1462 x_2^{(1)}(i) - 3.1075 x_3^{(1)}(i) + 0.5017 x_4^{(1)}(i) + 15.6219 x_5^{(1)}(i) \tag{2-3-34}$$

利用 MATLAB 程序通过式（2-3-34）的 GM$(1,5)$模型对社会消费品零售总额 1999—2019 年进行预测拟合，预测结果如图 2-3-1 所示。

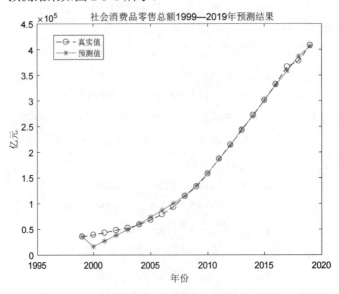

图 2-3-1 社会消费品零售总额 1999—2019 年预测结果

由图 2-3-1 可以看出，1999—2019 年社会消费品零售总额整体呈现上升的趋势，从预测曲线可以看出，除了 2000—2002 年的预测值，2003—2019 年的预测值从图形上看基本与真实值重合，说明模型拟合效果良好。

又由

$$z_i^{(1)}(i+1) = \frac{1}{2}x_1^{(1)}(i+1) + \frac{1}{2}x_1^{(1)}(i)$$

$$x_1^{(1)}(i+1) = x_1^{(0)}(i+1) + x_1^{(1)}(i)$$

故式（2-3-34）的 GM(1,5) 模型可化为

$$x_1^{(0)}(i+1) - 0.2650z_1^{(1)}(i+1)$$

$$= -1.1462x_2^{(1)}(i+1) - 3.1075x_3^{(1)}(i+1) + 0.5017x_4^{(1)}(i+1) + 15.6219x_5^{(1)}(i+1)$$

$$= x_1^{(0)}(i+1) - \frac{0.2650}{2}(x_1^{(0)}(i+1) + x_1^{(1)}(i) + x_1^{(1)}(i)) \qquad （2\text{-}3\text{-}35）$$

$$= 0.8675x_1^{(0)}(i+1) - 0.2650x_1^{(1)}(i)$$

即

$$0.8675x_1^{(0)}(i+1) - 0.2650x_1^{(1)}(i) \qquad （2\text{-}3\text{-}36）$$

$$= -1.1462x_2^{(1)}(i+1) - 3.1075x_3^{(1)}(i+1) + 0.5017x_4^{(1)}(i+1) + 15.6219x_5^{(1)}(i+1)$$

通过式（2-3-36）预测 2020—2024 年社会消费品零售总额的数据，对比基于 GM(1,1) 模型的预测数据，基于 GM(1,N) 模型的 2020—2024 年预测值见表 2-3-4。

表 2-3-4　基于 GM(1,N) 模型的 2020—2024 年预测值　　　　单位：亿元

年　　份	2020	2021	2022	2023	2024
GM(1,N)	418545.37	448099.95	498398.60	562284.25	642711.52
GM(1,1)	550722.17	620137.27	698301.70	786318.30	885428.77

利用 MATLAB 程序计算式（2-3-36）预测 1999—2019 年的社会消费品零售总额，其平均相对误差为 7.55%，远远小于 GM(1,1) 模型的平均相对误差 16.83%，说明 GM(1,N) 模型的预测效果比 GM(1,1) 模型要好，并且选取的 4 个因素对社会消费品零售总额有较大的影响。

五、案例小结

本案例通过使用灰色关联度分析的方法，对社会消费品零售总额进行因素分析，分别对社会消费品零售总额和关联度在 0.74 以上的因素使用 GM(1,1) 模型预测，从预测结果来看，预测值与真实值差距较小，拟合的效果较好，因此，预测结果有很大程度的可信度。从利用影响因素构建的 GM(1,5) 模型的预测结果来看，相较于 GM(1,1) 模型，GM(1,5) 模型的拟合效果更好，这说明引进的 4 个因素对社会消费品零售总额起着较大的作用。

第3章 机器学习方法案例

机器学习是一门涵盖多学科交叉专业，它综合应用了心理学、生物学、概率论、统计学、自动化和计算机科学等多学科的基础知识。机器学习研究如何通过计算机模拟或实现人类的学习行为，通过对经验的利用来改善系统自身的性能。机器学习算法主要包括回归、预测、分类和聚类任务，分为有监督学习、无监督学习和强化学习等。

随着大数据时代的到来，机器学习强大的模式识别能力使得它在经济学应用中有着广泛的应用前景，在数据发现与变量创造、使用现有数据来预测未来行为、因果推断、政策评估和理论检验时，其作用十分出众。

本章介绍了3个案例，内容涉及广州市二手房房价分析预测模型、糖尿病预测模型和量化交易择时策略研究。

案例1 基于数据挖掘的广州市二手房价格分析

一、案例背景

自住房改革施行以来，我国房地产业快速发展，逐渐成为国民经济的支柱产业，为我国的经济增长做出了重要的贡献。随着中国城镇化进程的加快，房地产市场不断繁荣，居民购房热情不断高涨，但同时由于需求和关注的增加，房价也在不断地上涨，房价问题已经成为重要的社会和经济问题。

由于经济的不断发展，二手房市场也存在极大的竞争，在购买或出售二手房问题上，买家和卖家存在着博弈，如买家想要买房但是由于信息不足，可能会对自己所购买的住房花费有所担心，同时，卖家作为出售的一方，同样也存在对自己所出售的房价定位不准确的顾虑，因此，通过户型、所处位置及装修规模等基本信息来对房价定位是有必要的。

通过对广州市主要的8个区的房价进行分析，利用随机森林的方法来对房价进行高中低分类，并对重要变量进行排序，再利用神经网络进行回归以达到给定户型信息大致预测房价的目的。

二、数据来源

本次所分析的数据取自国内某大型房产网站，数据包括广州市主要的8个区（白云区、番禺区、海珠区、花都区、黄埔区、天河区、越秀区、南沙区），经处理之后的样本量为1218，且数据包括 11 个变量，其中 4 个分类变量：local（所在城区）、decorate（装修情况）、floor（所处楼层）、orientation（房屋朝向），7 个数值型变量：bedrooms（房间数）、halls（客厅数）、area（房屋面积）、tfloor（所处楼层数）、year（建造年份）、price（总价）、unit_price（每平方米价格）。

三、描述性统计分析

（一）数据总体概况

将所收集的广州市二手房房价绘制其分布直方图，如图 3-1-1 所示，可看出广州市的大部分二手房每平方米价格（简称房价）在 2.5 万～4.5 万元/m² 之间，少数城区房价远远高于其他城区，通过对数据的整理分析得到，房价大于 8 万元/m² 的城区有 14 个样本，包括天河区（11 个）和越秀区（3 个），同时，房价小于 1 万元/m² 的城区有 7 个样本，全部位于花都区。由此可知广州市房价普遍大于 1 万元/m²，且价位有所不同。

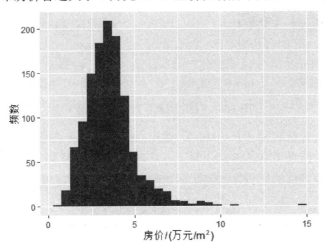

图 3-1-1　广州市二手房房价分布直方图

（二）分类变量分析

通过分别对 4 个分类变量（local、decorate、floor、orientation）绘制箱线图，观察这几个因素是否对房价有影响。

由图 3-1-2 可知，从所在城区下房价的箱线图中可明显看出，在所在城区因素下的房价是有差异的，且价位排在前三的分别在天河区、越秀区和海珠区，价位排在最后的位于花都区，造成天河区房价高于其他地区的原因可能是 CBD（中国三大国家级中央商务区之一）所处于此，造成花都区房价比其他城区低的原因在于花都区离市中心比其他城区远；由于豪华装修的样本较少（1 个），故不能凸显豪华装修的信息，但相对于其他的装修情况来说，装修情况似乎并未对房价造成明显差异；可明显看出，所处楼层也对房价无差异影响；同样，房屋朝向对房价的作用也不明显。综上所述，在这 4 种情况中，只有所在城区对房价有影响，其他均无明显影响，但这种差异情况需要经过统计学检验。

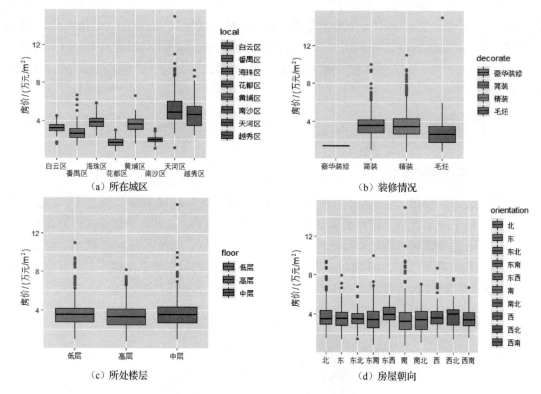

图 3-1-2　各个因素下房价的箱线图

通过对房价的正态性检验（$P < 0.05$），得出拒绝房价服从正态分布的假设；同时，各个因素下方差齐性检验结果（见表 3-1-1）显示，只有 floor 这一因素不拒绝方差齐性的原假设，其他因素均拒绝方差齐性的原假设，因此不适合进行方差分析，可考虑采用非参数检验。

表 3-1-1　方差齐性检验结果

因　素	K-squared 值	DF（自由度）	P 值
local	486.07	7	0.000***
decorate	24.97	2	0.000***
floor	5.91	2	0.052
orientation	45.17	9	0.000***

注：P 值中黑体为 0.05 下显著。

由上述内容可知，样本数据均不符合正态性和方差齐性检验，因此采用非参数检验。对于多组独立样本数据，可采用 K-W 平均秩检验（Kruskal-Wailis H），这是一种基于秩和的一种方差分析方法，且不用考虑总体的参数和总体的分布类型。

K-W 平均秩检验结果见表 3-1-2，P 值均小于 0.05，认为 4 个分类变量均对房价有影响，且影响显著，此结果与箱线图结果完全不同，其原因可能是数据量纲问题所导致可视化结果的差异不明显。

表 3-1-2 K-W 平均秩检验结果

因　素	K-W 平均秩检验值	DF（自由度）	P 值
local	749.380	7	0.000***
decorate	25.113	2	0.000***
floor	11.894	2	0.003***
orientation	22.619	9	0.007***

注：P 值中黑体为 0.05 下显著。

综上所述，对于 4 个分类变量可视化结果差异虽不明显，但是基于统计学检验，均对房价的影响具有差异性。

（三）数值型变量分析

数值型变量基本统计量见表 3-1-3。数值型变量是说明事物数字特征的一个名称，其取值是数值型数据。在所收集数值中有 7 个数值型变量，其中建造年份（未在表 3-1-3 中显示）为 2004 年最多（共 143 套），建造最早的年份为 1938 年，该房位于越秀区，建造年份最近的是 2018 年（共 4 套）；对于其他变量通过 R 语言计算出均值、标准差、最大值、最小值、偏度、峰度等基本统计量，以便观察数据的特征。

表 3-1-3 数值型变量基本统计量

变　量	均　值	标 准 差	最 大 值	最 小 值	偏　度	峰　度
bedrooms/个	2.556	0.918	7	0	0.380	0.492
halls/个	1.626	0.573	4	0	−0.909	0.639
area/m²	92.241	43.172	420	20.78	2.436	10.762
tfloor/层	3.650	2.948	9	1	0.857	−0.857
price/万元	334.246	287.742	5800	41	8.192	122.662
unit_price/（万元/m²）	3.549	1.416	14.94	0.72	1.438	5.513

通过表 3-1-3 可以看出，在所收集的样本中，只有客厅数目呈左偏分布，其余变量均呈右偏分布；房间数的均值为 2.556，且房间数最多的是 7 个，最少的是 0 个（通过对数据的观察，0 个房间均有 1 个或多个客厅）；对于房屋面积来说，均值为 92.241m²，且方差较大，说明了房屋需求面积期望在 92.241m² 左右；对于房价（每平方米价格）来说，其均值约为 3.5 万元/m²，标准差为 1.416 万元/m²，说明了广州市的房价普遍较高。

四、基于随机森林的房价重要变量分析

随机森林（Random Forest，RF）在以决策树为基学习器构建 Bagging（袋装）集成的基础上，进一步在决策树的训练过程中引入随机属性的选择，并组合多棵决策树做出预测。使用决策树袋装是随机森林的特例，通过自助法重采样技术，将随机性加入构建模型的过程，随机森林过程图如图 3-1-3 所示。

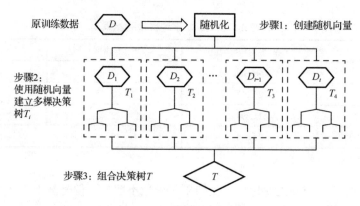

图 3-1-3　随机森林过程图

已有理论证明，当树的数目足够多时，随机森林的泛化误差的上界会收敛于

$$\frac{\bar{\rho}(1-s^2)}{s^2} \qquad (3\text{-}1\text{-}1)$$

式中，$\bar{\rho}$ 是树之间的平均相关系数；s 是度量树状分类器的"强度"的量。同时，随机森林具有很高的预测准确率，并且对异常值和噪声具有很好的容忍度，不易出现过拟合问题。

首先，对房价根据其大小进行"高中低"分类，将分类后的样本按照 7：3 的比例进行训练集和测试集划分；然后，将房价作为因变量，自变量为在统计学上有显著差异影响的分类变量，如 local（所在城区）、decorate（装修情况）、orientation（房屋朝向）、floor（所处楼层），以及部分数值型变量，如 bedrooms（房间数）、halls（客厅数）、area（房屋面积）、tfloor（所处楼层数）、year（建造年份）；最后，通过随机森林并产生的 1000 棵决策树进行组合学习。

模型对训练集学习之后，对测试集进行检验，其准确率为 80.22%。

通过 R 语言随机森林程序学习，通过对 MeanDecreaseGini 分析得出对于分类相对重要的变量，如图 3-1-4 所示，依次为 local、year、area 及 orientation 等。

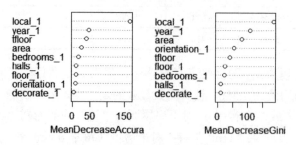

图 3-1-4　变量的相对重要性

从上述结果可得出，local 这一变量对房价的影响是最大的，因为每个城区的发展情况不一样，如天河区为中央商务区，此处房价自然会比其他城区的房价要高；作为影响房价的内部因素 year 对房价的影响程度排在 local 之后，因为在二手房市场上，建造年份越久的房屋其销售价格是相对越低的，这与百姓的喜好有关，大部分买家对新房的态度远好于对旧房的态度，因此建造年份也是重要变量之一；同样作为影响房价的内部因素 area 和 orientation，是次重要变量，房屋面积和房屋朝向会影响买家的住房舒适度，房屋朝向直接影响房屋的采光条件，采光好的自然价格会稍贵一些，房屋面积同样也有类似的影响效果，如面积大小；

还可以看出，decorate 这一变量相对于其他变量的重要性是最低的，可能是由于大部分买家在购买二手房之后会根据自己的喜好对房屋进行装修，而不喜欢沿用上一住户的装修情况，因此这一变量对房价的影响较低。

五、基于神经网络的房价预测

在 R 语言中适合做神经网络的包有很多，其中有 nnet、AMORE、neurlnet，本节采用的是 neurlnet 包来实现对房价进行预测。

程序大致流程：首先，将收集到的数据按照 7∶3 的比例划分成训练集和测试集；其次，对训练集进行神经网络分类训练；最后，对测试集进行预测，求得其真实值和预测值的误差平方和，以及对真实值和预测值进行相关性分析，计算相关系数，并绘制散点图对模型进行评价。

通过对神经网络参数的调整，选定建立 5 个隐层，阈值为 0.01，学习率为 0.001，激活函数选取 Sigmoid 函数，并选定 local、bedrooms、halls、aera、decorate、floor、tfloor、orientation 及 year 为自变量，unit_price 为因变量进行模型分析，其运行结果如图 3-1-5 所示。

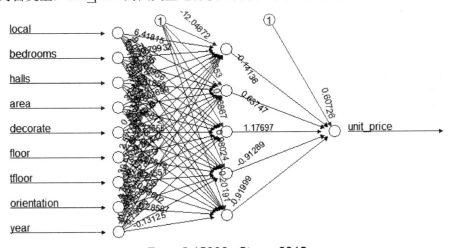

Error: 2.15008　Steps: 6912

图 3-1-5　神经网络运行结果

结果显示，神经网络模型的误差（Error）为 2.15008，迭代步数（Steps）为 6912。通过对测试集进行模型检验，其误差平方和为 1.05，其真实值与预测值的相关系数为 0.84，可判断真实值与预测值具有很高的相关性，体现出模型预测效果较好。

真实值与预测值散点图如图 3-1-6 所示。可以看出，真实值与预测值大致分布在直线 $y=x$ 附近，进一步体现出模型预测具有较好的结果。

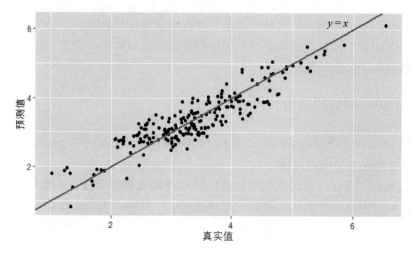

图 3-1-6　真实值与预测值散点图

表 3-1-4 为选取前 30 套广州市房价的真实值与预测值，通过该表所示，可大致看出预测值与真实值较为接近，可以达到预测的目的。

表 3-1-4　广州市房价真实值与预测值

真 实 值	预 测 值	真 实 值	预 测 值	真 实 值	预 测 值
3.4507	3.635386628	2.9167	3.240558971	3.4375	3.728778251
2.2093	2.595625353	2.8916	3.120148023	6.4706	6.557334427
2.9609	3.531056856	3.9247	3.490560335	2.7027	2.852314995
6.0776	6.460546908	4.4	4.558750937	2.9126	3.56368074
8.6471	8.596688156	2.9531	3.748145154	5.6136	5.533263159
3.9183	3.595460429	3.0989	2.662237161	2.9412	2.598707228
2.9126	3.308621666	3.3742	3.033452742	1.2	1.409816088
5.0603	5.618854219	7.0952	7.150877077	3.4058	3.321759804
2.5	2.518756064	3.4667	3.466534753	4.1123	3.305519664
2.4706	2.557334427	2.7027	2.852314995	2.9126	3.56368074

六、案例小结

通过对广州市 8 个区的房价进行可视化处理，可大致看出广州市的房价为 2.5 万～4.5 万元/m²，且天河区的房价样本有大于 8.5 万元/m² 的，首先，对分类变量绘制箱线图，效果并不明显，但通过统计学检验发现分类变量对房价的影响是有统计学意义的；然后，对数值型变量进行描述性统计，绘制简单统计量表，可大致看出数值型变量的均值、标准差和其他基本信息，将对房价有影响的分类变量以及数值型变量通过随机森林对房价的高低进行分类，并得出 local（所处城区）、year（建造年份）、area（房屋面积）和 orientation（房屋朝向）是相对重要的因素；最后，通过神经网络对房价进行预测。

案例 2　基于支持向量机和决策树的糖尿病预测模型构建与分析

一、案例背景

糖尿病是一种因胰岛素绝对分泌不足和胰岛素利用障碍引起的代谢紊乱性疾病。作为继肿瘤、心脑血管病之后，威胁人类健康的第三大疾病，糖尿病的发病症状隐匿，半数以上患者早期发病无任何临床症状，经常伴随着慢性肥胖症、血脂异常、高血压等多种疾病的同时或先后发生。经查阅资料发现，2013—2018 年期间，我国糖尿病患病率已由 10.9%增加为12.4%，但患者知晓率仅为 36.7%，近三分之二的患者并不知道自己已罹患糖尿病，这对于糖尿病的治疗是非常不利的。因此，如果能够通过数据分析有效地预测患病概率，尽早确定是否患病并实施一系列的控制干预措施，对于糖尿病的预防与治疗能够起到十分关键的作用。

在 21 世纪人工智能的大浪潮中，机器学习方法与医疗领域的结合已经越来越普遍。应用于糖尿病研究时，研究人员可以通过搜集对比糖尿病患者数据样本，生成数据集，经过数据预处理提取有效数据并通过机器学习的方法构建糖尿病预测模型，从而及时排查出高风险患病人群，帮助医生对高危人群进行快速筛查，做到早发现、早干预。基于机器学习建立糖尿病的预测模型可以有效减少糖尿病的发病率，还可以通过前期介入来提高治愈率，具有重要的现实意义。

二、相关机器学习模型介绍

（一）支持向量机

支持向量机（Support Vector Machine，SVM）是一种二分类模型，其初衷是寻求一种处理两类数据分类问题的解决方法，即寻找一个超平面，使得训练集中不同类别的点正好分布在超平面的两侧，同时超平面两侧的距离最近点的间距可以达到最大，这些在间距边界上的点被称为支持向量（Support Vector），数据集的最优分类面示意图如图 3-2-1 所示。

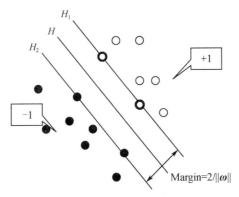

图 3-2-1　数据集的最优分类面示意图

给定一个二维两分类数据，训练样本为 $D_i = (x_i, y_i)$，$i = 1, \cdots, l$，$y_i \in \{+1, -1\}$，其中 x_i 为输入样本，y_i 为样本的类别值，其超平面为 $\omega x + b = 0$，样本点到超平面的间隔为 $\delta_i = \dfrac{1}{\|\omega\|} |g(x_i)|$。

为使训练样本能正确分开，且保证最大化间隔，将两类分类问题转换成一个带约束的最小值问题：

$$\min \frac{1}{2} \|\omega\|^2 \ \text{s.t.} \ y_i(\omega^{\mathrm{T}} x_i + b) \geqslant 1, i = 1, \cdots, l \tag{3-2-1}$$

该问题也被叫作二次规划问题（Quadratic Programming，QP），由于可行域是一个凸集，所以又叫作凸二次规划，SVM 研究的主要问题就是关于凸二次规划的求解。最初的 SVM 算法是由 Vladimir N. Vapnik 和 Alexey YaChervonenkis 于 1963 年发明的，并由 Corinna Cortes 和 Vapnik 在 1995 年正式提出了目前标准的软间隔 SVM，到现在其应用范围不断发展扩大，SVM 主要的优缺点见表 3-2-1。

表 3-2-1　SVM 主要的优缺点

优　点	缺　点
1. 可以解决高维问题，即大型特征空间；	1. 当观测样本很多时，效率并不是很高；
2. 能够处理非线性特征的相互作用；	2. 对于核函数的高维映射解释力不强，尤其是径向基函数；
3. 无须依赖整个数据；	3. 对缺失数据敏感；
4. 解决小样本下机器学习问题；	4. 对非线性问题没有通用解决方案，有时很难找到一个合适的核函数；
5. 无局部极小值问题（相对于神经网络等算法）；	5. 常规 SVM 只支持二分类
6. 泛化能力比较强	

（二）决策树

决策树（Decision Tree）是一种树状结构，其叶节点对应决策结果，内部节点对应一个特征属性上的测试，包含的样本集合根据测试结果被划分到子节点中，根节点则包含样本全集。使用决策树进行决策的过程就是从根节点开始，选择最能预测目标类的特征（最优特征），然后将样本划分到该特征不同值的组中（即第一组树枝），继续分而治之其他节点，每次选择最佳的候选特征，直至节点上所有值都属于同一类，或者没有其他的特征来继续区分，或者决策树已经达到了预先定义的大小，此时将叶节点存放的类别作为决策结果。决策树几乎可应用于任何类型的数据建模，且性能不错，但当数据有大量多层次的名义特征或者大量的数值特征时，可能会生成一个过于复杂的决策树，需要进行一系列的剪枝优化处理，常见的手段有预剪枝和后剪枝。

决策树与其他的分类算法相比，其优缺点见表 3-2-2。

表 3-2-2　决策树的优缺点

优　点	缺　点
1. 产生的分类规则易于理解，可解释性高；	1. 决策过程比较复杂，在单决策树下，易发生过拟合；
2. 用于特征工程，特征选择之后能直接得出具体的分类结果；	2. 在选择特征过程中忽略了数据集各个变量之间的相关性；
3. 能够处理非线性数据；	3. 训练数据的小变化可能导致决策逻辑的大变化
4. 速度相对较快，准确率相对较高	

三、实验数据探索和处理

（一）数据的收集

本研究数据来源是 Kaggle 上的皮马印第安人糖尿病数据集（Pima Indians Diabetes Database），以下简称 Pima 数据集。此数据集共包含 768 条数据，研究对象为美国亚利桑那州年龄在 21 岁以上的女性，由于当地人口糖尿病的发病率较高，美国糖尿病协会对这个地区的人口进行了持续的调查研究。该数据集有 8 个不同的特征属性和一个类别标签，数据集的变量见表 3-2-3。

表 3-2-3　数据集的变量

变 量 名	变 量 含 义
Pregnancies	怀孕次数
Glucose	2 小时口服葡萄糖耐量试验中的血浆葡萄糖浓度
BloodPressure	舒张压（mmHg）
SkinThickness	三头肌皮褶厚度（mm）
Insulin	2 小时血清胰岛素浓度（mu/ml）
BMI	体重指数（体重 kg/（身高 m）^{2}）
DiabetesPedigreeFunction（DPF）	糖尿病遗传系数
Age	年龄（岁）
Outcome	分类结果，是否患糖尿病（1 表示是，0 表示否）

（二）描述性分析

Pima 数据集中，患有糖尿病人数为 268 例，占研究对象的 34.89%；非患病人数 500 例，占研究对象的 65.11%，分类结果统计如图 3-2-2 所示。

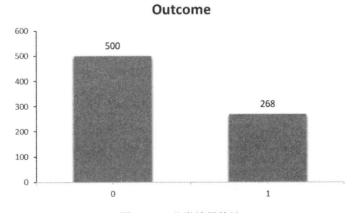

图 3-2-2　分类结果统计

使用 describe 函数查看原始数据集各特征的描述性统计情况，发现没有缺漏的数据，并且这些数据的类型都是数值类。特征的总数量、平均值、标准差、最小值、中位数、最大值、偏度、峰度和标准误的数据，Pima 数据集初始特征描述性统计分析见表 3-2-4。可以看到 Pregnancies、Glucose、BloodPressure、SkinThickness、Insulin 和 BMI 的最小值均为 0，提示可能存在异常值。

表 3-2-4　Pima 数据集初始特征描述性统计分析

变　　量	总数量	平均值	标准差	最小值	中位数	最大值	偏度	峰度	标准误
Pregnancies	768	3.85	3.37	0.00	3.00	17.00	0.90	0.14	0.12
Glucose	768	120.89	31.97	0.00	117.00	199.00	0.17	0.62	1.15
BloodPressure	768	69.11	19.36	0.00	72.00	122.00	−1.84	5.12	0.70
SkinThickness	768	20.54	15.95	0.00	23.00	99.00	0.11	−0.53	0.58
Insulin	768	79.80	115.24	0.00	30.50	846.00	2.26	7.13	4.16
BMI	768	31.99	7.88	0.00	32.00	67.10	−0.43	3.24	0.28
DiabetesPedigreeFunction	768	0.47	0.33	0.08	0.37	2.42	1.91	5.53	0.01
Age	768	33.24	11.76	21.00	29.00	81.00	1.13	0.62	0.42
Outcome	768	0.35	0.48	0.00	0.00	1.00	0.63	−1.60	0.02

进一步使用 hist 函数画出各特征属性的数据分布情况，如图 3-2-3 所示，可以发现 BMI、Glucose 和 BloodPressure 在一定程度上大致服从正态分布，其余特征则不服从正态分布。

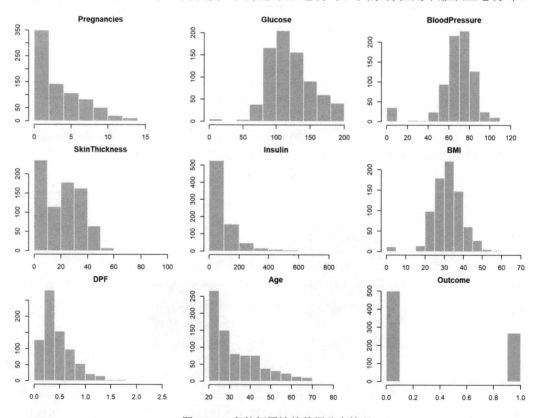

图 3-2-3　各特征属性的数据分布情况

为了解数据的异常值分布情况，使用 boxplot 函数画出 8 个特征属性的箱线图，如图 3-2-4 所示，可以发现 Insulin 和 DPF 的异常值比其他几个特征属性多，且多集中在上部，考虑在接下来的预处理中进一步分析。

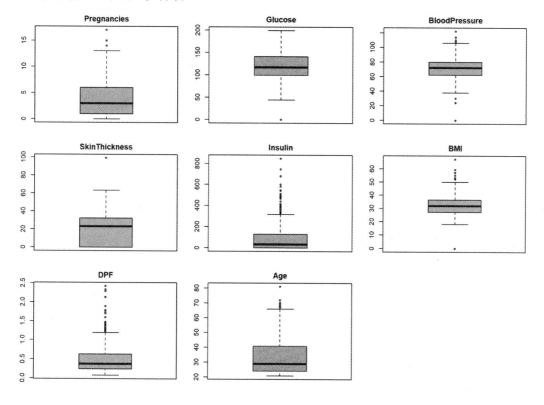

图 3-2-4   8 个特征属性的箱线图

（三）数据预处理

通过查找相关资料，发现 Glucose、BloodPressure、SkinThickness、Insulin 和 BMI 值在正常人体的测量中不可能为零。故这些特征变量中为 0 的值考虑为缺失值，可能是由于数据丢失或统计不到位等原因造成的，需要先对数据进行预处理后再进行实验。

本案例采用均值插补法来填补缺失值，即缺失数据所在列在删除了缺失值之后的统计数据的均值来代替缺失值，需处理的变量及用于插补的均值见表 3-2-5。用均值来替代缺失值的方法一般不会影响数据集的整体质量。由于样本数据集比较大，异常值可能是特殊病例且数量不多，所以不做处理。预处理后的数据样例见表 3-2-6。

表 3-2-5   需处理的变量及用于插补的均值

变　　量	Glucose	BloodPressure	SkinThickness	Insulin	BMI
插补的均值	122	72	29	156	32.5

表 3-2-6　预处理后的数据样例

Pregnancies	Glucose	BloodPressure	SkinThickness	Insulin	BMI	DPF	Age	Outcome
6	148	72	35	156	33.6	0.627	50	1
1	85	66	29	156	26.6	0.351	31	0
8	183	64	29	156	23.3	0.672	32	1
1	89	66	23	94	28.1	0.167	21	0
0	137	40	35	168	43.1	2.288	33	1
5	116	74	29	156	25.6	0.201	30	0
...	...	...	...	...	...	...	...	...

四、数据挖掘预测模型构建

（一）基于 SVM 的糖尿病预测模型构建

1. 特征选择

在使用 SVM 进行数据建模之前先通过 mlr 包进行特征选择，保留主要的特征，以提升模型的预测性能。首先通过 makeClassifTask() 创建一个用于分类的 Task，通过 generateFilterValuesData() 选择相应的 method 进行特征的重要性排序（这里运用信息增益衡量，信息增益越大，表示变量消除不确定性的能力越强），并可绘图实现（见图 3-2-5），主要代码如下。

```
# 创建分类 Task
train.task <- makeClassifTask(data = Pima, target = "Outcome")
# 特征重要性排序
var_imp <- generateFilterValuesData(train.task, method = "FSelector_
information.gain")
plotFilterValues (var_imp, feat.type.cols = TRUE)
var_imp
```

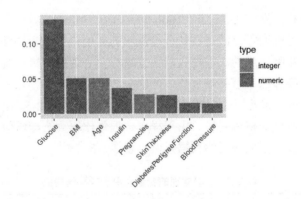

图 3-2-5　基于信息增益的特征重要性排序

根据排序可知 Glucose 的得分最高，BMI、Age 次之。通过后续测试择优保留了 4 个主要的特征，分别是 Glucose、BMI、Age 和 Insulin。现实中糖尿病病人也存在血糖高、体重较轻、胰岛素含量低等现象，因此提取的数据特征符合现实标准。

2. max-min 标准化处理和数据集划分

通过构建 function 函数对提取的 4 个特征进行 max-min 标准化处理,并将变量简写为 p1、p2、p3、p4,最后的分类结果 Outcome 记为 p5,然后对变量合并后的数据集进行 7∶3 的划分,即 70%的数据作为训练集进行预测模型的训练,30%的数据作为测试集。

3. 模型构建与参数调优

运用 e1071 包中的 tune.svm 函数构建调整的 SVM 模型,主要代码如下。

```
#SVM 支持向量机
mPima$p5 <- as.factor(mPima$p5)
svmPima <- tune.svm(p5~., data = svmtrain, gamma = 10^(-6:-1), cost =
                    10^(1:2), tunecontrol = tune.control(cross = 5))
svmPima.tuned <- svm(p5~., data = svmtrain, gamma = svmPima$best.
parameters$gamma, cost = svmPima$best.parameters$cost, cross = 5)
```

SVM 模型有两个关键参数,正则化参数 C 和核函数参数 gamma。C 的默认值为 1,C 值越大越容易造成过拟合,越不能容忍误差的出现;反之,C 值越小越容易欠拟合。gamma 在初始化时会被赋值为特征数量的倒数,其主要用于控制高斯核的宽度,以便从中获得点与点间距的大小。可采用网格参数寻优的方法,设定好参数范围后让 C 和 gamma 遍历网格内所有点进行取值,并采取五折交叉验证的方法,从中选择最佳的组合。网格搜索法具有简单方便、容易理解、寻优速度较快等特点。通过以上步骤可获取的最佳参数对 C 和 gamma 分别为 10 和 0.01,训练集五折交叉验证的准确度分别为 0.7663、0.7222、0.7477、0.7963 和 0.7685,平均值为 0.7602。

4. 模型预测

利用建立好的 SVM 模型对测试集进行预测,最后调用 confusionMatrix 函数评测优化后的模型性能,准确度为 0.7913,SVM 模型分类预测的混淆矩阵见表 3-2-7,SVM 模型的 ROC 曲线如图 3-2-6 所示。

表 3-2-7　SVM 模型分类预测的混淆矩阵

svmPima.pred	0	1
0	138	33
1	15	44

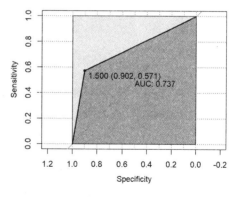

图 3-2-6　SVM 模型的 ROC 曲线

(二)基于决策树的糖尿病预测模型构建

1. 初步模型构建

对 Pima 数据集建立决策树模型不需要进行特征选择,这是因为决策树建模本身就是一个特征选择的过程,故直接将数据集分成 70%的训练集和 30%的测试集。先使用 rpart 包(默认以基尼系数作为分类标准）构建最基本的决策树模型。

```
#决策树模型
treemodel <- rpart(Outcome ~ ., data = treetrain, method="class")
#特征重要性评分
treemodel$variable.importance
#绘制初步决策树图
rpart.plot(treemodel)
```

初步构建的决策树模型如图 3-2-7 所示，可以看到决策树的分支过多，是过拟合的，不能对测试集数据产生好的效果。通常来说，建立的决策树不宜太复杂，需进行剪枝处理，关键是选取一个合适的复杂度参数 cp 值，即根据交叉验证结果找出的估计误差最小时的 cp 值，并重新建立模型。

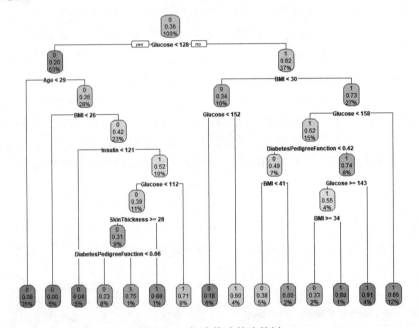

图 3-2-7 初步构建的决策树

交叉验证结果显示的不同 cp 取值下的估计误差（X-val Relative Error）及其对应的决策树大小（size of tree）如图 3-2-8 所示，此时最合适的 cp 取值为 0.02225131。

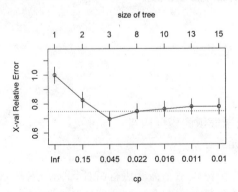

图 3-2-8 不同 cp 取值下的估计误差及其对应的决策树大小

2. 调参后模型构建

根据交叉验证结果，重新建立模型，代码如下。

```
xerr <-treemodel$cptable[,"xerror"]
minxerr <- which.min(xerr)
mincp <-treemodel$cptable[minxerr,"CP"] #选择交叉验证的估计误差最小时对应的cp
#新模型
model.prune <- prune(treemodel,cp=mincp)
rpart.plot(model.prune)
```

剪枝后的决策树如图 3-2-9 所示。

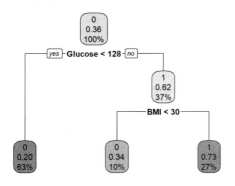

图 3-2-9　剪枝后的决策树

3. 模型预测

利用建立好的决策树模型对测试集进行预测，最后调用 confusionMatrix 函数评测优化后的模型性能，准确度为 0.7783，决策树模型分类预测的混淆矩阵见表 3-2-8，决策树模型的 ROC 曲线如图 3-2-10 所示。

表 3-2-8　决策树模型分类预测的混淆矩阵

rpart.pred	0	1
0	135	18
1	33	44

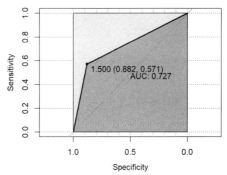

图 3-2-10　决策树模型的 ROC 曲线

五、模型对比分析结果

本实验通过建立数据挖掘分类模型对皮马印第安人糖尿病数据集的分类结果进行研究，利用 R 软件做出分析并对比 SVM 和决策树两种模型的预测效果，两种模型结果比较见表 3-2-9。

表 3-2-9　两种模型结果比较

模型类型	准确率	精确率	召回率	F_1 值
SVM	0.7913	0.7288	0.5584	0.6324
决策树	0.7783	0.5714	0.7097	0.6331

这两种分类模型的准确率和 F_1 值差异不大，准确率尚可，精确率上 SVM 模型更优，而决策树模型的召回率更好，精确率较差，可能与构建的决策树的单一性有关。后期研究可以考虑构建 Stacking 集成模型来进一步优化学习器的性能，提升糖尿病预测的准确性，或者对参数进行更深入广泛的调整，使预测结果更加精确稳定。

六、案例小结

通过本案例研究发现，Ⅱ型糖尿病病人主要通过以下几种特征进行诊断：Glucose、BMI、Age 和 Insulin，对于女性来说，Pregnancies 也有一定的影响，另外，BMI 和 Glucose 过高的人群应该更加注意糖尿病的检测预防。

本案例使用 Pima 数据集进行分类研究，建立模型的目的就是研究比较 SVM 和决策树两种模型对糖尿病数据分类预测的效果。在建立模型之前，先检查了数据的缺失值及异常点的取值状况，通过观察发现，数据在 Glucose、BloodPressure、SkinThickness、Insulin、BMI 中都具有一定的缺失值，所以用各个特征的平均数进行填充。通过对比 SVM 和决策树两种模型的预测效果，发现这两种模型的准确率和 F_1 值差异不大，准确率尚可，精确率上 SVM 模型更优，而决策树模型的召回率更好。

案例 3　基于决策树的量化择时策略研究

一、案例背景

量化择时是量化交易中的一个热点研究方向，它使用数量化的方法对某种金融资产在特定的时刻进行买入或卖出操作。基于机器学习的技术分析在金融市场中能够获益，Li 和 Tsang（1999）在其文章中证明了这一观点。但是，现有的文献存在一些不足之处：一是已有文献将技术指标数值直接作为机器学习模型的特征输入，但是技术指标数值有其特殊的含义，机器学习算法并不知道这些技术指标数值所代表的含义；二是构建机器学习中的标签基于价格的涨跌，假如当天的价格相对于第二天的价格有所上涨则将标签标记为"+1"，否则将标签标记为"−1"，这就造成了模型只是预测涨跌，并没有考虑到涨幅或者跌幅。

基于以上分析，本案例构建了基于多个技术指标的机器学习量化择时系统。该系统探讨了机器学习方法在金融资产价格预测中的两个问题：一是如何对计算出来的技术指标进行处理；二是改进无监督学习的标签构造方法。对于第一个问题，从技术指标所代表的市场含义出发，对连续型技术指标进行二元离散化和三元离散化，并在此基础上利用信息系数方法对离散后的技术指标进行选择。对于第二个问题，我们在构造标签的过程中考虑了涨幅和跌幅两个重要因素。我们将原有固定时间区间方法和区间突破方法相结合，其中固定时间区间可以理解为对标的持有时间的限制，区间突破的上区间为止盈线、下区间为止损线。在时间限制、止盈线和止损线三个限制中，只要有一个限制被打破就退出市场。另外，我们通过计算从进入市场到退出市场整个持有期间的收益情况来构造分类标签，如果在标的持有期间收益为正，则将标签标记为"+1"，否则将标签标记为"−1"。

二、技术指标和分类决策树

（一）技术指标

本案例技术指标的计算及模型的构建均使用 Python 3.7 版本的软件。在预测金融资产价格中，用开盘价、最低价、最高价和成交量等历史交易数据可以计算技术指标，常用技术指标分为趋势类、动量类、能量类和区间突破类等，使用的主要技术指标有 SMA、EMA、MACD、MOM、WR、RSI、OBV、VR、MFI 和 ROC，具体计算方法参见张茂军等（2022）的文章。

（二）分类决策树

CART（Classification And Regression Tree）算法如图 3-3-1 所示，分类决策树是一种描述对实体进行分类的树状结构，决策树由父节点 t_p 及父节点的左右子节点 t_l 和 t_r。规定数据集矩阵 X 有 M 个特征变量 x 和 N 个观测值，类别向量 Y 有 N 个观测值及 K 个类。

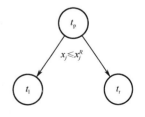

图 3-3-1　CART 算法

分类决策树是一个递归过程，使用分裂规则递归地将训练样本划分为较小的部分，每一次递归将会把数据划分为两部分，并且每个划分后的样本具有最大同质性。子节点的最大同质性是由杂质函数 $i(t)$ 定义的，对于所有可能的分裂点 $x_j \leqslant x_j^R, j = 1, \cdots, M$，其父节点的杂质都是恒定的，所以子节点的最大同质性等于杂质函数变化最大值 $\Delta i(t)$

$$\Delta i(t) = i(t_p) - E[i(t_c)]$$

式中，t_c 为父节点 t_p 的左或右子节点；E 为均值算子。假设 p_l、p_r 分别为左、右子节点的概率，上述公式可以转化为

$$\Delta i(t) = i(t_p) - p_l i(t_l) - p_r i(t_r)$$

因此在每个节点处，决策树算法将搜索矩阵 $\boldsymbol{X}$ 中所有可能的变量 x_j，获得最佳分裂判断规则 $x_j \leqslant x_j^R$，使得杂质度量 $\Delta i(t)$ 最大化，即解决以下优化问题

$$\underset{x_j \leqslant x_j^R, j = 1, \cdots, M}{\operatorname{argmax}} [i(t_p) - p_l i(t_l) - p_r i(t_r)]$$

决策树算法非常多，较为常用的决策树算法有 CART、ID3 和 C4.5，这些决策树算法的区别主要是杂质函数的选取。CART 决策树算法使用基尼系数作为杂质函数，ID3 决策树算法使用信息增益作为杂质函数，C4.5 决策树算法使用信息增益比作为杂质函数。本案例选取业界较为常用的基尼系数作为杂质函数

$$i(t) = \sum_{k \neq l} p(k|t) p(l|t)$$

式中，$k, l = 1, \cdots, K$ 为类别的索引；$p(k|t)$ 是在节点为 t 的情况下类别 k 的条件概率。将上述基尼杂质函数代入优化问题，可得以下公式

$$\Delta i(t) = -\sum_{k=1}^{K} p^2(k|t_p) + p_l \sum_{k=1}^{K} p^2(k|t_l) + p_r \sum_{k=1}^{K} P^2(k|t_r)$$

因此，基于基尼系数的决策树算法将需要解决以下优化问题

$$\underset{x_j \leqslant x_j^R, j = 1, \cdots, M}{\operatorname{argmax}} \left[-\sum_{k=1}^{K} p^2(k|t_p) + p_l \sum_{k=1}^{K} p^2(k|t_l) + p_r \sum_{k=1}^{K} P^2(k|t_r) \right]$$

三、基于决策树的量化择时系统

本案例提出的 CLBIB-VSD-CART（CLBIB、VSD 的具体解释见下述内容）择时系统分为以下 4 个步骤：第一步，设置单个技术指标参数；第二步，根据技术指标自身特性进行特征离散化；第三步，构造决策树训练中使用的分类标签；第四步，择时信号绩效评估。CLBIB-VSD-CART 择时系统预测流程如图 3-3-2 所示。

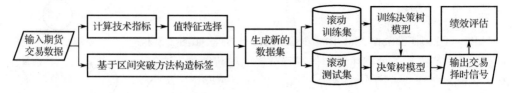

图 3-3-2　CLBIB-VSD-CART 择时系统预测流程

（一）单个技术指标的参数设置

技术指标是利用金融资产过去一段时间内的价格和成交量等历史信息反映当前市场状态。技术指标的计算依赖于时间窗口的选择，不同的时间窗口计算出来的技术指标可能会产生截然相反的交易信号。本案例使用的时间窗口最小为 5 天，最大为 30 天。除时间窗口外，本案例使用的其他参数（如威廉指标的阈值参数等）取值范围，技术指标的参数及其交易规则见表 3-3-1，其具体取值为：威廉指标的阈值参数为 80，相对强弱指标的阈值参数为 35，成交量变异率的阈值参数为 40 和 160，资金流量指标的阈值参数为 25，变动速率指标的阈值参数为 5。

表 3-3-1　技术指标的参数及其交易规则

指 标 名 称	参 数 设 置	交 易 规 则
SMA	$n = 5 \sim 30$	价格上穿 SMA 时，买入 价格下穿 SMA 时，卖出
EMA	$n = 5 \sim 30$	价格上穿 EMA 时，买入 价格下穿 EMA 时，卖出
MACD	fast = 12 slow = 26	DIF 上穿 DEA 时，买入 DIF 下穿 DEA 时，卖出
MOM	$n = 5 \sim 30$	MOM 上穿 0 轴时，买入 MOM 下穿 0 轴时，卖出
WR	$n = 5 \sim 30$ th = 60 $\sim$ 90	WR 上穿 -th 时，买入 WR 下穿 -(100-th) 时，卖出
RSI	$n = 5 \sim 30$ th = 10 $\sim$ 40	RSI 上穿 th 时，买入 RSI 下穿 100-th 时，卖出
OBV	—	OBV 上穿 OBV_10MA 时，买入 OBV 下穿 OBV_10MA 时，卖出
VR	th1 = 40 $\sim$ 70 th2 = 160 $\sim$ 450	VR 下穿 th1 时，买入 VR 上穿 th2 时，卖出
MFI	$n = 5 \sim 30$ th = 10 $\sim$ 40	MFI 下穿 th 时，买入 MFI 上穿 100-th 时，卖出
ROC	$n = 5 \sim 30$ th = 5 $\sim$ 30	ROC 上穿 th 时，买入 ROC 下穿 -th 时，卖出

（二）构造分类标签

设 X 为某金融资产的数据集（如商品期货），该数据集中包括金融资产的开盘价、最低价、最高价和交易量。通常，将第 $i(i=1,\cdots,n)$ 天的开盘价、最低价、最高价、收盘价及成交量分别记为 $p_{i,\text{open}}$、$p_{i,\text{low}}$、$p_{i,\text{heigh}}$、$p_{i,\text{close}}$ 和 vol_i，数据集 X 为

$$X = \begin{bmatrix} p_{1,\text{open}} & p_{1,\text{low}} & p_{1,\text{heigh}} & p_{1,\text{close}} & \text{vol}_1 \\ p_{2,\text{open}} & p_{2,\text{low}} & p_{2,\text{heigh}} & p_{2,\text{close}} & \text{vol}_2 \\ \vdots & \vdots & \vdots & \vdots & \vdots \\ p_{n,\text{open}} & p_{n,\text{low}} & p_{n,\text{heigh}} & p_{n,\text{close}} & \text{vol}_n \end{bmatrix} \quad (3\text{-}3\text{-}1)$$

本案例使用的分类决策树模型为有监督学习，无监督学习和有监督学习最大的区别在于：有监督学习训练过程中需要用到分类标签。构造分类标签大部分为固定时间区间方法（Fixed-time Horizon Method，FHM），如式（3-3-2）计算金融资产在一段时间内收盘价的价差变化为 ΔC_s^i，其中 m 为时间间隔。假如 $\Delta C_s^i \geqslant 0$ 将标签标记为 "+1"，否则标记为 "-1"。

$$\Delta C_s^i = p_{i+m,\text{close}} - p_{i,\text{close}}, \quad \forall i = 1, 2, \cdots, n-m \tag{3-3-2}$$

当标签为 "+1" 时，表明这段时间内资产价格上升，投资者应当买入资产；反之，当标签为 "-1" 时，表明资产价格下降，投资者应当卖出资产。

尽管固定时间区间的方法简单直观，但这种方法并不科学，在实际运用中对某个金融资产持有时间不可能是固定的，还需要考虑到止盈、止损等问题。因此，本案例在固定时间区间的基础上，提出了基于区间突破的构造标签（Construction Label Based on Interval Breakthrough，CLBIB）方法。该方法通过区间突破规则对买入的资产在固定持有时间限制内加入了止盈线和止损线。当资产价格突破持有时间限制内的止盈线或止损线其中之一时，就退出市场。类似地，计算资产从进入到退出市场这段时间内的收益，假如收益为正，则将标签标记为 "+1"，否则将标签标记为 "-1"。止盈线 StopProfitLine_i 和止损线 StopLossLine_i 的计算公式如下。

$$\text{MID}_i = \frac{1}{n} \sum_{j=i-n}^{i-1} p_{j,\text{close}}$$

$$\text{TR}_i = \max\{p_{i,\text{high}} - p_{i,\text{low}}, \left| p_{i,\text{close}} - p_{i,\text{high}} \right|, \left| p_{i,\text{close}} - p_{i,\text{low}} \right| \}$$

$$\text{ATR}_i = \sum_{j=i-n}^{i-1} \text{TR}_i$$

$$\text{StopProfitLine}_i = \text{MID}_i + k \times \text{ATR}_i$$

$$\text{StopLossLine}_i = \text{MID}_i - (k-1) \times \text{ATR}_i$$

（三）值特征选择

现有的大部分研究将计算出来的技术指标数值作为机器学习模型输入特征训练，使用训练好的模型预测未来金融资产价格涨跌。但是技术指标的数值本身有其特殊含义和性质，使用技术指标的特性能够更好地预测金融资产价格的未来走势。Patel 等（2015）针对以上问题提出了趋势确定性数据层（Trend Deterministic Data Preparation Layer，TDDPL）方法，该方法将连续的技术指标数值进行离散化，以凸显每个技术指标的特性，进而提高机器学习模型的预测精度。

以 RSI 相对强弱指标为例：当 RSI 指标大于或等于 70 时，认为金融资产的价格被高估，未来将会下跌，此时将数值离散化为 "-1"；当 RSI 指标小于或等于 30 时，认为金融资产被低估，价格将会上涨，此时将数值离散化为 "+1"；当 RSI 指标在 30~70 之间，且 RSI 指标大于前一刻的 RSI 指标时，也将数值离散化为 "+1"。当 RSI 指标在 30~70 之间，且 RSI 指标小于或等于前一刻的 RSI 指标时，将数值离散化为 "-1"。

TDDPL 方法将技术指标离散化为 "+1" 或 "-1"，所以本案例将 TDDPL 方法命名为二元特征离散化（Binary Discretization，BD）。当技术指标为 "+1" 时，表示发出 "买入" 的交易信号；当技术指标为 "-1" 时，表示发出 "卖出" 的交易信号。但是，在实际交易过程中，有"买入""卖出""观望"三种状态。因此，本案例在二元特征离散化方法的基础上引入三元特征离散化（Ternary Discretization，TD）。仍然以 RSI 相对强弱指标为例：当 RSI 指标大于或等于 70 时，将数值离散化为"-1"，表示发出"卖出"信号；当 RSI 指标小于 30 时，将数值离散化为"+1"，表示发出"买入"信号；当 RSI 指标在 30～70 之间时，将数值离散化为"0"，表示发出"观望"信号。图 3-3-3 所示为三元特征离散化方法流程图。

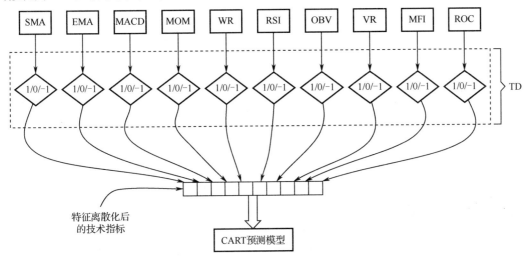

图 3-3-3　三元特征离散化方法流程图

本案例在实证研究中发现：三元特征离散化在不同的期货品种中预测效果不一样，有些期货品种的预测效果优于二元特征离散化，有些期货品种的预测效果比二元特征离散化差。我们在两种特征离散化的基础上提出值特征选择离散化（Value Selection Discretization，VSD）方法，该方法计算二元特征和三元特征的信息系数（Information Coefficient，IC），其流程图如图 3-3-4 所示。信息系数是量化研究中用来衡量特征和收益率的相关性的指标，式（3-3-3）为信息系数的计算公式，信息系数的绝对值越大，表明特征预测收益的能力越强。

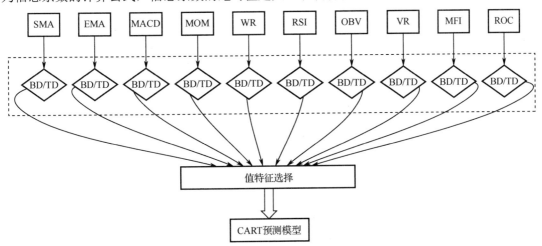

图 3-3-4　值特征选择离散化方法流程图

$$\text{Rank IC} = \frac{\text{cov}(\text{order}_{t-1}^f, \text{order}_t^r)}{\sqrt{D(\text{order}_{t-1}^f)D(\text{order}_t^r)}} \qquad (3\text{-}3\text{-}3)$$

式中，order_{t-1}^f 为滞后一期的特征排名值；order_t^r 为收益率的排名值。

使用信息系数可以衡量两种离散化方法得到的特征预测收益能力的强弱。因此，对于每个技术指标，通过比较两种不同的离散化方法计算的信息系数绝对值大小，保留较大的离散化结果。最后，我们在 10 个技术指标中按照信息系数绝对值大小选择 6 个技术指标作为模型的输入。

（四）择时信号绩效评估

使用机器学习预测金融资产价格时，不同预测类型所使用的绩效评估标准，如平均绝对误差（Mean Absolute Error，MAE）和均方误差（Mean Square Error，MSE）等。此外，因为预测精度高的模型并不意味着实际交易获得高的收益，所以使用收益率评价模型或策略的绩效，如年化收益率（Annualized Yield）和夏普比率（Sharpe Ratio）等。本案例的择时模型属于预测金融资产价格趋势，使用择时准确率、累积收益率、夏普比率和索提诺比率四个标准来衡量择时绩效。

择时准确率为整个交易期内预测正确的比率，也就是在整个交易期内预测信号为"买入"且预测结果为"买入"的次数加上预测信号为"卖出"且预测结果为"卖出"的次数占全部信号的比率。累积收益率是交易开始至交易结束期间的收益率之和，第 i 期的累积收益率计算公式如下。

$$\text{CumulativeReturn}_i = (1 + \text{CumulativeReturn}_{i-1}) \times (1 + \text{Return}_{i-1}) - 1$$

夏普比率是一种综合考虑风险和收益的指标，其定义为超额收益的均值除以收益的标准差。假设 r_f 为无风险收益率，则夏普比率的计算公式如下。

$$\text{SharpRatio} = \frac{E(r - r_f)}{\sigma_r}$$

为了计算简单，本案例实验采用类似于孔傲等的工作，将无风险收益率 r_f 设置为 0。夏普比率越高说明投资者承担单位风险获得的收益越高，此时的投资绩效表现越好。

索提诺比率是基于夏普比率改进的指标，在计算收益率的标准差（风险）时，只考虑下行风险，上涨所带来的波动不计入风险计算中。索提诺比率的计算公式如下。

$$\text{SortinoRatio} = \frac{E(r - r_f)}{\sqrt{\frac{1}{T}\sum_{t=0}^{T}(r_{pt} - r_f)^2}}, \quad 其中(r_{pt} < r_f)$$

四、实验分析

（一）实验数据

在一段时间内，一种商品期货可交易的合约有多个，期货研究者一般使用流动性较好的主力合约数据作为商品价格指数，这种数据称为主力合约指数。但是使用主力合约指数存在合约间跳空的局限性，例如，某品种的 1810 合约价为 700 元，该品种的 1901 合约价为 800 元，两合约价间有 100 元的远期升水。在 1810 合约交割时，持仓量大幅下降，交易者将会换用 1901 合约，如果此时将该品种的两个合约数据进行简单拼接，将会出现巨大的价格跳空。为了更好地追踪某一期货品种的行情变化，可以构造商品期货价格指数作为商品期货的交易信号。业界常用的商品期货价格指数有文华财经商品指数、Wind 商品品种指数和通达信商品指数等，本案例研究使用 Wind 商品品种指数。

本案例使用持仓量较高且流动性较好的螺纹钢商品期货。时间范围是 2010 年 1 月 4 日至 2020 年 10 月 27 日。数据为日度数据，表 3-3-2 所示为螺纹钢价格指数的描述性统计，图 3-3-5 所示为螺纹钢价格指数走势及日收益率折线图。价格趋势在 2010—2012 年小幅上涨，2012 年以后，价格趋势一路下跌，直至 2016 年开始回升。

表 3-3-2　螺纹钢价格指数的描述性统计

	观测数/元	最大值/元	最小值/元	均值/元	标准差	偏度	峰度
开盘价	2589	5139.52	1625.86	3505.59	797.46	-0.40	-0.35
最高价	2589	5139.52	1637.24	3524.47	791.03	-0.43	-0.33
最低价	2589	5139.52	1615.80	3487.30	803.41	-0.37	-037
收盘价	2589	5139.52	1624.40	3505.44	797.39	-0.40	-0.35

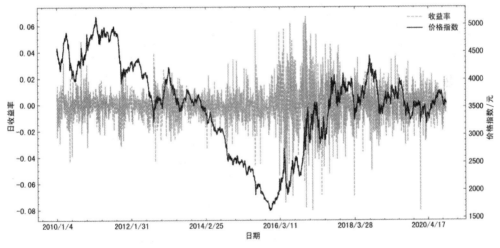

图 3-3-5　螺纹钢价格指数走势及日收益率折线图

机器学习算法在金融时间序列预测中训练集并非越大越好。很久以前的市场数据特征可能与当前市场的数据特征相差较大，这会导致训练出来的模型在测试集中表现较差。类似于 Gerlein 等的工作，本案例使用滚动训练集的方法每隔 5 个交易日对模型进行重新训练且每一个滚动训练集的大小为 250。滚动训练集示意图如图 3-3-6 所示，训练集经过一次滚动，将会纳入新的 5 个交易日的数据，同时舍弃最久远的 5 个交易日的数据。

（二）基准策略

为了更好地衡量 CLBIB-VSD-CART 择时系统的表现，本案例将该择时系统的实证结果与两个基准策略进行比较。实证研究中使用的基准策略见表 3-3-3，这两个基准策略是多数投票组合策略（TA）和随机策略（RAND）。多数投票组合策略是将本案例十个技术指标规则进行组合，计算十个规则中分别为"买入"和"卖出"信号的个数，比较两个信号的个数，个数较多的信号为多数投票组合的综合信号；随机策略是随机产生交易信号，并根据随机信号进行买入和卖出操作。

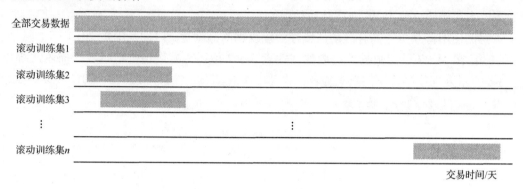

图 3-3-6　滚动训练集示意图

表 3-3-3　实证研究中使用的基准策略

模　型	描　述	策　略
TA	多数投票组合策略	依据十个技术指标信号综合分析得出交易信号
RAND	随机策略	依据随机信号进行买入和卖出操作

（三）CLBIB-VSD-CART 择时系统投资绩效

将 CLBIB-VSD-CART 择时系统应用于螺纹钢商品期货的模拟交易中，该择时系统发出择时交易信号，依据信号模拟进行买入和卖出操作。我们对该择时系统构造标签参数 k、滚动训练集大小及重训周期三个参数的选择进行讨论，构造标签参数 k 的取值为 2 和 3，滚动训练集大小从 200 开始每次增加 50 个样本，重训周期的参数设置为 5、10、15 和 20。CLBIB-VSD-CART 择时系统在不同参数下的投资绩效见表 3-3-4。

表 3-3-4　CLBIB-VSD-CART 择时系统在不同参数下的投资绩效

参 数 组 合	k	滚动训练集大小	重 训 周 期	累积收益率	夏普比率	索提诺比率
组合 1	2	200	5	97.58%	0.9183	2.1706
组合 2	2	200	10	81.73%	0.7672	1.7668
组合 3	2	200	15	85.02%	0.8035	1.8878
组合 4	2	200	20	87.76%	0.8288	1.9226
组合 5	2	250	5	101.98%	0.9468	2.3296
组合 6	2	250	10	97.06%	0.8971	2.2062
组合 7	2	250	15	98.85%	0.9147	2.2659
组合 8	2	250	20	86.64%	0.7940	1.8824
组合 9	2	300	5	82.59%	0.7616	1.8126

参 数 组 合	k	滚动训练集大小	重 训 周 期	累积收益率	夏 普 比 率	索提诺比率
组合 10	2	300	10	70.06%	0.6532	1.5137
组合 11	2	300	15	75.69%	0.7095	1.6850
组合 12	2	300	20	59.50%	0.5568	1.2760
组合 13	3	200	5	94.16%	0.8856	2.0829
组合 14	3	200	10	79.93%	0.7501	1.7239
组合 15	3	200	15	85.38%	0.8024	1.8367
组合 16	3	200	20	87.65%	0.8277	1.9193
组合 17	3	250	5	95.18%	0.8826	2.1559
组合 18	3	250	10	93.19%	0.8604	2.1070
组合 19	3	250	15	93.75%	0.8669	2.1345
组合 20	3	250	20	85.88%	0.7869	1.8642
组合 21	3	300	5	83.38%	0.7697	1.8408
组合 22	3	300	10	74.20%	0.6936	1.6257
组合 23	3	300	15	76.52%	0.7171	1.7034
组合 24	3	300	20	59.48%	0.5564	1.2743

在三种不同的参数组合下，CLBIB-VSD-CART 择时系统的夏普比率在 0.5564～0.9468 之间波动，索提诺比率在 1.2743～2.3296 之间波动，这说明该择时系统可以获得正收益，是一个有效的投资系统。在这些不同的参数组合中，累积收益率最低的为 59.48%，而最高的达到了 101.98%，这说明该择时系统在不同的参数中的绩效表现差异较大。组合 1 至组合 12 为构造标签参数 k 为 2 的 12 种组合的结果，其中累积收益率最高的是组合 5（训练集大小为 250、重训周期为 5），其累积收益率达到 101.98%。在训练集大小为 250 的组合中，模型的绩效总体上随着重训周期的增大而下降，这验证了 Gerlein 等（2016）的结论：较为久远市场数据特征可能与当前市场的数据特征相差较大。出于预测的角度，应尽量使用与当前市场特征较相似的数据，因此在选择重训周期的大小上应越小越好。组合 1 至组合 12 的构造标签参数 k 为 2，组合 13 至组合 24 的构造标签参数 k 为 3，组合 1 至组合 12 的绩效表现在总体上要优于组合 13 至组合 24，这说明在设置止损和止盈的区间时，小区间更加趋向于得到较优的绩效表现。因此，在之后的实验参数设置中，我们选择绩效表现最好的参数组合 5。

表 3-3-5 所示是 CLBIB-VSD-CART 择时系统与两个基准策略模拟交易的投资绩效情况。通过表 3-3-5 中的数据可以看出，本案例提出的 CLBIB-VSD-CART 择时系统预测准确率在螺纹钢商品期货上的表现为 58.34%，高于多数投票组合策略和随机策略两个基准策略，这说明该择时系统可以提升技术指标对金融资产价格变化的预测能力。从夏普比率和索提诺比率来看，该择时系统在螺纹钢的模拟交易上的数值均为最大。在索提诺比率上，该择时系统要远大于两个基准策略，这说明与基准策略相比，该择时系统承担单位风险获得的收益远大于两个基准策略。可以发现，该择时系统的累积收益率最高，达到了 101.98%。与该择时系统比较，多数投票组合策略表现次之，其累积收益率为 37.93%，随机策略的累积收益率最低，仅为 12.08%。

表 3-3-5　CLBIB-VSD-CART 择时系统与两个基准策略模拟交易的投资绩效情况

择 时 系 统	择时准确率	夏 普 比 率	索提诺比率	累积收益率
CLBIB-VSD-CART	58.34%	0.9468	2.3296	101.98%
TA	53.17%	0.5229	0.9533	37.93%
RAND	50.00%	0.1363	0.2049	12.08%

　　图 3-3-7 所示为 CLBIB-VSD-CART 择时系统和基准策略累积收益率曲线。图 3-3-8 所示为 CLBIB-VSD-CART 择时系统累积收益率与螺纹钢价格指数曲线，从图中可知：该择时系统的累积收益率曲线的方向与螺纹钢的价格走势相似。2016 年的第一个交易日 1 月 4 日到 2016 年 12 月 13 日，螺纹钢的价格从 1820 元一直涨到 3480 元，涨幅接近一倍。在这时间段内，该择时系统的累积收益超过了 80%，这说明该择时系统能够较好地捕捉到价格上升趋势。此外，螺纹钢的价格指数从 2018 年 10 月的近 4200 元下降到 2020 年 2 月 3200 元的时候，该择时系统的累积收益率并没有随之下跌，而是稳中带小幅增加，这说明该择时系统能够较好地避免价格下行的风险。

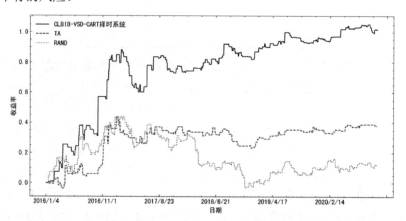

图 3-3-7　CLBIB-VSD-CART 择时系统和基准策略累积收益率曲线

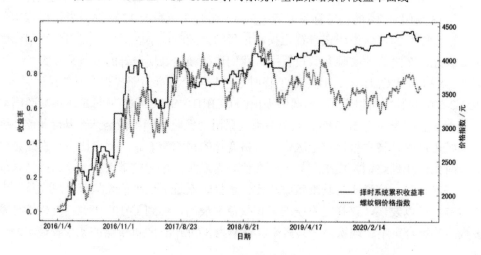

图 3-3-8　CLBIB-VSD-CART 择时系统累积收益率与螺纹钢价格指数曲线

（四）择时系统比较分析

在现有的文献中，标签构造常用的方法为固定时间区间方法（Fixed-time Horizon Method，FHM），处理技术指标数据的方法为二元特征离散化（Binary Discretization，BD）。为了与现有的方法对比，下面给出了 CLBIB-BD-CART、FHM-VSD-CART、FHM-BD-CART 三种择时系统，此外讨论三元特征离散化（Ternary Discretization，TD）与固定时间区间法结合的 FHM-TD-CART 和 CLBIB-TD-CART 择时系统。表 3-3-6 给出了以上几种择时系统模拟交易的投资绩效情况。

表 3-3-6　几种择时系统模拟交易的投资绩效情况

择时系统	择时准确率	夏普比率	索提诺比率	累积收益率
CLBIB-VSD-CART	58.34%	0.9468	2.3296	101.98%
CLBIB-BD-CART	57.13%	0.6476	1.5842	66.21%
CLBIB-TD-CART	52.16%	0.6658	1.0572	55.15%
FHM-VSD-CART	61.15%	0.9582	1.9873	70.10%
FHM-BD-CART	60.03%	0.7020	1.5710	57.65%
FHM-TD-CART	63.53%	0.4088	0.6283	33.53%

由表 3-3-6 可知，从择时准确率上看，FHM-TD-CART 择时系统的择时准确率最高，达到了 63.53%；从夏普比率上看，FHM-VSD-CART 择时系统的夏普比率要略微高于本案例提出的 CLBIB-VSD-CART 择时系统，其夏普比率为 0.9582；但是从索提诺比率上看，本案例提出的 CLBIB-VSD-CART 择时系统反而要高于 FHM-VSD-CART 择时系统；最后从累积收益率上看，CLBIB-VSD-CART 择时系统的累积收益率最高。

从标签的构造方法对比上看，使用本案例提出的基于区间突破的构造标签（CLBIB）方法在择时准确率上比常用的固定时间区间方法（FHM）要低，但是从夏普比率、索提诺比率和累积收益率上看，基于区间突破的构造标签方法均远高于固定时间区间方法。从这一点可以说明：使用本案例提出的基于区间突破的构造标签方法所构造标签的质量要高于现有文献中常用的固定时间区间方法。另外，从处理技术指标数据的方法上看，本案例提出的值特征选择离散化（VSD）方法的投资平均绩效优于现有论文中常用的二元特征离散化方法。

五、案例小结

本案例从构造决策树算法的分类标签和技术指标离散化处理两个方面出发，提出了 CLBIB-VSD-CART 择时系统。在该系统中，在固定时间区间方法的基础上提出了基于区间突破的构造标签方法以及使用值特征选择离散化方法对技术指标进行处理。本案例将该择时系统应用于螺纹钢商品期货交易数据中，实证结果显示：使用基于区间突破的构造标签和值特征选择离散化方法的 CLBIB-VSD-CART 择时系统在累积收益率、夏普比率和索提诺比率三个绩效指标上都要显著高于两个基准模型和相应的五个择时系统。同时，该择时系统通过稳健性检验，其投资绩效在训练集大小增大至一定数量时趋于稳定。这说明本案例提出的 CLBIB-VSD-CART 择时系统具有一定的实践意义。

第4章　生物医学统计分析案例

生物医学统计主要研究利用统计方法对生物医学传感、靶向肿瘤药物、流行病影响因素、疾病传播等医学统计问题进行信息提取、数据处理、生存分析、纵向数据分析和机制研究等。在具体的研究过程中常涉及多元统计分析、贝叶斯分析及传染病动力学模型等理论，本章主要介绍两个案例，内容涉及贝叶斯时空模型和 SEIR 模型。

案例1　大气臭氧暴露与心血管疾病死亡风险关系的实证分析 ——基于贝叶斯时空模型

一、案例背景

心血管疾病（CVD）、慢性阻塞性肺疾病（COPD）、糖尿病及癌症等慢性非传染疾病发生风险每年升高，已成为中国城乡居民死亡的主要原因，是全球严峻的公共卫生问题。中国心血管疾病患病率仍处在持续上涨阶段，估计现患心血管疾病人数达 3.3 亿人，其死亡率相比于癌症以及其他疾病都要高，是居民死亡构成的四成以上。2017 年农村和城市因心血管疾病导致死亡的分别占全死因的 43.56% 和 45.91%。

心血管疾病的发生原因复杂，往往与环境和气象因素密切相关。近年来关注大气颗粒污染物对心血管疾病的影响效应的研究也越来越多。流行病学研究表明，短期接触环境空气污染可能导致一系列心血管损害，甚至会导致发病率和死亡率的增加。其中 O_3 暴露会损害人类身体健康，与人群急诊就诊、住院及死亡等多种健康结局有着显著的相关性，而且短期暴露使得心血管疾病的住院率、死亡率以及患病率增加。Meta 分析表明，我国 O_3 短期暴露与死亡风险是呈现正相关关系的，O_3 浓度升高会增加我国总人群中心血管系统疾病的死亡风险。

现有研究 O_3 浓度与人群的健康结局存在着时空差异性，精确的 O_3 浓度个体暴露水平评估方法可以降低所造成的信息偏倚。有必要在时空尺度上进一步探究 O_3 浓度对心血管疾病的影响。

二、理论分析与研究内容

贝叶斯理论在数理统计中的地位很高，应用范围较广，并且随着空间流行病学的研究方法及其相关的理论在不断发展，在疾病的空间分析中加入时间纬度数据信息并建立相关的时空分析模型，已成为空间流行病学的研究热点。借助先验信息和临近时空信息的贝叶斯时空模型已经被广泛应用于国内外的疾病数据的分析中。对于研究区域的空间上的联系，需要定义变量之间的邻接关系，一般由空间权重矩阵来表达。在一定程度上，空间权重矩阵表明了空间各个区域单元间的相互关联和相互依赖的程度，是进行空间统计分析的基础和前提，正确并合理地选用空间权重矩阵对空间模型的检验与分析十分重要。对于具体的空间实体而言，把其本身的空间属性（面积等）信息用在空间权重矩阵的判断方式中，可以更加有效地增强空间单元之间临近关系判断的适用和更好地表达空间临近关系。本案例的研究内容是选择基于距离的空间权重矩阵，建立贝叶斯时空模型，在时空尺度上精确评估广东省的大气 O_3 浓度与居民心血管疾病死亡的暴露反应关系，主要内容如下。

（1）建立迭代随机森林模型对 O_3 浓度的暴露水平进行评估。

（2）探究心血管疾病死亡风险的时空分布规律。

（3）定量分析 O_3 浓度与人群心血管疾病死亡风险的暴露反应关系，并对其滞后效应与累积效应进行分析。

（4）探究不同性别、年龄、季节和地区的 O_3 浓度对人群心血管疾病死亡风险的修饰作用。

三、模型设定

（一）研究设计

本案例基于生态学研究设计，采用时空分析方法，以 O_3 浓度作为暴露水平变量，心血管疾病的死亡率作为结局变量，基于该时空模型的暴露反应关系确定广东省不同时间和不同地区的心血管疾病的死亡风险。

研究地点是广东省。珠江三角洲地区（简称珠三角地区）由广东省的广州市、珠海市、佛山市、惠州市、肇庆市和江门市等组成。非珠江三角洲地区（简称非珠三角地区）由广东省的汕尾市、梅州市、汕头市、云浮市、湛江市、阳江市、茂名市、清远市、韶关市及河源市等组成。其中，具体研究区分布见表 4-1-1。

表 4-1-1　研究区域分布

所 属 地 区		研 究 区 域
珠三角地区	广州市	越秀区、荔湾区、从化区、海珠区
	珠海市	金湾区
	佛山市	三水区
	惠州市	博罗县、惠阳区、龙门县
	肇庆市	四会市、端州区
	江门市	新会区、开平市、鹤山市、恩平市、江海区、台山市、蓬江区
非珠三角地区	汕尾市	城区
	梅州市	五华县
	汕头市	龙湖区
	云浮市	云城区、罗定市
	湛江市	吴川市
	阳江市	阳东区

续表

所属地区		研究区域
非珠三角地区	茂名市	高州市
	清远市	阳山县、连南瑶族自治县、连州市、清城区、佛冈县、清新区、英德市
	韶关市	乐昌市、武江区、浈江区、始兴县、翁源县、南雄市
	河源市	连平县

（二）数据收集

1. 死亡数据

通过广东省疾病预防控制中心获取研究区域的死亡数据，整个研究时间段从 2014 年 01 月 01 日到 2017 年 12 月 31 日。获取的死亡数据信息包含年龄、根本死因、性别、ICD 编码以及文化程度等。根据第 10 版国际疾病分类标识（ICD-10）对死因进行分类，并提取其中心血管疾病死因数据（I00～I99，CVD）。

2. 气象数据

通过中国气象科学数据共享服务平台得到全国 698 个气象站点 2014—2017 年每天的气象数据，主要有风速（m/s）、温度（℃）和相对湿度（%）。由于并不是所有的区域都被气象站点所覆盖，因此运用气象空间插值方法 Anusplin 对日均温度和每日相对湿度进行插值，形成全国栅格数据，从中提取每个研究区（县）日均温度与每日相对湿度。所建立的日均温度的空间插值模型 R^2=95.74%，RMSE（Root Mean Square Error，均方根误差）=2.37℃；所建立的每日相对湿度的空间插值模型 R^2=81.39%，RMSE=8.28。

3. 大气污染数据

本案例所用的大气污染数据主要是每日 $PM_{2.5}$ 平均浓度和每日 O_3 浓度的 8h 滑动平均最大浓度数据，其中每日 $PM_{2.5}$ 平均浓度作为分析每日 O_3 浓度与心血管疾病死亡风险关系的大气污染物控制变量。在全国城市空气质量实时发布平台得到 2014—2017 年每日 $PM_{2.5}$ 平均浓度数据和每日 O_3 浓度数据。

研究区域的每日 $PM_{2.5}$ 平均浓度数据是基于 2014—2017 年国家污染物监测站中每日 $PM_{2.5}$ 平均浓度数据，建立随机森林模型进行预测的；而研究区域的每日 O_3 浓度数据则是通过建立迭代随机森林模型进行预测的。建立用于预测每日 $PM_{2.5}$ 平均浓度数据的随机森林模型，该模型 R^2=81.10%，RMSE=9.55μg/m³；建立用于预测每日 O_3 浓度数据的迭代随机模型的 R^2=78.65%，RMSE=21.64μg/m³。日均温度、每日相对湿度、每日 $PM_{2.5}$ 平均浓度（图中简写为 $PM_{2.5}$）、每日 O_3 浓度（图中简写为 O_3）插值验证数据如图 4-1-1 所示。

4. 指标计算

本案例的心血管疾病死亡风险由死亡率（Mortality Rate，MR）来体现。死亡率是指在一定人口中和一定时间内，因某病而死亡（或死于所有原因）的频率。该值可以比较不同区域之间或者随时间变化的死亡率水平，由于各个研究区域的死亡率与人口数相关，为了合并各个区县的效应以及比较不同区域的效应，故使用式（4-1-1）。

$$MR = \frac{y_{ij}}{pop_{ij}} \qquad (4-1-1)$$

式中，y_{ij} 表示 i 区县（$1 \leq i \leq 40$）在 j 年份（$2014 \leq i \leq 2017$）的心血管疾病死亡报告人数；pop_{ij} 表示 i 区县（$1 \leq i \leq 40$）在 j 年份（$2014 \leq i \leq 2017$）的人口数（每 10 万人口）。

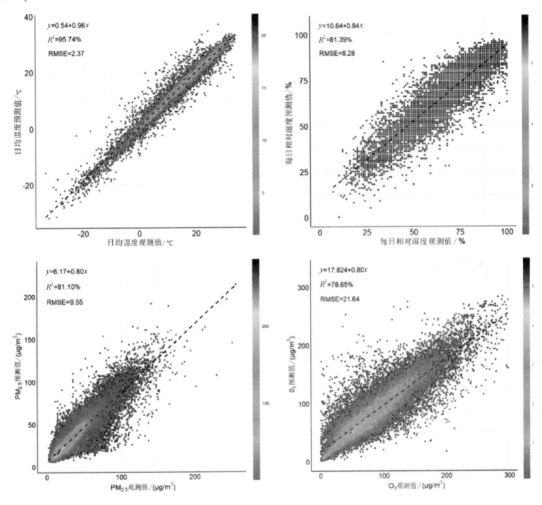

图 4-1-1　插值验证数据

（三）模型设定

1. 空间分析

通常，空间权重矩阵有两种常见的设定形式，包括简单的二值邻接矩阵和基于质心距离的二值邻接矩阵。本次研究使用的是基于质心距离的二值邻接矩阵 $\boldsymbol{W} = (w_{ij})$。

$$w_{ij} = \begin{cases} 1, & \text{区域} i \text{、} j \text{的质心距离小于给定值} d \\ 0, & \text{否则} \end{cases} \tag{4-1-2}$$

式中，i、j 为区域位置对象；w_{ij} 为基于区域单元 i 和 j 的矩阵元素。其中 $\boldsymbol{W}$ 矩阵对角线元素为 0，定值 d 选用默认距离。

为了探索各区县的心血管疾病的死亡风险的空间分布规律，研究使用全局自相关分析对其进行探索。

2. 贝叶斯时空模型

BYM（Besag，York and Mollie model）是目前使用理论最成熟且最广泛的贝叶斯空间模型，通过加入时间效应而扩展成贝叶斯时空模型，其一般理论内容解释如下。假设某种疾病在第 i 个区域第 j 个时间点上发病或死亡的人数为 y_{ij}，当研究区域疾病发病或死亡人数较少和人口基数较大时，可认为 y_{ij} 服从泊松分布，即

$$y_{ij} \sim \text{Poisson}(\lambda_{ij}) \tag{4-1-3}$$

而 Poisson 分布的参数 λ_{ij} 可以表示为

$$E(y_{ij}) = \lambda_{ij} = e_{ij} \times \theta_{ij} \tag{4-1-4}$$

式中，e_{ij} 表示期望发病数；θ_{ij} 表示区域 i 在第 j 年的实际发病数比期望发病数，表示心血管疾病死亡的相对危险度（Relative Risk，RR），是本研究所关心的重点参数。基于 BYM 并使用连接函数（如泊松分布）建立的贝叶斯时空模型的数学表达式为

$$\log(\theta_{ij}) = b_0 + \beta X + \mu_i + \nu_i + \gamma_j + \varphi_j + \delta_{ij} \tag{4-1-5}$$

式中，b_0 是截距项，表示整个研究区域的一个平均相对危险度；X 是影响因素变量；β 是相应的回归系数；μ_i 表示空间结构效应，即各个区域之间的相关效应；ν_i 表示空间非结构效应，即区域本身的异质性；Y_i 表示时间单位是天的时间结构效应；φ_j 表示时间非结构效应；δ_{ij} 表示时空的交互效应。其中空间效应先验采用条件自回归（Conditional Auto-Regression，CAR）过程，时间效应先验采用自回归（Auto-Regression，AR）过程。模型运用马尔可夫链蒙特卡洛（MCMC）方法，通过 Gibbs 抽样反复迭代进行计算。

以 O_3 浓度每升高 $10\mu g/m^3$，表示人群每天心血管死亡人数的相对危险度与超额危险度（Excessive Risk，ER）及其 95% 的置信区间（95%CI）来代表效应，ER 的计算方法如式（4-1-6）所示，其中 β 表示影响因素的回归系数。

$$ER = [\text{EXP}(\beta) - 1] \times 100\% \tag{4-1-6}$$

四、实证设计与分析

（一）变量的描述性统计分析

本案例共纳入 243254 例心血管疾病死亡病例，平均每日死亡数为 166.5 例，最小值是 31 例。研究区域及各个分层的居民心血管疾病死亡率见表 4-1-2。在总人群中，心血管疾病日均死亡率为 0.69/10 万人，最小值是 0.13/10 万人，最大值是 1.37/10 万人。其中，性别分层中，男性群体的日均死亡率为 0.67/10 万人，女性为 0.64/10 万人，男性高于女性；年龄分层中，65 岁及以上的人群心血管疾病的日均死亡率（5.58/10 万人）远远高于 0～64 岁人群（0.12/10 万人）。珠三角地区的日均死亡率与非珠三角地区相差不多，分别是 0.68/10 万人和 0.69/10 万人。

表 4-1-2　研究区域及各个分层的居民心血管疾病死亡率（单位：10 万人）

40 个地区	亚　组	均值（标差）	最　小　值	25%	50%	75%	最　大　值
40 个地区	总人群	0.69（0.16）	0.13	0.60	0.67	0.78	1.37

续表

	亚　组	均值（标差）	最　小　值	25%	50%	75%	最　大　值
性别	男性	0.67（0.16）	0.10	0.57	0.65	0.75	1.36
	女性	0.64（0.16）	0.09	0.54	0.62	0.73	1.37
年龄	0～64 岁	0.12（0.03）	0.00	0.10	0.12	0.14	0.13
	≥65 岁	5.58（1.42）	0.79	4.64	5.36	6.32	11.00
季节	冷季	0.77（0.18）	0.13	0.67	0.77	0.87	1.37
	暖季	0.62（0.08）	0.39	0.56	0.62	0.67	1.00
地区	珠三角地区	0.68（0.18）	0.03	0.57	0.65	0.78	1.37
	非珠三角地区	0.69（0.17）	0.19	0.60	0.69	0.81	1.41

O_3 浓度的年变化情况见表 4-1-3，2015 年 O_3 浓度在 4 年中最低，2017 年 O_3 浓度最高，日均变化趋势如图 4-1-2 所示，每年冷季 O_3 浓度低，而在暖季浓度高。

表 4-1-3　O_3 浓度年变化情况

年　份	平均值/（μg/m³）	标准差/（μg/m³）
2014	93.87	42.98
2015	84.63	40.03
2016	86.59	40.96
2017	94.74	43.21

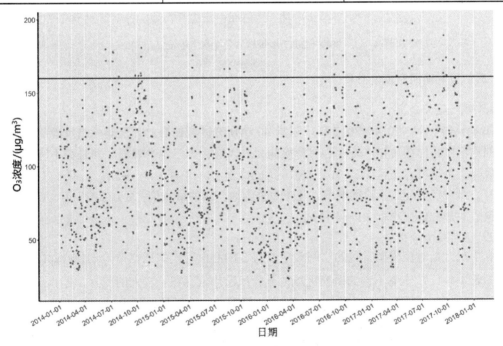

图 4-1-2　O_3 浓度的日均变化趋势

注：O_3 浓度的国家二级标准是小于或等于 160μg/m³

（二）空间相关性分析

2014—2017 年每日残差全局 Moran's *I* 自相关如图 4-1-3 所示。在 2014—2017 年，共 1461 天中，每天 Moran's *I* 指数有正有负，随机分布在 *y*=0 两侧，系数为负的天数比例更大，系数范围为-0.2～0.3，说明各研究区域在不同的时期具有不同的空间相关性。有时呈正相关，说明临近区县的心血管疾病死亡风险相似；有时呈负相关，说明不同的区县的心血管疾病死亡风险不相似。同时，Moran's *I* 指数的检验表明，呈空间正相关时 *P* 值均小于 0.05，说明存在空间聚集性，提示可进一步考虑空间属性，进行时空分析。

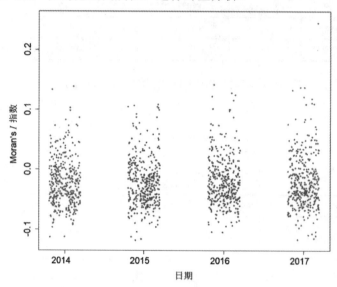

图 4-1-3　2014—2017 年每日残差全局 Moran's *I* 自相关

（三）贝叶斯时空模型分析

1. 时间趋势分析

图 4-1-4 所示是 2014—2017 年广东省 40 个研究区域的心血管疾病死亡风险随时间变化趋势的均值图，由图可知，每年心血管疾病死亡风险会有三四个峰值，并且在不同时间段内发病风险下降速度存在差异。2014—2016 年的冷季（1—4 月，11—12 月）、暖季（5—10 月）中均有心血管疾病死亡风险的峰值，且在暖季到达当年的最大值；而在 2017 年，心血管疾病死亡风险的最大值在冷季（1—4 月）。

2. 空间趋势分析

利用贝叶斯时空模型得到的空间效应所对应的心血管疾病死亡风险均值（$\exp(\mu_i + v_i)$）的分布见表 4-1-4，广东省不同的研究区域的死亡风险均值存在着较大的差异，其中五华县的死亡风险均值最高，乐昌市、从化区、南雄市、博罗县、始兴县、阳山县、蓬江区、惠阳区、开平市、海珠均值区、金湾区以及吴川市的死亡风险均值较高，而其他地区的较低。珠三角地区的死亡风险均值较高，相对于非珠三角地区来说，珠三角地区较为密集。而韶关市乐昌市、韶关市始兴县、韶关市南雄市、清远市阳山县、湛江市吴川市等这些非珠三角地区的死亡风险均值比非珠三角地区其他市县高。

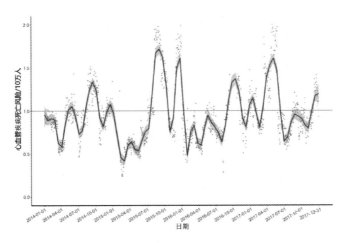

图 4-1-4 心血管疾病死亡风险随时间变化趋势的均值图

表 4-1-4 心血管疾病死亡风险均值的分布

死亡风险均值区间	所 含 区 域
[0.001，0.991)	连南瑶族自治县、连州市、罗定市
[0.991，1.000)	武江区、浈江区、翁源县、新会区、鹤山市、台山市、高州市、端州区、龙门县、阳东区、清城区、英德市、云城区、城区、越秀区、海珠区、三水区
[1.000，1.008)	乐昌市、南雄市、金湾区、开平市、恩平市、江海区、蓬江区、吴川市、四会市、博罗县、惠阳区、连平县、阳山县、佛冈县、清新区、从化区、荔湾区
[1.008，1.019)	始兴县、龙湖区、五华县

根据空间效应 $(\mu_i + v_i)$ 的后验概率的估计值，将广东省 40 个研究区域分为热点、冷点、既非热点也非冷点三种类型，其中各区域的划分标准如下：热点区域为 $p(\exp(\mu_i + v_i)) \geqslant 0.8$，冷点区域为 $p(\exp(\mu_i + v_i)) < 0.2$，既非热点也非冷点的区域为 $0.2 \leqslant p(\exp(\mu_i + v_i)) < 0.8$，其具体分布见表 4-1-5。其中热点区域主要是梅州市五华县和韶关市始兴县，冷点区域主要是罗定市、连州市与连南瑶族自治县，而既非热点也非冷点的区域的数量最多，分布较为广泛。

表 4-1-5 热点、冷点和既非热点也非冷点区域分布

类 别	所 含 区 域
热点	始兴县、五华县
冷点	罗定市、连州市、连南瑶族自治县
既非热点也非冷点	其余区域

3. 时空交互项分析

时空交互项的死亡风险均值分布见表 4-1-6，以 1 月的死亡风险均值为对照，发现各研究区域在不同月份的死亡风险均值不同，整个研究区域在 5 月、6 月和 9 月的死亡风险均值比其他月份高，10 月的最低，其中梅州市五华县在 1 月、5 月、6 月、11 月、12 月的死亡风险均值比其他月份低。

表 4-1-6 时空交互项的死亡风险均值分布

区 域	月 份											
	1月	2月	3月	4月	5月	6月	7月	8月	9月	10月	11月	12月
乐昌市	1.020	1.023	1.023	1.008	1.012	1.023	1.023	1.013	1.014	1.020	1.012	1.025
武江区	1.017	1.007	1.027	1.018	1.018	1.022	1.014	1.014	1.022	1.012	1.018	1.008
浈江区	1.021	1.016	1.012	1.014	1.023	1.014	1.011	1.017	1.022	1.016	1.019	1.021
始兴县	1.026	1.011	1.025	1.014	1.017	1.024	1.010	1.011	1.014	1.021	1.014	1.034
翁源县	1.019	1.011	1.015	1.023	1.012	1.030	1.016	1.013	1.018	1.014	1.019	1.016
南雄市	1.016	1.013	1.016	1.027	1.025	1.19	1.016	1.017	1.032	1.010	1.014	1.012
金湾区	1.016	1.019	1.019	1.016	1.017	1.027	1.016	1.017	1.015	1.021	1.016	1.017
龙湖区	1.020	1.013	1.024	1.010	1.017	1.021	1.018	1.018	1.008	1.022	1.016	1.019
新会区	1.014	1.027	1.022	1.012	1.008	1.019	1.023	1.019	1.011	1.016	1.016	1.015
开平市	1.005	1.029	1.027	1.024	1.022	1.019	1.028	1.019	1.005	1.001	1.025	1.014
鹤山市	1.021	1.021	1.021	1.012	1.018	1.017	1.011	1.010	1.032	1.017	1.015	1.010
恩平市	1.022	1.016	1.026	1.004	1.015	1.016	1.018	1.019	1.012	1.023	1.018	1.020
江海区	1.014	1.010	1.015	1.015	1.023	1.015	1.018	1.014	1.023	1.021	1.023	1.014
台山市	1.008	1.015	1.020	1.015	1.016	1.019	1.027	1.018	1.015	1.006	1.020	1.023
蓬江区	1.004	1.025	1.010	1.012	1.015	1.017	1.013	1.025	1.020	1.026	1.028	1.021
吴川市	1.020	1.029	1.014	1.015	1.020	1.015	1.005	1.025	1.026	1.013	1.017	1.015
高州市	1.021	1.008	1.019	1.021	1.024	1.010	1.014	1.012	1.015	1.032	1.013	1.015
端州区	1.013	1.017	1.015	1.019	1.012	1.016	1.024	1.022	1.020	1.017	1.021	1.017
四会市	1.024	1.023	1.008	1.022	1.025	1.018	1.014	1.021	1.013	1.016	1.011	1.019
博罗县	1.016	1.018	1.020	1.025	1.020	1.019	1.009	1.013	1.018	1.016	1.015	1.027
惠阳区	1.014	1.018	1.016	1.024	1.020	1.019	1.020	1.025	1.014	1.017	1.018	1.007
龙门县	1.017	1.013	1.018	1.019	1.014	1.009	1.015	1.013	1.021	1.021	1.015	1.015
五华县	1.014	1.019	1.017	1.021	1.017	1.016	1.024	1.030	1.019	1.021	1.008	1.009
连平县	1.011	1.020	1.007	1.011	1.020	1.018	1.024	1.022	1.015	1.024	1.012	1.016
阳东区	1.012	1.020	1.012	1.020	1.021	1.019	1.012	1.013	1.025	1.021	1.010	1.019
阳山县	1.013	1.020	1.011	1.016	1.017	1.017	1.017	1.035	1.020	1.026	1.019	1.006
连南瑶族自治县	1.017	1.023	1.010	1.017	1.017	1.011	1.022	1.011	1.012	1.018	1.011	1.021
连州市	1.014	1.025	1.010	1.017	1.013	1.012	1.005	1.025	1.015	1.016	1.020	1.021
清城区	1.021	1.036	1.011	1.016	1.024	1.012	1.015	1.007	1.009	1.017	1.016	1.010
佛冈县	1.028	1.012	1.021	1.015	1.012	1.018	1.017	1.015	1.025	1.009	1.022	1.012
清新区	1.014	1.019	1.005	1.024	1.019	1.022	1.024	1.013	1.012	1.012	1.022	1.022
英德市	1.020	1.004	1.020	1.011	1.014	1.021	1.010	1.020	1.028	1.010	1.010	1.021
云城区	1.021	1.018	1.023	1.016	1.016	1.014	1.022	1.020	1.000	1.013	1.026	1.017

续表

区　　域	月　份											
	1 月	2 月	3 月	4 月	5 月	6 月	7 月	8 月	9 月	10 月	11 月	12 月
罗定市	1.026	1.015	1.007	1.030	1.009	1.014	1.010	1.010	1.021	1.020	1.015	1.014
城区	1.022	1.008	1.018	1.016	1.020	1.008	1.023	1.014	1.018	1.017	1.016	1.016
从化区	1.028	1.017	1.023	1.015	1.009	1.019	1.014	1.022	1.015	1.021	1.026	1.016
越秀区	1.022	1.017	1.016	1.020	1.019	1.019	1.016	1.001	1.015	1.020	1.014	1.016
荔湾区	1.016	1.011	1.022	1.014	1.020	1.016	1.018	1.028	1.016	1.023	1.011	1.021
海珠区	1.014	1.013	1.020	1.017	1.019	1.017	1.023	1.002	1.023	1.011	1.030	1.014
三水区	1.015	1.012	1.027	1.005	1.017	1.016	1.013	1.012	1.019	1.018	1.012	1.032

4. 暴露反应关系分析

本案例选用 5 天滞后期，分别计算不同滞后期对人群心血管疾病死亡风险的影响，同时计算 O_3 浓度在 0~5 天滞后期对总人群的累积滞后效应。O_3 浓度对人群心血管疾病死亡风险影响的滞后效应 ER（95%CI）如图 4-1-5 所示，最强滞后效应主要为累积滞后 4 天（lag04），即 O_3 浓度每升高 $10\mu g/m^3$，可导致心血管疾病死亡风险增加 0.44%（95%CI：0.34%~0.47%）。因此，我们在后续分析中均采用 lag04。

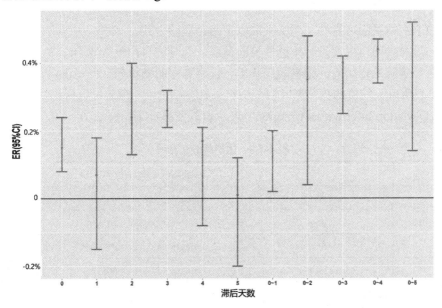

图 4-1-5　O_3 浓度对人群心血管疾病死亡风险影响的滞后效应 ER（95%CI）

5. 探究修饰因子

O_3 浓度对不同人群的心血管疾病死亡风险影响见表 4-1-7。O_3 浓度对不同性别、年龄、季节和地区居民的心血管疾病死亡风险具有不同的影响效应。O_3 浓度每升高 $10\mu g/m^3$，男性和女性居民的心血管疾病死亡风险的影响效应分别为 0.36%（95%CI：0.21%~0.54%）、0.32%（95%CI：0.40%~0.50%），且对男性心血管疾病死亡风险的影响高于女性。65 岁及以上的居民心血管疾病死亡风险的影响效应为 0.43%（95%CI：0.34%~0.57%），提示该年龄段居民为

大气 O_3 暴露的敏感人群；而对 65 岁以下居民心血管疾病死亡风险无明显影响。在冷季心血管疾病死亡风险的影响效应为 0.34%（95%CI：0.04%～0.47%），高于暖季的 0.28%（95%CI：0.07%～0.47%）；非珠三角地区居民心血管疾病死亡风险的影响效应为 0.37%（95%CI：0.08%～0.76%），高于珠三角地区的 0.29%（95%CI：0.14%～0.57%）。

表 4-1-7　O_3 浓度对不同人群的心血管疾病死亡风险影响

组　　别	亚　　组	ER（95%CI）
性别	男性	0.36%（0.21%～0.54%）
	女性	0.32%（0.40%～0.50%）
年龄/岁	0～64	0.17%（−0.2～0.34%）
	≥65	0.43%（0.34%～0.57%）
季节	冷季	0.34%（0.04%～0.47%）
	暖季	0.28%（0.07%～0.47%）
地区	珠三角地区	0.29%（0.14%～0.57%）
	非珠三角地区	0.37%（0.08%～0.76%）

（四）稳健性检验

为检验上述结果的可靠性，本文采取以下两种检验方式。

（1）通过对时间自由度进行敏感性检验发现，当时间自由度为 7 年、8 年、9 年时，O_3 浓度对心血管疾病死亡风险的影响效应基本一致。对空间随机效应的逆伽马分布进行敏感性分析，结果表明后验均值的贝叶斯时空分析结果具有稳健性。敏感性分析结果见表 4-1-8。其中，DIC（Deviation Information Criterion）表示偏差信息准则。

表 4-1-8　敏感性分析结果

		后验均值（95%置信区间）	DIC
长期趋势自由度	df=7	1.0035（1.0016，1.0054）	240757
	df=8	1.0036（1.0018，1.0055）	240728
	df=9	1.0035（1.0016，1.0053）	240653.4
方差先验分布	$\tau\sim$Gamma（0.1，0.01）	1.0038（1.0019，1.0057）	240729.6
	$\tau\sim$Gamma（0.1，0.1）	1.0036（1.0017，1.0055）	240759.2
	$\tau\sim$Gamma（1，0.1）	1.0038（1.0017，1.0010）	240757.5

（2）模型收敛性检验。将模型迭代次数设置为 300000 次，初始值设置为 30000 以稳定初始值对自变量参数的影响，本次研究的模型的影响因素参数迭代轨迹图和核密度图如图 4-1-6 所示。图中，每日 O_3 浓度简写为 O_3，每日 $PM_{2.5}$ 平均浓度简写为 $PM_{2.5}$。该图表明每个影响因素参数的回归系数的迭代轨迹趋于稳定，核密度图呈现类似正态分布，可以认为迭代已经收敛。

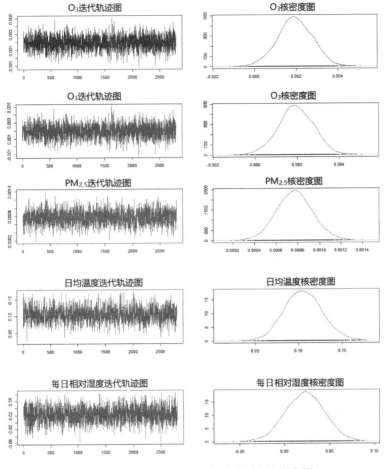

图 4-1-6　影响因素参数迭代轨迹图和核密度图

五、案例小结

本案例采用贝叶斯时空模型评估了 O_3 浓度对心血管疾病死亡风险的暴露反应关系,同时探究了其修饰因子,并探索了心血管疾病死亡风险的时空分布规律。研究结论如下。

（1）本研究建立的迭代随机森林模型可以更好地评估 O_3 暴露水平。

（2）心血管疾病死亡风险存在时间、空间以及时空交互效应:2014—2016 年的暖季达到当年的心血管疾病死亡风险最大值,2017 年则是在冷季;珠三角地区相对非珠三角地区的心血管疾病死亡风险较高且密集;整个研究区域在 5 月、6 月和 9 月的心血管疾病死亡风险比其他月份高,10 月的最低,其中梅州市五华县在 1 月、5 月、6 月、11 月、12 月的心血管疾病死亡风险比其他月份低。

（3）O_3 浓度的升高可增加心血管疾病死亡风险,且不同性别、年龄、季节以及地区的人群对 O_3 暴露的滞后效应与敏感度不同。其中,O_3 的短期暴露对女性人群产生的影响大于男性,65 岁及以上的老年人群体敏感度更高,冷季人群的敏感度高于暖季,非珠三角地区的人群比珠三角地区的人群更加敏感。

案例 2　温度变化下登革热发病数预估——以 2019 年广东省为例

一、案例背景

登革热（Dengue Fever, DF）是一类急性蚊媒传染病，由携带登革热病毒的埃及伊蚊（Aedes aegypti）和白纹伊蚊（Aedes albopictus）传播。感染登革病毒的患者可能出现不同的临床表现，其中症状较轻的患者可表现为自限性感染或者隐性感染，重症患者表现为登革出血热（DHF）或者登革休克综合征（DSS）。登革病毒属于黄热毒科的黄病毒属，可由 DENV-1、DENV-2、DENV-3、DENV-4 四种血清型中的任意一种引起。当人体在感染一种登革病毒并恢复后将会对感染的该型的病毒永久免疫，但并不能免疫其他三种血清型，同时，若再感染其他三种血清型中的任意一种，由于抗体介导性增强，则会增加患重症的概率，甚至危及生命。

气象条件是登革热传播的重要因素之一。不同的气象条件通过影响蚊媒的生活习性以及人类活动来影响登革热的传播。有研究证明，气候可以决定蚊媒行为和登革病毒传播效果。影响登革热流行的因素有温度、相对湿度、降雨、厄尔尼诺指数和日照等，并且这些因素是通过影响登革病毒和蚊虫而影响登革热的发生的，有一个 1～3 个月的滞后效应。

现有研究表明，在建立的动力学模型中，耦合气象因素能够更加准确地模拟登革热的暴发过程。因此，本案例利用已建立的模型探究不同温度变化下登革热的发病情况，进而阐明基于当前温度情景下温度升高和降低对登革热的影响。

二、研究方法

仓室模型是研究传染病的主要方法之一。Kermack 与 McKendrick 的 SEIR 模型是传染病模型中最经典、最基本的模型之一，模型中将人群分为四类：易感者、潜伏者、感染者和移出者。本案例基于 SEIR 模型并参考已建立的蚊媒传染病模型，根据登革热在人群和蚊媒种群中的传播规律建立如图 4-2-1 所示的人蚊耦合的传播动力学流程图，S_m、E_m、I_m、S_h、E_h、I_h 和 R_h 分别代表易感伊蚊、处于潜伏期的伊蚊、感染伊蚊、易感者、潜伏者、感染者和移出者群。将登革热传播动力学模型分为两部分、10 个仓室，包括蚊媒动力学和人群动力学。蚊媒动力学可简单描述为：伊蚊生存发育过程经历卵期（E）、幼虫期（L）、蛹期（P），再经历羽化变成成年伊蚊，可将成年伊蚊分为易感类（S）、潜伏类（E）和感染类（I）三类，易感伊蚊叮咬登革热患者后以一定的概率转化为潜伏类，经过一段潜伏期，以一定的概率转化为感染类。人群动力学可描述为：易感者被感染伊蚊叮咬后以一定的概率进入潜伏期，经过一段潜伏期，以一定的概率转化为感染者，经过治疗变为移出者（R）。模型假设：由于登革热病死率低，故不考虑因病死亡率；登革热属季节性传染病，暴发时间集中，因此不考虑人口自然出生率和自然死亡率；假设研究地区的 99.5%人群个体为易感者（登革热在广东省暴发多年，部分人群具有免疫能力）。

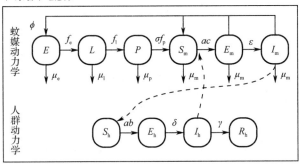

图 4-2-1　人蚊耦合的传播动力学流程图

根据图 4-2-1，可构建微分方程组：

$$
\begin{cases}
\dfrac{\mathrm{d}E}{\mathrm{d}t} = \phi\left(1 - \dfrac{E}{K}\right)(S_{\mathrm{m}} + E_{\mathrm{m}} + I_{\mathrm{m}}) - (f_{\mathrm{e}} + \mu_{\mathrm{e}} + k)E \\[2mm]
\dfrac{\mathrm{d}L}{\mathrm{d}t} = f_{\mathrm{e}}E - (f_{\mathrm{l}} + \mu_{\mathrm{l}} + k)L \\[2mm]
\dfrac{\mathrm{d}P}{\mathrm{d}t} = f_{\mathrm{l}}L - (f_{\mathrm{p}} + \mu_{\mathrm{p}} + k)P \\[2mm]
\dfrac{\mathrm{d}S_{\mathrm{m}}}{\mathrm{d}t} = \sigma f_{\mathrm{p}}P - acS_{\mathrm{m}}\dfrac{I_{\mathrm{h}}}{N_{\mathrm{h}}} - \mu_{\mathrm{m}}S_{\mathrm{m}} \\[2mm]
\dfrac{\mathrm{d}E_{\mathrm{m}}}{\mathrm{d}t} = acS_{\mathrm{m}}\dfrac{I_{\mathrm{h}}}{N_{\mathrm{h}}} - \varepsilon E_{\mathrm{m}} - \mu_{\mathrm{m}}E_{\mathrm{m}} \\[2mm]
\dfrac{\mathrm{d}I_{\mathrm{m}}}{\mathrm{d}t} = \varepsilon E_{\mathrm{m}} - \mu_{\mathrm{m}}I_{\mathrm{m}} \\[2mm]
\dfrac{\mathrm{d}S_{\mathrm{h}}}{\mathrm{d}t} = -abS_{\mathrm{h}}\dfrac{I_{\mathrm{m}}}{N_{\mathrm{h}}} \\[2mm]
\dfrac{\mathrm{d}E_{\mathrm{h}}}{\mathrm{d}t} = abS_{\mathrm{h}}\dfrac{I_{\mathrm{m}}}{N_{\mathrm{h}}} - \delta E_{\mathrm{h}} \\[2mm]
\dfrac{\mathrm{d}I_{\mathrm{h}}}{\mathrm{d}t} = \delta E_{\mathrm{h}} - \gamma I_{\mathrm{h}} \\[2mm]
\dfrac{\mathrm{d}R_{\mathrm{h}}}{\mathrm{d}t} = \gamma I_{\mathrm{h}}
\end{cases}
$$

式中，$N_{\mathrm{h}} = S_{\mathrm{h}} + E_{\mathrm{h}} + I_{\mathrm{h}} + R_{\mathrm{h}}$ 代表研究地区的总人口。登革热动力学模型参数定义及表达式见表 4-2-1，其中一些参数是温度的表达式，具体表达式如下：

$$\phi = -5.4 + 1.8T - 0.2124T^2 + 0.01015T^3 - 0.0001515T^4 \tag{4-2-1}$$

$$f_{\mathrm{e}} = -0.7625 + 7.115\times10^{-2}T - 1.210\times10^{-3}T^2 + 6.4559\times10^{-2}L_2 \tag{4-2-2}$$

$$f_{\mathrm{lp}} = 7.410\times10^{-2} - 1.847\times10^{-2}T + 1.267\times10^{-3}T^2 - 2.020\times10^{-5}T^3 + \\ 1.208\times10^{-2}\times\mathrm{RH}_2 + 2.325\times10^{-2}\times\mathrm{RH}_3 \tag{4-2-3}$$

$$\mu_{\mathrm{m}} = 1.673 - 2.978\times10^{-1}T + 1.984\times10^{-2}T^2 - 5.712\times10^{-4}T^3 + 6.035T^4 - \\ 1.401\times10^{-2}\times\mathrm{RH}_2 - 2.641\times10^{-2}\times\mathrm{RH}_3 \tag{4-2-4}$$

其中

$$RH_2 = \begin{cases} 1, RH = 60 \pm 10\% \\ 0, \quad 其他 \end{cases}$$

$$RH_3 = \begin{cases} 1, RH = 80 \pm 10\% \\ 0, \quad 其他 \end{cases}$$

$$L_2 = \begin{cases} 1, L = 500 \pm 100lx \\ 0, \quad 其他 \end{cases}$$

表 4-2-1　登革热动力学模型参数定义及表达式

参　　数	定　　义	表达式或值
ϕ	成年雌蚊产卵率/天$^{-1}$	(4-2-1)
K	环境容纳量	[a]
f_e^*	卵孵化率/天$^{-1}$	(4-2-2)
μ_e	蚊卵死亡率	0.05
f_{lp}^*	幼虫到成蚊的转化率/天$^{-1}$	(4-2-3)
μ_l	幼虫死亡率/天$^{-1}$	0.08
μ_p	蚊蛹死亡率/天$^{-1}$	0.03
μ_m^*	成蚊死亡率/天$^{-1}$	(4-2-4)
σ	雌性比例	0.50
a	叮咬率/（雌$^{-1}$×天$^{-1}$）	(4-2-5)
b	每次叮咬易感者被感染的概率	(4-2-6)
c	每次叮咬蚊虫被感染的概率	(4-2-7)
k	幼虫防控系数	(0～1)
ε	登革热病毒在蚊媒体内潜伏期/天	(4-2-8)
δ	$1/\delta$平均潜伏期/天	1/5
γ	$1/\gamma$平均恢复期/天	1/6

[a]：假设 K 与总人口的数量呈正比，即 $K = \tau N_h$。

*：由前期实验所得。

由于幼虫到蛹的转化率 f_l 和蛹到成虫转化率 f_p 之间的关系式如下：

$$f_l = \frac{f_p}{4}, \quad T_{lp} = T_l + T_p$$

我们可以计算出

$$f_l = \frac{5}{4} f_{lp}, \quad f_p = 5 f_{lp}$$

$$a = 0.0043T + 0.0943 \tag{4-2-5}$$

$$b = \begin{cases} (0.0729 + \xi)T - 0.9037, & 12.4℃ \leqslant T \leqslant 26.1℃ \\ 1, & 26.1℃ \leqslant T \leqslant 32.5℃ \end{cases} \tag{4-2-6}$$

$$c = \max[1.044 \times 10^{-3} T(T - 12.286) \times (32.461 - T)^{\frac{1}{2}}, 0] \qquad (4\text{-}2\text{-}7)$$

$$\varepsilon = 1/(4 + \exp(5.15 - 0.123T)) \qquad (4\text{-}2\text{-}8)$$

考虑到易感者受感染的异质性，因此在每次叮咬导致易感者被感染的概率 b 的表达式中加入 ξ 作为个体的差异性。

三、模型分析

（一）数值模拟

首先，建立微分方程表达式，并将微分方程中所涉及的参数（见表 4-2-1）表示成公式或固定值的形式，其中 k 和 ξ 为模型待估参数。

其次，设定模型的初始值。模型模拟的起始时刻为 2019 年 6 月，模型初始值包括初始的易感者，本研究假设初始的易感者人数是广东省总人口的 95%，由于近些年广东省频繁暴发登革热，可假定其 5% 的人群已具备免疫能力；潜伏期人数设定为 0，由于模拟初始时刻前后一周本地报告病例较少，故忽略潜伏期人数；感染者人数设定为模型模拟起始时刻的本地报告病例和输入病例的总和；移出者人数设定为总人数减去其他三个仓室的总人口 $R_h = N_h - (S_h + E_h + I_h)$。对于蚊媒的初始值，结合蚊媒种群动力学，由于 6 月份是蚊虫适宜生存的阶段，因此假定蚊虫各个状态下的数量已达到平衡点，由于疫情处于初期，假定潜伏期伊蚊和感染伊蚊的数量为 0，即 $E_m = I_m = 0$，对于蚊虫的其他阶段的期望数量为

$$E = K\left(1 - \frac{\mu_m(f_e + \mu_e)(f_1 + \mu_1)(f_p + \mu_p)}{\phi \sigma f_p f_1 f_e}\right)$$

$$L = \frac{f_e}{f_1 + \mu_1} E$$

$$P = \frac{f_1}{f_p + \mu_p} L$$

$$S_m = \frac{\sigma f_p}{\mu_m} P$$

接下来，估计模型中待估参数 k 和 ξ。采用结合延迟拒绝自适应算法（DRAM）的马尔可夫链蒙特卡洛（MCMC）来估计待估参数。

利用 MCMC 迭代 10 万次估计出待估参数 k 和 ξ，退火 5 万次，计算得出参数的后验分布，其分布图如图 4-2-2 所示。

将估计后参数的后验分布放入模型选取 1000 次进行模拟，获得其置信区间，模型模拟病例与实际病例之间趋势及相关图如图 4-2-3 所示。

在图 4-2-3 中，虚线为实际报告的累积病例数，实线为模型模拟的累积病例数，灰色阴影为 95% 的置信区间，我们可以发现模型总体拟合趋势相对较好，除了 8 月中旬至 9 月中旬的实际累积报告病例不在模拟的置信区间内，其余的均在置信区间里。同时，将模拟参数的均值代入模型，计算出模型的拟合优度 $R^2 = 87.96\%$，模型拟合效果良好。

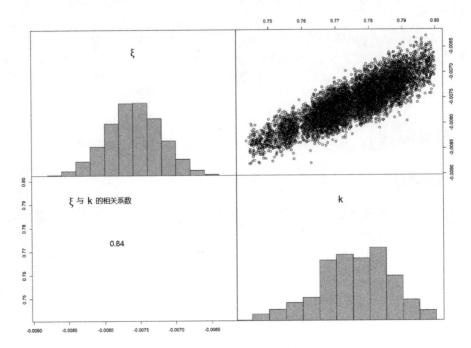

图 4-2-2　待估参数分布图

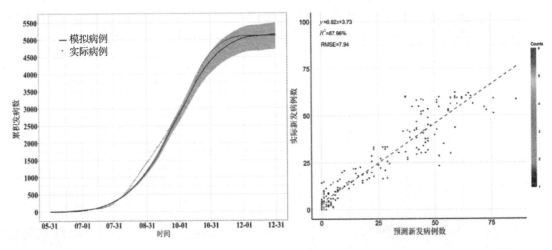

图 4-2-3　模型模拟病例与实际病例之间趋势及相关图

（二）不同温度变化情景下对登革热发病数预估

温度变化对登革热发病数具有明显的影响，以 2019 年为准，温度为原始温度时，模拟病例数为 5151（95%CI：4718～5487），比实际报告病例（5114 例）增加 37 例，增加百分比为 0.7%，大致相同。同时，假设温度升高和降低均会在不同程度上促进或降低登革热病例数（见表 4-2-2）。例如，假设当平均温度升高 0.5℃、1.0℃、1.5℃时，模拟病例数将分别为 6604（95%CI：6213～6819）、7250（95%CI：6865～7638）、6379（95%CI：6026～6753），增加的百分比依次为 28.2%、40.7%、23.8%；假设当平均温度降低 0.5℃、1.0℃、1.5℃时，模拟病例数将分别为 3607（95%CI：3309～3877）、2362（95%CI：2211～2545），1502（95%CI：

1352～1661），减少的百分比依次为 30.0%、54.1%、70.8%。

表 4-2-2　不同温度变化下登革热模拟病例数

温度（减少）	模拟病例数（95%CI）	百分比	温度（增加）	模拟病例数（95%CI）	百分比
0.1	4824（4510～5139）	-6.3%	0.1	5461（5126～5791）	+6.0%
0.2	4512（4229～4837）	-12.4%	0.2	5791（5450～6087）	+12.4%
0.3	4200（3902～4450）	-18.5%	0.3	6075（5727～6451）	+17.9%
0.4	3894（3636～4145）	-24.4%	0.4	6347（6050～6664）	+23.2%
0.5	3607（3309～3877）	-30.0%	0.5	6604（6213～6819）	+28.2%
0.6	3322（3088～3585）	-35.5%	0.6	6819（6404～7195）	+32.3%
0.7	3061（2826～3295）	-40.6%	0.7	7007（6375～7105）	+36.0%
0.8	2809（2585～3045）	-45.5%	0.8	7140（6739～7524）	+38.6%
0.9	2576（2378～2821）	-50.0%	0.9	7222（6776～7597）	+40.2%
1.0	2362（2211～2545）	-54.1%	1.0	7250（6865～7638）	+40.7%
1.1	2161（1996～2371）	-58.0%	1.1	7216（6827～7570）	+40.1%
1.2	1977（1813～2158）	-61.6%	1.2	7113（6770～7559）	+38.1%
1.3	1802（1658～1981）	-65.0%	1.3	6938（6558～7375）	+34.7%
1.4	1646（1530～1812）	-68.0%	1.4	6699（6375～7105）	+30.1%
1.5	1502（1352～1661）	-70.8%	1.5	6379（6026～6753）	+23.8%

注：+、-分别代表增加、减少。

对不同温度变化（±1.5℃）下登革热模拟病例数进行绘图（见图 4-2-4），可以发现，随着变化温度的增加，病例数基本呈上升的趋势，同时温度降低比温度升高对病例数的影响要明显。温度增加 1℃时对病例数的促进作用最强，但当温度增加大于 1℃时，病例数逐渐减少。

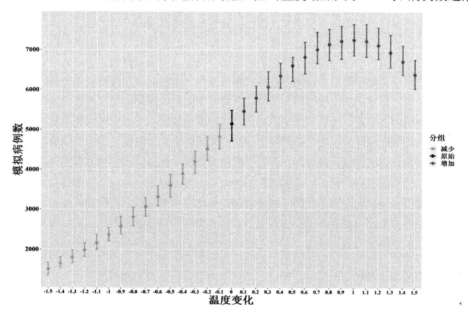

图 4-2-4　不同温度变化下登革热模拟病例数

四、案例小结

本案例通过建立基于气象因素的登革热动力学模型，研究了温度对登革热的影响，发现温度升高和降低均会对登革热病例数产生影响，同时温度增加 1℃时对病例数的促进作用最强。未来气候逐渐变暖，登革热依然呈上升的趋势，因此登革热防控仍需保持或加强。

第5章　变量选择与预测模型案例

统计建模的主要任务是根据现有的数据建立相对"正确"的模型，然后根据所得到的模型去分析、解释和"发现"隐藏在数据背后的"规律"，同时将这些模型用于对与现有数据"同源"的未知情况进行预测，给出相应的预测值或预测区间。本章主要通过 5 个案例介绍用同源寻踪 LASSO（Least Absolute Shrinkage and Selection Operator）、灰色预测模型、BP 神经网络模型以及偏最小二乘法模型等实现点预测或区间预测，以及在自然科学、社会科学等不同领域数据类型中的应用。

案例 1　基于同源寻踪 LASSO 的组变量选择方法及其在光谱数据中的应用

一、案例背景

目前，在高维数据建模中，变量选择已经成为一种流行的建模方法，它在几乎所有现代统计研究中都占有重要的地位。许多不同的变量选择技术和方法被开发出来，其中最重要的一类是所谓的惩罚方法或是正则化方法。经典的惩罚方法有 C_p 统计量、AIC 准则和 BIC 准则等。这些方法在高维数据中由于计算量大和不稳定等原因，使得它们在处理高维数据问题时可能失效。岭回归（Ridge Regression，L_2-penalty）由于能够避免高的计算花费和结果不稳定等问题，在统计学中被普遍使用。但是岭回归的一个缺点是它不能够提供一个稀疏模型。虽然它能够把许多变量压缩，使它们接近 0，但是所有的变量都在模型中。桥回归（Bridge Regression，L_p-penalty，$p > 0$）将惩罚回归和变量选择统一在一个框架中。著名的变量选择方法，LASSO（L_1-penalty）可认为是桥回归惩罚的一个特例。由于 L_1-penalty 的性质，LASSO 能够在进行变量选择的同时给出回归系数的估计。由于 L_1-penalty 具有稀疏性、凸性以及杰出的理论性质，它在分析基因数据、药物分子数据和经济数据等产生于不同科学领域的数据中取得了巨大的成功。

虽然 LASSO 具有上述这些优点，但是它也存在两个明显的缺点：（1）它往往从高相关的变量中任意地选择其中一个变量；（2）它至多只能选择和样本数相等的变量数。为了改进 LASSO 的这两个缺点，学者们先后提出了弹性网（EN）方法、group LASSO、gLars 和 gRidge 方法。

Ke、Fan 和 Wu（2015）提出了基于回归系数同源性来对变量进行聚类。由于在计算回归系数时，可用到自变量与因变量之间的联合信息，所以这种方法也可认为是有监督聚类法。

受到他们的启发，一些使用回归系数的同源性来确定高维数据潜在组结构的方法已经被提出，如 Ke、Li 和 Zhang（2016）基于回归系数的同源性发展了一种探索面板数据中组结构的新方法。他们的方法分为三步：第一步，利用标准的最大似然估计去获得回归系数的预估计；第二步，根据由小到大的顺序对预估计进行排序和使用标准的二元分割法（Binary Segmentation Algorithm）去发现回归系数的同源性；第三步，将已发现的同源结构合并到最大似然估计中得到未知参数最终的估计。Wang、Philips 和 Su（2016）等提出了一种名为 Panel-CARDS 的方法用于研究面板数据中参数的组结构，Panel-CARDS 可被认为是 CARDS（回归中数据驱动的聚类算法）的一种推广。这些方法的共同特点是先对回归系数进行预估计。同时，只考虑了在同源组中的变量对应于相等回归系数这一非常特殊的情况，并且根据初始的估计系数的大小排序去构造变量的次序，有时这会破坏原始物质的物理和化学性质。

另外，对于一些本身就含有自然次序的数据（如近红外光谱数据、质谱数据等），相邻的变量往往是高相关的并包含着相似的信息，从而它们的回归系数应该相近。基于这些事实，本案例提出一种新的同时寻找数据同源性和稀疏性的方法——有序同源寻踪 LASSO（OHPL）。OHPL 的主要思想是：首先利用预先估计的回归系数信息和变量的次序信息去构造组，接着根据相关性提取每一个组的代表元，然后利用惩罚方法（如 LASSO、threshold LASSO 等）作用于这些代表元，最后对保留的代表元及其相应的组建立 PLS 模型。

二、理论和算法

（一）LASSO

LASSO 是一种流行的惩罚回归技术，它本质上是对回归系数加入 L_1 -penalty，即它可认为是下述带约束条件的最小二乘法问题：

$$\hat{\boldsymbol{\beta}}_{\mathrm{LASSO}} = \arg\min_{\boldsymbol{\beta} \in \boldsymbol{R}^p} \|\boldsymbol{y} - \boldsymbol{X}\boldsymbol{\beta}\|_2^2 \tag{5-1-1}$$

$$\text{服从} \sum_{i=1}^p |\beta_i| \leq t$$

这里的 t 是非负的调控参数，它的大小决定最终解的稀疏度。当 $t = 0$ 时，$\boldsymbol{\beta} = 0$；当 $t = \infty$ 时，得到的估计就是普通的最小二乘法的解 $\boldsymbol{\beta}_{\mathrm{OLS}}$。可以将式（5-1-1）写成拉格朗日形式

$$\hat{\boldsymbol{\beta}}_{\mathrm{LASSO}} = \arg\min_{\boldsymbol{\beta} \in \boldsymbol{R}^p} \|\boldsymbol{y} - \boldsymbol{X}\boldsymbol{\beta}\|_2^2 + \lambda_1 \|\boldsymbol{\beta}\|_1 \tag{5-1-2}$$

式中，$\lambda_1 \geq 0$ 是调控参数，其功能和 t 类似，它可由 CV 等来进行选择。LASSO 连续地收缩回归系数，通过在偏差和方差之间寻找权衡来提升预测性能。这一点和岭回归类似（L_2 -penalty）。由于 L_1 -penalty 的性质，当 λ_1 充分大时，$\hat{\boldsymbol{\beta}}_{\mathrm{LASSO}}$ 中的一部分坐标系数精确等于 0，从而达到变量选择的效果。

当设计矩阵 $\boldsymbol{X}$ 正交时，LASSO 估计有显式解，即

$$\hat{\beta}_{i,\mathrm{LASSO}} = \mathrm{sign}(\beta_{i,\mathrm{OLS}})\left(\left|\hat{\beta}_{i,\mathrm{OLS}} - \lambda_1/2\right|\right)_+ \tag{5-1-3}$$

这里的 $\hat{\beta}_{i,\mathrm{OLS}}$ 是普通最小二乘法的解

$$f_+ = \begin{cases} f, & f > 0 \\ 0, & \text{其他} \end{cases}$$

当设计矩阵不正交时，虽然它可由二次规划算法来求解，但是这样的算法计算量特别大，很难适用于高维数据。并且，由于 L_1-penalty 不可微的特性，使得它的计算非常复杂，这也大大限制了 LASSO 的发展。

虽然 LASSO 具有较高的预测性能，但它也存在一些缺陷。例如，它不具备组效应；当 $p > n$ 时，它最多只能选择 n 个变量。

（二）Elastic-Net

由于 LASSO 具有稀疏性但不具有组效应，而岭回归具有组效应但不具有稀疏性，所以 Zou 和 Hastie 通过将这两种方法的惩罚函数进行凸组合而发展了 EN 方法。EN 方法同时具有组效应和稀疏性这两个优点。下面先给出 NEN（Naive EN）方法的定义。

$$\hat{\boldsymbol{\beta}}_{\text{NEN}} = \underset{\boldsymbol{\beta} \in R^p}{\arg\min} \|\boldsymbol{y} - \boldsymbol{X}\boldsymbol{\beta}\|_2^2 + \lambda_1 \|\boldsymbol{\beta}\|_1 + \lambda_2 \|\boldsymbol{\beta}\|_2^2 \tag{5-1-4}$$

这里的 $\lambda_1 \geq 0$、$\lambda_2 \geq 0$ 是待估计的调控参数，它们可由二维 CV 来确定。第一个参数 λ_1 控制回归系数的稀疏度，第二个参数 λ_2 支持组效应。显然，当 $\lambda_2 = 0$ 时，NEN 方法就是原来 LASSO 回归；当 $\lambda_1 = 0$ 时，NEN 方法和岭回归相同。当两者都不为 0 时，可对数据集（$\boldsymbol{y}, \boldsymbol{X}$）进行如下简单的代数变换。

$$\boldsymbol{X}^*_{(n+p)\times p} = (1+\lambda_2)^{-\frac{1}{2}} \begin{pmatrix} \boldsymbol{X} \\ \sqrt{\lambda_2}\mathbf{I} \end{pmatrix}, \qquad \boldsymbol{y}^*_{n+p} = \begin{pmatrix} \boldsymbol{y} \\ 0 \end{pmatrix} \tag{5-1-5}$$

令 $\lambda = \dfrac{\lambda_1}{\sqrt{1+\lambda_2}}$，$\boldsymbol{\beta}^* = \sqrt{1+\lambda_2}\boldsymbol{\beta}$，则式（5-1-4）可变为

$$\hat{\boldsymbol{\beta}}_{\text{EN}} = \underset{\boldsymbol{\beta} \in R^p}{\arg\min} \|\boldsymbol{y} - \boldsymbol{X}^*\boldsymbol{\beta}^*\|_2^2 + \lambda \|\boldsymbol{\beta}^*\|_1 \tag{5-1-6}$$

这可认为是一个增广的 LASSO 估计。从而相应的 LASSO 算法，如 LARS 和 CD 都可以用来求解式（5-1-4）。

Zou 和 Hastie 说明 NEN 方法在一定的条件下有组效应，可由下面的引理保证。

引理 5-1-1　（Zou 和 Hastie，2005）对于数据（$\boldsymbol{y}, \boldsymbol{X}$）和给定的参数 (λ_1, λ_2)，假定 $\boldsymbol{y}$ 被中心化，$\boldsymbol{X}$ 被标准化。令 $\hat{\boldsymbol{\beta}}(\lambda_1, \lambda_2)$ 是 NEN 方法的估计，当 $\hat{\beta}_i(\lambda_1, \lambda_2)\hat{\beta}_j(\lambda_1, \lambda_2) > 0$ 时，则

$$\left| \hat{\beta}_i(\lambda_1, \lambda_2) - \hat{\beta}_j(\lambda_1, \lambda_2) \right| \leq \frac{\|\boldsymbol{y}\|_1}{\lambda_2}\sqrt{2(1 - \boldsymbol{x}_i^{\text{T}}\boldsymbol{x}_j)}$$

另外，由于 NEN 方法中两种惩罚都对回归系数进行了缩减，所以它对回归系数会有过度的缩减，造成偏差额外增大，因此他们又提出了一种修正方法，即 EN 方法。它的定义如下。

$$\hat{\boldsymbol{\beta}}_{\text{EN}} = (1+\lambda_2)\hat{\boldsymbol{\beta}}_{\text{NEN}} \tag{5-1-7}$$

大量的经验结果表明，由式（5-1-7）得到的模型具有更好的预测能力。EN 方法在基因数据、谱数据等高维高相关数据上有重要的应用。当变量中组效应程度高时，EN 方法比 LASSO 具有更小的预测误差，同时可以选择更多的变量。

（三）Fused LASSO

Fused LASSO（FLASSO）的定义是

$$\hat{\boldsymbol{\beta}}_{\text{FLASSO}} = \arg\min_{\boldsymbol{\beta} \in R^p} \frac{1}{2}\|\boldsymbol{y} - \boldsymbol{X}\boldsymbol{\beta}\|_2^2 + \lambda_1 \sum_{j=1}^{p}|\beta_j| + \lambda_2 \sum_{j=2}^{p}|\beta_j - \beta_{j-1}| \tag{5-1-8}$$

这里的 $\lambda_1 \geq 0$、$\lambda_2 \geq 0$ 是两个调控参数，它们可以利用 CV 等方法来选择。和 LASSO 一样，λ_1 鼓励稀疏性，而 λ_2 则鼓励回归系数的局部光滑性。通常，它的估计具有分段常数的性质，所以它也具有组效应。

Fused LASSO 除了能用于分析有自然顺序的数据，还能用于处理一般结构的数据。对于一般结构数据的处理，可以通过两种方法结合 Fused LASSO 来进行。第一种是使用层次聚类等方法来估计变量的顺序；第二种是根据一般的距离来寻找相邻的节点，然后对它们进行成对惩罚，即

$$\sum_i |\beta_i - \beta_{k(i)}| \leq s_2 \tag{5-1-9}$$

式中，$k(i)$ 表示变量 x_i 附近变量的指标。

Fused LASSO 已经被成功地应用于分析 CGH 数据、质谱数据和 HIV 监测数据等高维数据。

（四）SPLS（Sparse PLS）

SPLS（Chun 和 Keles，2010）是一种可以同时进行降维和变量选择的方法。它通过求解如下的优化问题式（5-1-10）来寻找每一个 PLS 成分的稀疏权重向量。

$$\hat{\boldsymbol{\omega}} = \arg\min_{\boldsymbol{c},\boldsymbol{\omega},\|\boldsymbol{\omega}\|_2=1}\{-k\boldsymbol{\omega}^{\mathrm{T}}\boldsymbol{M}\boldsymbol{\omega} + (1-k)(\boldsymbol{c}-\boldsymbol{\omega})^{\mathrm{T}}\boldsymbol{M}(\boldsymbol{c}-\boldsymbol{\omega}) + \lambda_1\|\boldsymbol{c}\|_1 + \lambda_2\|\boldsymbol{c}\|_2^2\} \tag{5-1-10}$$

式中，$\boldsymbol{\omega}$ 是原始的权重向量；$\boldsymbol{M} = \boldsymbol{X}^{\mathrm{T}}\boldsymbol{y}\boldsymbol{y}^{\mathrm{T}}\boldsymbol{X}$ 和 $\boldsymbol{c}$ 是一个代理权重向量。由式（5-1-10）可知，SPLS 有 4 个调整参数，它们分别是 $K > 0$、$0 < k < 1$、$\lambda_1 \geq 0$、$\lambda_2 \geq 0$，K 表示 PLS 成分数，k 是一个对第一项 $\boldsymbol{\omega}^{\mathrm{T}}\boldsymbol{M}\boldsymbol{\omega}$ 和第二项 $(\boldsymbol{c}-\boldsymbol{\omega})^{\mathrm{T}}\boldsymbol{M}(\boldsymbol{c}-\boldsymbol{\omega})$ 进行综合调控的参数，L_1-penalty(λ_1)支持稀疏性，L_2-penalty(λ_2)是为了处理 $\boldsymbol{M}$ 可能存在的奇异性。Chun 和 Keles 对于如何选择上述四个参数给出了一些建议。正如式（5-1-10）所示，稀疏性作用在代理权重向量 $\boldsymbol{c}$ 上，而不是 $\boldsymbol{\omega}$ 上，这样做的好处是可以得到更加稀疏的解。

如果 $\boldsymbol{y}$ 是一维的，则式（5-1-10）的解可由软阈值算子表示，即

$$\hat{\boldsymbol{c}} = (|\tilde{\boldsymbol{Z}}| - \lambda_1/2)_+ \text{sign}(\tilde{\boldsymbol{Z}})$$

式中，$\tilde{\boldsymbol{Z}} = \boldsymbol{X}^{\mathrm{T}}\boldsymbol{y}/\|\boldsymbol{X}^{\mathrm{T}}\boldsymbol{y}\|$ 是 PLS 第一个权重向量。

（五）CARDS

CARDS 是一种用于探测高维回归系数同源性（Homogeneity）的有效方法，它是一种多步方法，具体的步骤描述如下。

第一步：利用普通最小二乘法给出回归系数的预估计 $\tilde{\boldsymbol{\beta}}$。

第二步：对上述预估计由小到大进行排序，即构造次序统计量 $\{\tau(j):1 \leq j \leq p\}$，使得

$$\tilde{\beta}_{\tau(1)} \leq \tilde{\beta}_{\tau(2)} \leq \cdots \leq \tilde{\beta}_{\tau(p)} \tag{5-1-11}$$

第三步：利用折叠的凹惩罚函数来进行最终的变量估计，即

$$\hat{\boldsymbol{\beta}} = \arg\min_{\boldsymbol{\beta}} \left\{ \frac{1}{2n} \|\boldsymbol{y} - \boldsymbol{X}\boldsymbol{\beta}\|^2 + \sum_{j=1}^{p} p_\lambda \left(\left| \beta_{\tau(j+1)} - \beta_{\tau(j)} \right| \right) \right\} \qquad (5\text{-}1\text{-}12)$$

这里的 p_λ 可以是任意的多折凹惩罚函数（如 SCAD、MCP 等）。

在该方法中，当选择了合适的调控参数 λ 时，$\hat{\boldsymbol{\beta}}$ 是一个单调不减的分段常数向量，这样它的元素就有同源组结构。另外，如果次序统计量 $\tau(j)$ 和真实的回归系数 $\boldsymbol{\beta}^0$ 次序相合，则在一些正则化条件下，$\hat{\boldsymbol{\beta}}$ 能够依概率相合于真实的 $\boldsymbol{\beta}^0$。

然而，预估计次序相合性是一个非常严格的条件，为了对这一严格条件进行放松，需要用到有序分割（Ordered Segmentation）的概念，并基于这一概念提出了名为 Advanced CARDS（aCARDS）的方法。在介绍这一方法之前，我们先来给出有序分割的定义。

定义 5-1-1　对于一个 $1 \leqslant L \leqslant p$ 中的整数，γ 是一个 $\{1, \cdots, p\}$ 到 $\{1, \cdots, L\}$ 上的映射，如果集合序列 $B_l \equiv \{1 \leqslant j \leqslant p : \gamma(j) = l\}$，$1 \leqslant l \leqslant L$ 是 $\{1, \cdots, p\}$ 的一个划分，则称 γ 是一个次序分割。显然，当 $L = p$ 时，γ 是一个一一映射，并定义了一个完全的次序。

aCARDS 方法的具体步骤如下。

第一步：利用最小二乘法给出回归系数的预估计 $\tilde{\boldsymbol{\beta}}$。

第二步：对上述预估计由小到大进行排序，即构造次序统计量 $\{\tau(j) : 1 \leqslant j \leqslant p\}$，使得

$$\tilde{\beta}_{\tau(1)} \leqslant \tilde{\beta}_{\tau(2)} \leqslant \cdots \leqslant \tilde{\beta}_{\tau(p)} \qquad (5\text{-}1\text{-}13)$$

第三步：对于一个调控参数 $\delta > 0$，构造一个有序分割 γ。

第四步：对于调控参数 λ_1 和 λ_2，aCARDS 估计由下式得到。

$$\hat{\boldsymbol{\beta}} = \arg\min_{\boldsymbol{\beta}} \left\{ \frac{1}{2n} \|\boldsymbol{y} - \boldsymbol{X}\boldsymbol{\beta}\|^2 + P_{\gamma, \lambda_1, \lambda_2}(\boldsymbol{\beta}) \right\} \qquad (5\text{-}1\text{-}14)$$

式中，$P_{\gamma, \lambda_1, \lambda_2}(\boldsymbol{\beta}) = \sum_{l=1}^{L-1} \sum_{i \in B_l, j \in B_{l+1}} p_{\lambda_1}(|\beta_i - \beta_j|) + \sum_{l=1}^{L} \sum_{i, j \in B_l} p_{\lambda_2}(|\beta_i - \beta_j|)$ 称为混合惩罚函数。

aCARDS 方法有效地减弱了 CARDS 方法对错误次序的不稳健性，混合惩罚函数的引入也加快了算法的计算速度。然而，由于 aCARDS 方法还是利用预估计进行排序的，所以还会不可避免地出现一些错误的排序。另外，这些方法只是考虑了每个同源组中回归系数相等的这一非常特殊的情况，而并没有考虑一般的情况，例如，在同源组中的回归系数值互相接近但不是严格相等。

（六）OHPL

在上述理论的基础上，本案例提出一种新的变量选择方法——有序同源寻踪 LASSO（OHPL），这种方法不仅能避免变量的错误排序，还能同时探索数据的同源性和稀疏性。值得注意的是，这种方法能够同时处理同源组中回归系数值严格相同和相互接近这两种情况。

OHPL 首先利用回归系数的有序同源性对变量分组。不失一般性，我们假设分为 g 组（$g \ll p$，当 $g = p$ 时，就退化到每个变量不相关的情况）；接着，基于每一组中变量和 y 的相关性最大原则来提取该组的代表元，这一步大大地降低了变量的维数（由 $p \to g$）；然后利用一些变量选择方法作用于这些代表元，如向前回归、LASSO 或 Threshold（阈值）LASSO 等；最后对保留的代表元及其相应的组做 PLS 模型。OHPL 方法的步骤如下。

第一步：将样本划分为训练集 $(\boldsymbol{y}_{\mathrm{tr}}, \boldsymbol{X}_{\mathrm{tr}})$ 和测试集 $(\boldsymbol{y}_{\mathrm{te}}, \boldsymbol{X}_{\mathrm{te}})$，在训练集上建立 PLS 模型，得到回归系数矩阵的估计 $\hat{\boldsymbol{\beta}}_{\mathrm{PLS}}$。

第二步：利用 Fisher 最优分割法来对 $\hat{\boldsymbol{\beta}}_{\mathrm{PLS}}$ 构造变量组。

第三步：根据式（5-1-15）来提取每一组中的代表元

$$\boldsymbol{x}_{\mathrm{tr},R_i} = \arg\max_{i \in G_j} \left| \boldsymbol{x}_{\mathrm{tr},i}^{\mathrm{T}} \boldsymbol{y}_{\mathrm{tr}} \right| \tag{5-1-15}$$

式中，G_j 表示第 j 个组，$1 \leqslant j \leqslant g \leqslant p$，$g$ 表示划分的总组数。R_i 为第 i 个变量的相关系数。

第四步：对 $(\boldsymbol{y}_{\mathrm{tr}}, \boldsymbol{X}_{\mathrm{tr},R})$ 利用 LASSO 回归来进行变量选择，即

$$\hat{\boldsymbol{\beta}}_{\mathrm{LASSO},R} = \arg\min_{\boldsymbol{\beta} \in \mathbf{R}^p} \left\| \boldsymbol{y}_{\mathrm{tr}} - \boldsymbol{X}_{\mathrm{tr},R} \boldsymbol{\beta} \right\|_2^2 + \lambda_{1,R} \left\| \boldsymbol{\beta} \right\|_1 \tag{5-1-16}$$

式中，R 为元矩阵，$\boldsymbol{X}_{\mathrm{tr},R}$ 表示由各个代表元构成的新的设计矩阵。$\boldsymbol{\beta}$ 为回归系数矩阵。

第五步：利用被选择的代表元及其相应的组来建立 PLS 模型。

三、数据和软件

（一）啤酒近红外光谱数据集

这个数据集包含 60 个未稀释的脱气啤酒样本。它们被测量于 30mm 的石英池中，其中每个光谱的波长范围为 1100～2250nm，波长点的采样间隔为 2nm，所以每个波长含有 576 个波长点。最初的提取浓度用作感兴趣的分析性质，并且随机划分了 70% 的数据作为训练集，剩下 30% 的数据作为测试集。

（二）小麦蛋白近红外光谱数据集

这个数据集包含 100 个小麦样本，测量光谱波长范围为 1100～2500nm，每间隔 2nm 取一个波长点，所以共有 701 个波长点，也就是变量数为 701。这个数据集包含水分和蛋白质含量两个分析性质，这里以蛋白质含量作为我们感兴趣的分析性质。另外，我们随机地将 70% 的样本（70 个样本）作为训练集，剩下 30% 的样本作为独立测试集（30 个样本）。

（三）土壤近红外光谱数据集

这个数据集包含 108 个样本，每个光谱由近红外分光光度计（NIR spectrophotometer）和荧光激光发射矩阵（fluorescence excitation-emission matrices）测得，波长范围为 400～2500nm，波长点的采样间隔为 2nm，所以共有 1050 个波长点。在这里我们选择 1100～2500nm 区间中 700 个波长点作为设计矩阵 $\boldsymbol{X}$。其中土壤有机物（soil organic matter）是我们感兴趣的分析性质，更多的细节参见原文献（Rinnan 和 Rinnan，2007）。另外，我们随机地将样本划分为训练集（70%）和测试集（30%）。

（四）计算软件

本案例所有代码和实验都是在 R 语言上编写和进行的。pls 包用于拟合 PLS 模型；glmnet 包用于 LASSO 和 EN 的建模；genlasso 包用来拟合 Fused LASSO 模型；spls 包用来建立 Sparse PLS 模型。

四、实证分析结果与讨论

为了评价 OHPL 的性能，我们使用一些高性能的方法进行比较。例如，PLS、Sparse PLS、LASSO、EN、Fused LASSO，这些方法的一个共同点是，它们都是基于 L_1-penalty 进行变量选择的方法。为了降低实验结果的随机性，我们对每个数据随机地划分 50 次来产生不同的训练集和测试集，然后将这些方法作用于 50 个数据上，最终对 50 次实验结果取平均值。

（一）啤酒近红外光谱数据集

表 5-1-1 给出了不同方法在啤酒数据上的结果。根据表 5-1-1 能够发现，5 种变量选择方法都比利用全部变量的 PLS 具有更高的预测性能。另外，与 PLS 的结果相比，OHPL 的 RMSEP 值由 0.4561 显著地减少到 0.1692。而且，根据 RMSEP 值，可知 OHPL 的预测能力显著地高于其他的变量选择方法。OHPL 有最小的 RMSEP 值（0.1692），第二是 Sparse PLS（0.2092），接着是 Fused LASSO（0.2417）、LASSO（0.2590），最后是 EN（0.2634）。并且，根据 50 次实验的结果，在这个数据上，OHPL 获得了最稳定的预测效果，即它的预测方差最小。同时，OHPL 获得了最高的 Q_T^2（0.9929），接下来是 Sparse PLS（0.9892）、Fused LASSO（0.9833）、LASSO（0.9809）和 EN（0.9790）。由这些结果可知，OHPL 能够显著地提高原来 LASSO 的预测能力和 PLS 模型的解释能力。同时，它比 LASSO 一些著名的改进版（Fused LASSO、EN 等）具有更小的预测误差。

根据表 5-1-1，我们还可以发现，Fused LASSO 选择了最多的变量（366.2 个），接着是 Sparse PLS（140.4 个）、OHPL（76.4 个）、EN（36.9 个），而 LASSO 只选择了 26.6 个变量。

啤酒数据光谱图以及不同方法变量选择的结果图如图 5-1-1 所示。从图 5-1-1 中可以发现，LASSO 和 EN 选择的变量相似，但是 LASSO 选择的变量更加离散，而 EN 相对更加聚合。其原因是 EN 使用了 L_2-penalty，它具有组效应。在这个数据上，Fused LASSO 一共选择了 9 个波段，它们分别是 1100～1200nm、1300～1350nm、1400～1590nm、1680～1760nm、1780～1820nm、1878～1908nm、1920～2000nm、2050～2100nm 和 2122～2250nm。而 Sparse PLS 选择了两个波段：它们大约坐落在 1132～1174nm 和 1206～1362nm。OHPL 选择的组和 Sparse PLS 基本重合，但是 OHPL 只选择了一个组，大概坐落在 1172～1352nm，这个波段对应的是 O-H 伸缩振动的一倍频率。根据 OHPL 的预测性能和选取的波长点可以发现，在这个数据上，相比较于其他的高性能方法，OHPL 具有更好的预测能力和发现重要变量的能力。

表 5-1-1 不同方法在啤酒数据上的结果

指标	PLS	Sparse PLS	LASSO	EN	Fused LASSO	OHPL
nLV（偏最小二乘法成分数）	5	2.7±1.0	—	—	—	4.5±1.6
nVAR（变量个数）	576	140.4±46.1	26.6±5.8	36.9±9.9	366.2±71.9	76.4±19.5
RMSEC（拟合均方根误差）	0.0165	0.1370±0.0439	0.1096±0.0280	0.1008±0.0178	0.1067±0.0409	0.1409±0.0283
RMSEP（预测均方根误差）	0.4561	0.2092±0.0521	0.2590±0.0771	0.2634±0.0877	0.2417±0.0762	0.1692±0.0338
Q_C^2（拟合确定系数）	0.9999	0.9963±0.0021	0.9979±0.0010	0.9982±0.0006	0.9978±0.0013	0.9965±0.0015
Q_T^2（预测确定系数）	0.9643	0.9892±0.0088	0.9809±0.0221	0.9790±0.0302	0.9833±0.0191	0.9929±0.0052

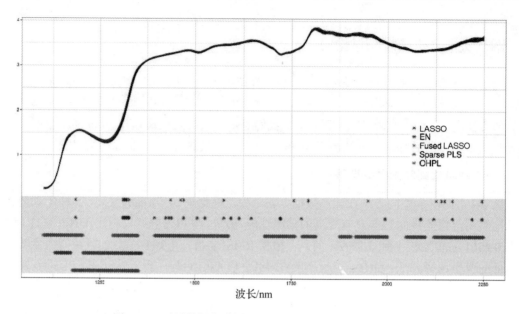

图 5-1-1　啤酒数据光谱图以及不同方法变量选择的结果图

（二）小麦蛋白近红外光谱数据集

对于小麦蛋白数据，表 5-1-2 列出了不同方法在小麦蛋白数据上的结果。根据表 5-1-2 可以发现，OHPL 获得的 RMSEP 值最小。与利用全变量的 PLS 相比，OHPL 的 RMSEC 和 RMSEP 值分别减少了 16.7% 和 52.7%，这是非常显著的。与 LASSO 的结果比较，它们分别减少了 58.8% 和 61.3%。所以，原始 LASSO 的预测性能得到了显著的提高。表 5-1-2 还显示，OHPL 的拟合性能和预测显著地优于 Sparse PLS、Fused LASSO 和 EN。另外，OHPL 获得了最小的预测方差，这表明在这个数据集上，它有最高的稳健性。而且，OHPL 拥有最高的 Q_C^2（0.9321）和 Q_T^2（0.9115），接着是 Sparse PLS（0.8668、0.6809）、PLS（0.9192、0.6215）、EN（0.6049、0.4992）、LASSO（0.6061、0.4976）。Fused LASSO 展现了最差的拟合能力和预测能力（Q_C^2 和 Q_T^2）。这个例子也说明，作为 LASSO 的改进版本，OHPL 比原来的 LASSO 和其他改进版本有更好的性能。

表 5-1-2　不同方法在小麦蛋白数据上的结果

指　　标	PLS	Sparse PLS	LASSO	EN	Fused LASSO	OHPL
nLV	10	7.9±0.3	—	—	—	7.6±0.7
nVAR	700	612.1±123.5	12.6±2.4	83.4±53.9	130.5±78.8	84.5±45.1
RMSEC	0.3392	0.4006±0.0383	0.6866±0.0560	0.6876±0.0569	0.6678±0.1146	0.2826±0.0615
RMSEP	0.6108	0.5819±0.1004	0.7472±0.1381	0.7467±0.1371	0.7344±0.1818	0.2889±0.0310
Q_C^2	0.9192	0.8668±0.0290	0.6061±0.0651	0.6049±0.0657	0.6244±0.1070	0.9321±0.0263
Q_T^2	0.6215	0.6809±0.1121	0.4976±0.1571	0.4992±0.1540	0.4889±0.2333	0.9115±0.0232

小麦蛋白数据光谱图以及不同方法变量选择的结果图如图 5-1-2 所示，该图展示了在小麦蛋白数据上，5 种不同变量选择方法所选择变量的结果。Sparse PLS 选择了最多的变量数，而 LASSO 则选择了最少的。正如上面所说，EN 和 LASSO 选择的变量相似，但是 EN 选择的变量

更加连续。在这个数据集上，Fused LASSO 选择了 7 个波段，它们分别是 1132～1188nm、1392～1408nm、1602～1664nm、1912～1938nm、2090～2148nm 等。Sparse PLS 则选择了 1100～1900nm 和 2218～2240nm 这两个波段。而 OHPL 只是选择了 1100～1300nm 波段，这些有信息的变量分布在这个比较长的波段，其与蛋白质的复杂结构相一致。这个波段中包含以下几个化学结构：C-H 三级倍频（850～865nm）、C-H 二级倍频（接近 888 nm）、O-H 二级倍频（972～988nm）、N-H 二级倍频（接近 1012nm）和它们的相互作用。

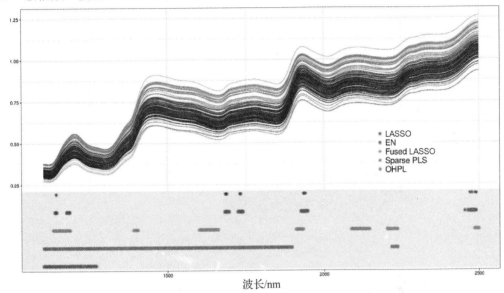

图 5-1-2 小麦蛋白数据光谱图以及不同方法变量选择的结果图

（三）土壤近红外光谱数据集

不同方法在土壤数据上的结果见表 5-1-3。根据表 5-1-3 可以发现，OHPL 获得了最小的 RMSEP 值。而且，所有方法的预测精度有一个清晰的秩序：OHPL > Sparse PLS > PLS > Fused LASSO > LASSO > EN。通过比较，在这个数据集上，LASSO 有着最大的预测标准差。这可能是由于 lasso 在进行变量选择时忽略了高相关变量之间的组结构。而在这 5 种变量选择方法中，OHPL 的预测方差最小。其原因可能是由于 OHPL 考虑了数据的同源性，它利用回归系数的同源性来构造变量组。这样不仅克服了 LASSO 的缺点，而且极大地提升了 LASSO 的预测能力。

表 5-1-3 不同方法在土壤数据上的结果

指标	PLS	Sparse PLS	LASSO	EN	Fused LASSO	OHPL
nLV	10	10±0.0	—	—	—	9.9±0.2
nVAR	700	546.2±162.7	24.8±7.8	78.3±42.8	251.6±49.1	392.0±106.4
RMSEC	1.3887	1.5955±0.1426	4.030±0.1591	4.0570±0.1413	2.9819±0.3354	1.4766±0.1784
RMSEP	3.0224	2.1437±0.3123	4.1248±0.4614	4.1425±0.4735	3.2087±0.3986	1.6533±0.3535
Q_C^2	0.9805	0.9771±0.0004	0.8612±0.0158	0.8594±0.0154	0.9241±0.0133	0.9812±0.0004
Q_T^2	0.9431	0.9519±0.0036	0.8300±0.0528	0.8289±0.0520	0.8932±0.0473	0.9736±0.0080

土壤数据光谱图以及不同方法变量选择的结果图如图 5-1-3 所示。对于这个数据集，Sparse PLS 和 OHPL 选择了更多的变量，分别是 546.2 和 392.0 个。和前两个数据一样，LASSO 选择的变量最少，只有 24.8 个。EN 总体上和 LASSO 选择的变量相似，但是更多（78.3 个）以及更加集中。它们分别坐落在 1566nm、1914nm、2040nm、2260nm 和 2498nm 附近。根据之前的研究发现，信息组分别坐落在 1420nm（组 1）附近、1900～1950nm（组 2）、2040～2260nm（组 3）和 2440～2460nm（组 4）。这些区间和有机物的主要吸收特征一致，如 1420nm 附近的吸收谱表示的是 O-H 组，它们对应着水和纤维素或者是 C-H$_2$ 组对应着木质素。1900～1950nm 的吸收谱表示的是 O-H 组，它们对应着水和纤维素、木质素、葡聚糖、淀粉、果胶、胡敏酸等。

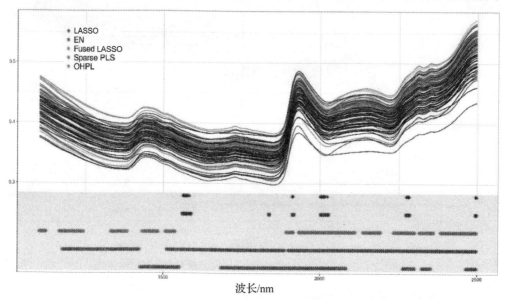

图 5-1-3　土壤数据光谱图以及不同方法变量选择的结果图

LASSO 和 EN 没有选择到信息组 1 和组 3。三个数据上不同方法得到的 Q_C^2 和 Q_T^2 值图如图 5-1-4 所示。Fused LASSO 选择的所有的信息组，但是它还选择了一些其他组，如 1166～1246nm 和 1334～1386nm。Sparse PLS 选择了最多的变量，它们分布在三个很长的波段中：1176～1430nm、1512～1890nm、1900～2500nm。比较而言，OHPL 选择的变量比 Sparse PLS 少，它们分布在 1420～1554nm、1686～2086nm、2264～2302nm、2324～2354nm 和 2460～2500nm。除了 2324～2354nm 这一波段外，其他被选择的组都有相应的化学解释。虽然我们不知道这一波段对应的化学性质，但值得注意的是，Fused LASSO、Sparse PLS 也选中了这一波段中的变量，而 LASSO 和 EN 却没有选择。有趣的是，选择了这一波段的三种方法比 LASSO 和 EN 具有更高的预测精度，因此，我们认为 2324～2354nm 这里的变量含有有机物的相关信息。

（四）参数敏感性分析

下面将检验 OHPL 方法对参数选择的敏感性。敏感性分析的主要目的是分析当参数在小范围内变化时对算法性能的影响。OHPL 方法含有三个调控参数，分别是 PLS 成分数 K、

组数 g 和 LASSO 正则化参数 $\lambda_{1,R}$。为了弄清楚这些参数的微小变化对该方法性能的影响，这里设置三个参数的取值范围如下：成分数 K 的取值范围在 1～20 内变化，按 1 递增；组数 g 的取值范围为 3～30，按 1 递增；正则化参数 $\lambda_{1,R}$ 的变化范围由 R 语言中的 glmnet 包来确定。为了便于画图，用 $\lambda_{1,R}$ 取对数后的值 $\ln(\lambda)$ 代替原 $\lambda_{1,R}$ 作图，这样处理并不影响该方法性能结果。另外，我们利用 Q^2 作为分析这些参数变化对 OHPL 方法性能影响的输出统计量。关于三个参数的敏感性分析图绘制在图 5-1-5 到图 5-1-7 中，它们分别对应着啤酒数据、小麦蛋白数据和土壤数据。在各图中，实心圆点表示 OHPL 方法在该数据上相应参数的最优值。

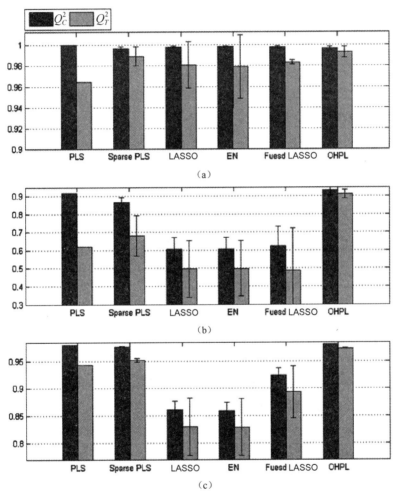

图 5-1-4　三个数据上不同方法得到的 Q_C^2 和 Q_T^2 值图

对于成分数 K：当成分数 K 从 1 到 20 不断增大时，Q^2 值会随之缓慢地增大，但是，当 K 达到最优值时，如在啤酒数据上的 5、小麦蛋白和土壤数据上的 10 和 8 时，Q^2 值变得稳定。另外，对于每个数据，在最优值附近时，模型的性能是非常稳定的。这说明了 OHPL 方法对于 K 不敏感。

对于组数 g：由图 5-1-5 到图 5-1-7 可知，在啤酒数据和土壤数据上，Q^2 的值没有太大的变化。同时，在 g 最优值的附近，g 的一些小的改变并没有对 Q^2 造成太大的影响。在小麦蛋白数据上，当 g 取到几个很特殊的值时，Q^2 的值在 0.65～0.9 之间波动，这和小麦蛋白数据上 OHPL 具有较大的预测标准差的结果一致。然而，我们有着非常大的机会选择到最优或是接近最优的 g 值。另外，这也意味着除非非常随意地去选择 g，否则 g 的选择将很难从根本上影响模型的性能。这也表明，只要合理地调整 g，OHPL 方法将对它不敏感。

对于正则化参数 $\lambda_{1,R}$：在啤酒数据和土壤数据上，Q^2 的值没有太大的变化。同时，在 $\lambda_{1,R}$ 最优值的附近，$\lambda_{1,R}$ 的一些小的改变并没有对 Q^2 造成太大的影响。从小麦蛋白数据中我们可以发现一个有趣的现象：当 $\lambda_{1,R}$ 的值在一定范围内变化时，Q^2 的值似乎受到了显著的影响。有时，Q^2 的值会从 0.9 变化到大约 0.4。通过更加深入地研究这些模型，我们可以发现，$\lambda_{1,R}$ 的这些值可能是一些临界值，当取到它们时，一些组会被从模型中移除。但是在最优的正则化参数 $\lambda_{1,R}$ 的附近时，$\lambda_{1,R}$ 的变化几乎不影响模型的性能。

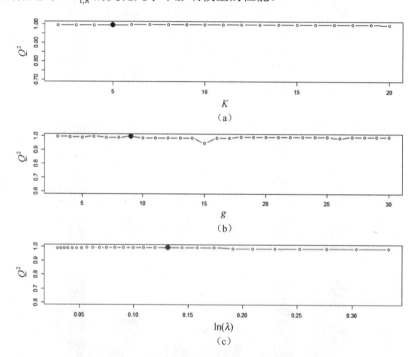

图 5-1-5　三个参数在啤酒数据上的敏感性分析图

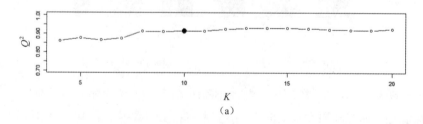

图 5-1-6　三个参数在小麦蛋白数据上的敏感性分析图

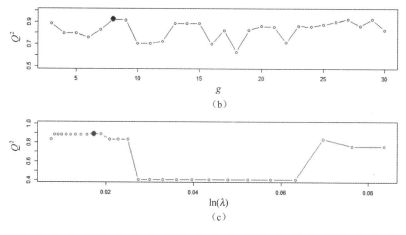

图 5-1-6　三个参数在小麦蛋白数据上的敏感性分析图（续）

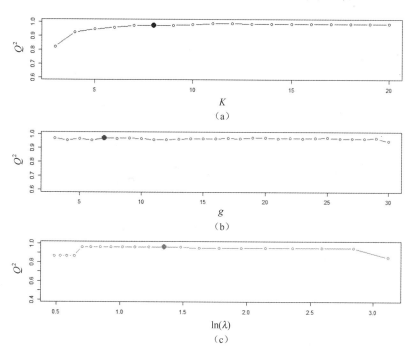

图 5-1-7　三个参数在土壤数据上的敏感性分析图

五、案例小结

在本案例中，我们提出了一种名为有序同源寻踪 LASSO（OHPL）的组变量选择方法，并将它用于分析高维近红外光谱数据。OHPL 考虑了高维数据中的同源性，它利用回归系数的同源性来构造变量组。它可认为是 LASSO 的改进版，改进了 LASSO 两个明显的缺点：没有组效应和不能选择多于样本数的变量数。一些为了改进这两个缺点的 LASSO 扩展版，如 EN 和 Fused LASSO 已经被提出。然而，当应用于分析实际的光谱数据时，OHPL 明显优于它们。

对三个真实数据进行分析的经验结果表明，与其他高性能方法相比，如 PLS、Sparse PLS、

LASSO、EN、Fused LASSO，OHPL 可以选择更加重要的变量组并具有更好的预测能力。因此，在高维数据中，OHPL 是一种有希望的回归方法。虽然在这里仅将它应用于存在自然顺序的数据集，但需要指出的是，它也可以用于分析一些具有一般组结构的高维数据。

　　和传统的仅仅利用自变量相关性来进行聚类（非监督聚类）相比，利用回归系数进行聚类（有监督聚类）不仅提取了自变量中的信息，还同时考虑了自变量和因变量相关性的信息。经验结果表明，这样的聚类方法可以显著地提升模型的性能。与 CARDS 方法相比，OHPL 方法利用了数据本身带有的有序性，从而避免了 CARDS 方法对数据次序估计可能存在的错误。同时，它可以处理同源组中回归系数值相近但不严格相等的一般情况。

案例 2　基于 MTDGM(1,*N*)模型的社会消费品零售总额区间数预测

一、案例背景

在实际应用中，有许多具有振荡性的数据，常表示为区间数序列的形式。区间数序列可以描述数据的波动范围和发展趋势，比精确数序列包含更多有利于决策的信息。此外，导致序列具有振荡性的原因有很多，如受到时滞效应、相关因素的动态变化或其他不确定因素的影响。在建模时，如果忽略重要因素或时滞效应的影响，则容易导致较大的预测误差；如果考虑过多因素的影响，则容易造成过拟合，所以在建模时分析并考虑各因素及其时滞效应对系统特征的影响是十分必要的。

灰色系统理论中的灰色预测模型能够有效地预测和分析小样本序列，已被广泛地应用于社会科学和自然科学的各个领域中，但是传统的灰色预测模型不能很好地模拟具有振荡性的数据。因此，本案例考虑各因素及其时滞效应的影响，提出一个直接适用于区间数的多变量灰色预测模型，并基于新模型，提出一个确定区间数序列最优滞后阶的方法。

二、理论分析与研究内容

社会消费品零售总额是观察一个地区消费水平最重要的因素之一，它反映了各行各业通过多种商品渠道向居民和社会供应的生活消费品总量。消费有助于带动 GDP 的增长，考虑相关因素及时滞效应的影响，有利于准确预测社会消费品零售总额，这对于研究国内零售市场的变动情况具有重要的意义，能为相关部门协调市场经济的发展提供重要参考。

国家统计局收集了我国 1998—2020 年社会消费品零售总额的月度数据和 GDP 的季度数据，数据均具有明显的振荡性。其中，从 2012 年开始，缺失了 1 月、2 月社会消费品零售总额的数据，所以本案例以年度区间数作为研究对象，将社会消费品零售总额一年中月度数据的最小值和最大值分别设置为区间数的下界点和上界点，将 GDP 一年中季度数据的最小值和最大值也分别设置为区间数的下界点和上界点，由此可得到它们的年度区间数（时间）序列。

为有效预测区间数，首先，基于传统灰色预测模型同时引入系统特征和相关因素的滞后项，构建时滞多变量灰色预测模型。然后，进一步把模型的适用范围从精确数序列拓广到区间数序列，把模型中的变量和参数设置为矩阵的形式，提出了矩阵型时滞多变量灰色预测模型。在此基础上，提出了一种确定区间数序列最优滞后阶的方法，以确定新模型中的时滞参数。最后，对我国的社会消费品零售总额的区间数进行预测，把新模型与其他 5 个竞争模型进行比较，以检验新模型的有效性和优越性。

三、模型设定

（一）GM(1,1)与时滞多变量灰色预测模型

设非负的系统特征序列为 $\boldsymbol{X}_1^{(0)} = \{x_1^{(0)}(1), x_1^{(0)}(2), \cdots, x_1^{(0)}(n)\}$，其一次累加生成序列及背景

值序列分别为 $\boldsymbol{X}_1^{(1)} = \{x_1^{(1)}(1), x_1^{(1)}(2), \cdots, x_1^{(1)}(n)\}$ ， $\boldsymbol{Z}_1^{(1)} = \{z_1^{(1)}(2), z_1^{(1)}(3), \cdots, z_1^{(1)}(n)\}$ ，其中，

$x_1^{(1)}(j) = \sum_{i=1}^{j} x_1^{(0)}(i)$ ， $j = 1, 2, \cdots, n$ ， $z_1^{(1)}(k) = 0.5[x_1^{(1)}(k) + x_1^{(1)}(k-1)]$ ， $k = 2, 3, \cdots, n$ 。GM(1,1)模型的定义为

$$x_1^{(0)}(k) + az_1^{(1)}(k) = b$$

式中，a 为系统发展系数；b 为灰色作用量。

GM(1,1)模型没有考虑相关因素和因素时滞效应对系统特征的影响，不适合预测具有时滞性特征的序列。为此，引入相关因素的当期项和各因素的滞后项，把 GM(1,1) 模型改进为能更全面描述系统时滞效应的时滞多变量灰色预测模型，模型的定义如下。

定义 5-2-1 假设系统特征序列 $\boldsymbol{X}_1^{(0)}$ 的 $N-1$ 个相关因素序列为

$$\boldsymbol{X}_i^{(0)} = \{x_i^{(0)}(1), x_i^{(0)}(2), \cdots, x_i^{(0)}(n)\}, \quad i = 2, 3, \cdots, N$$

则时滞多变量灰色预测模型（记为 TDGM(1,N)模型）的定义为

$$x_1^{(0)}(k) + az_1^{(1)}(k) = \sum_{j=1}^{p_i} \varphi_j x_1^{(0)}(k-j) + \sum_{i=2}^{N} \sum_{j=0}^{p_i} \psi_i^{(j)} x_i^{(0)}(k-j) + b \qquad （5-2-1）$$

式中，p_i 为时滞参数，取为序列 $\boldsymbol{X}_i^{(0)}$ 的最优滞后阶；$\sum_{j=1}^{p_i} \varphi_j x_1^{(0)}(k-j)$ 包含了系统特征最近的 p_1 个滞后项；$\sum_{i=2}^{N} \sum_{j=0}^{p_i} \psi_i^{(j)} x_i^{(0)}(k-j)$ 包含了相关因素当期项和滞后项；φ_j 和 $\psi_i^{(j)}$ 为驱动系数，反映各项对系统特征变量的作用情况。

当 $N = 1$ 时，该模型是一个不考虑相关因素影响但考虑系统特征时滞效应的单变量灰色预测模型，我们把它称为时滞单变量灰色预测模型，记为 TDGM(1,1)模型。

当 $N = 1$ 且 $p_1 = 0$ 时，TDGM(1,N)模型退化为 GM(1,1)模型。

TDGM(1,N)模型的参数采用最小二乘法估计，由式（5-2-1）可得 $\hat{\boldsymbol{A}} = (\boldsymbol{X}^{\mathrm{T}} \boldsymbol{X})^{-1} \boldsymbol{X}^{\mathrm{T}} \boldsymbol{Y}$ ，其中

$$\hat{\boldsymbol{A}} = [a, \varphi_1, \varphi_2, \cdots, \varphi_{p_1}, \psi_2^{(0)}, \psi_2^{(1)}, \psi_2^{(2)}, \cdots, \psi_2^{(p_2)}, \cdots, \psi_N^{(0)}, \psi_N^{(1)}, \psi_N^{(2)}, \cdots, \psi_N^{(p_N)}, b]^{\mathrm{T}}$$

$$\boldsymbol{Y} = [x_1^{(0)}(2), x_1^{(0)}(3), \cdots, x_1^{(0)}(n)]^{\mathrm{T}}$$

$$\boldsymbol{X} = \begin{bmatrix} -z_1^{(1)}(2) & x_1^{(0)}(1) & 0 & \cdots & 0 & x_2^{(0)}(2) & x_2^{(0)}(1) \\ -z_1^{(1)}(3) & x_1^{(0)}(2) & x_1^{(0)}(1) & \cdots & 0 & x_2^{(0)}(3) & x_2^{(0)}(2) \\ \vdots & \vdots & \vdots & & \vdots & \vdots & \vdots \\ -z_1^{(1)}(n) & x_1^{(0)}(n-1) & x_1^{(0)}(n-2) & \cdots & x_1^{(0)}(n-p_1) & x_2^{(0)}(n) & x_2^{(0)}(n-1) \end{bmatrix}$$

$$\begin{matrix} 0 & \cdots & 0 & x_N^{(0)}(2) & x_N^{(0)}(1) & 0 & \cdots & 0 & 1 \\ x_2^{(0)}(1) & \cdots & 0 & x_N^{(0)}(3) & x_N^{(0)}(2) & x_N^{(0)}(1) & \cdots & 0 & 1 \\ \vdots & & \vdots & \vdots & \vdots & \vdots & & \vdots & \vdots \\ x_2^{(0)}(n-2) & \cdots & x_2^{(0)}(n-p_2) & \cdots & x_N^{(0)}(n) & x_N^{(0)}(n-1) & x_N^{(0)}(n-2) & \cdots & x_N^{(0)}(n-p_N) & 1 \end{matrix}$$

下面给出 TDGM(1,N)模型的预测公式及其推导过程。

因为 $x_1^{(1)}(k) = x_1^{(0)}(k) + x_1^{(1)}(k-1)$ ，所以 $z_1^{(1)}(k) = 0.5[x_1^{(0)}(k) + 2x_1^{(1)}(k-1)]$ ，将其代入式（5-2-1）得

$$x_1^{(0)}(k) + 0.5a[x_1^{(0)}(k) + 2x_1^{(1)}(k-1)] = \sum_{j=1}^{p_1} \varphi_j x_1^{(0)}(k-j) + \sum_{i=2}^{N} \sum_{j=0}^{p_i} \psi_i^{(j)} x_i^{(0)}(k-j) + b$$

整理即得 TDGM(1,N)模型的预测公式为

$$x_1^{(0)}(k) = \frac{1}{1+0.5a}\left[-ax_1^{(1)}(k-1) + \sum_{j=1}^{p_1} \varphi_j x_1^{(0)}(k-j) + \sum_{i=2}^{N} \sum_{j=0}^{p_i} \psi_i^{(j)} x_i^{(0)}(k-j) + b \right], \quad k = 2,3,\cdots \quad （5\text{-}2\text{-}2）$$

我们可以看到式（5-2-2）是一个递推式，令其初始条件为 $\hat{x}_1^{(1)}(1) = x_1^{(0)}(1)$。另外，式（5-2-2）可以反映系统特征当期值与各因素滞后项之间的关系。

（二）矩阵型 TDGM(1,N)模型

TDGM(1,N)模型直接适用于精确数序列，但不直接适用于区间数序列。为了把模型的适用范围从精确数序列拓广到区间数序列，下面进一步对 TDGM(1,N)模型进行改进，提出它的矩阵型模型，并给出模型定义、参数估计、预测公式、模型评价标准、区间数序列最优滞后阶的确定以及预测流程图。

1. 模型定义

将 TDGM(1,N)模型中的变量和灰作用量设置为二维列向量的形式，将系统发展系数和驱动系数设置为二阶方阵的形式，下面给出矩阵型 TDGM(1,N)模型的定义。

定义 5-2-2　设系统特征的区间数序列为 $\tilde{X}_1^{(0)} = \{\tilde{x}_1^{(0)}(1), \tilde{x}_1^{(0)}(2),\cdots, \tilde{x}_1^{(0)}(n)\}$，其相关因素的区间数序列、一次累加生成序列及背景值序列分别为 $\tilde{X}_i^{(0)} = \{\tilde{x}_i^{(0)}(1), \tilde{x}_i^{(0)}(2),\cdots, \tilde{x}_i^{(0)}(n)\}$，$\tilde{X}_1^{(1)} = \{\tilde{x}_1^{(1)}(1), \tilde{x}_1^{(1)}(2),\cdots, \tilde{x}_1^{(1)}(n)\}$，$\tilde{Z}_1^{(1)} = \{\tilde{z}_1^{(1)}(1), \tilde{z}_1^{(1)}(2),\cdots, \tilde{z}_1^{(1)}(n)\}$，其中

$$\tilde{x}_i^{(0)}(t) = [x_{iL}^{(0)}(t), x_{iU}^{(0)}(t)]^{\mathrm{T}}, \quad \tilde{x}_1^{(1)}(t) = [x_{1L}^{(1)}(t), x_{1U}^{(1)}(t)]^{\mathrm{T}} = \left[\sum_{j=1}^{t} x_{1L}^{(0)}(j), \sum_{j=1}^{t} x_{1U}^{(0)}(j) \right]^{\mathrm{T}}$$

$$\tilde{z}_1^{(1)}(k) = \begin{bmatrix} z_{1L}^{(1)}(k) \\ z_{1U}^{(1)}(k) \end{bmatrix} = \begin{bmatrix} 0.5[x_{1L}^{(1)}(k-1) + x_{1L}^{(1)}(k)] \\ 0.5[x_{1U}^{(1)}(k-1) + x_{1U}^{(1)}(k)] \end{bmatrix} \quad （5\text{-}2\text{-}3）$$

$$t = 1,2,\cdots,n, \quad i = 1,2,\cdots,N, \quad k = 2,3,\cdots,n$$

则矩阵型时滞多变量灰色预测模型（记为 MTDGM(1,N)模型）定义为

$$\tilde{x}_1^{(0)}(k) + A\tilde{z}_1^{(1)}(k) = \sum_{j=1}^{p_1} \boldsymbol{\Phi}_j \tilde{x}_1^{(0)}(k-j) + \sum_{i=2}^{N} \sum_{j=0}^{p_i} \boldsymbol{\Psi}_j^{(i)} \tilde{x}_i^{(0)}(k-j) + \boldsymbol{B} \quad （5\text{-}2\text{-}4）$$

其中

$$A = \begin{bmatrix} a_{11} & a_{12} \\ a_{21} & a_{22} \end{bmatrix}, \quad \boldsymbol{\Phi}_j = \begin{bmatrix} \varphi_{11}^{(j)} & \varphi_{12}^{(j)} \\ \varphi_{21}^{(j)} & \varphi_{22}^{(j)} \end{bmatrix}, \quad \boldsymbol{\Psi}_j^{(i)} = \begin{bmatrix} \psi_{i,11}^{(j)} & \psi_{i,12}^{(j)} \\ \psi_{i,21}^{(j)} & \psi_{i,22}^{(j)} \end{bmatrix}, \quad \boldsymbol{B} = \begin{bmatrix} b_1 \\ b_2 \end{bmatrix}$$

当 $N=1$ 时，该模型为 MTDGM(1,1)。

当 $N=1$ 且 $p_1=0$ 时，MTDGM(1,N)模型退化为曾祥艳等提出的面向二元区间数序列的矩阵型 GM(1,1)模型（记为 MBIGM(1,1)模型），该模型没有考虑时滞效应和相关因素对系统特征的影响。

2. 参数估计

MTDGM(1,N)模型的参数采用最小二乘法估计，具体方法如下。记参数向量为

$$\boldsymbol{g}_{\mathrm{L}} = [a_{11}, a_{12}, \varphi_{11}^{(1)},\cdots, \varphi_{11}^{(p_1)}, \varphi_{12}^{(1)},\cdots, \varphi_{12}^{(p_1)}, \psi_{2,11}^{(0)},\cdots, \psi_{2,11}^{(p_2)}, \psi_{2,12}^{(0)},\cdots, \psi_{2,12}^{(p_2)},\cdots,$$

$$\psi_{N,11}^{(0)},\cdots,\psi_{N,11}^{(p_N)},\psi_{N,12}^{(0)},\cdots,\psi_{N,12}^{(p_N)},b_1]^{\mathrm{T}}$$

$$\boldsymbol{g}_{\mathrm{U}}=[a_{21},a_{22},\varphi_{21}^{(1)},\cdots,\varphi_{21}^{(p_1)},\varphi_{22}^{(1)},\cdots,\varphi_{22}^{(p_1)},\psi_{2,21}^{(0)},\cdots,\psi_{2,21}^{(p_2)},\psi_{2,22}^{(0)},\cdots,\psi_{2,22}^{(p_2)},\cdots,$$

$$\psi_{N,21}^{(0)},\cdots,\psi_{N,21}^{(p_N)},\psi_{N,22}^{(0)},\cdots,\psi_{N,22}^{(p_N)},b_2]^{\mathrm{T}}$$

由于式（5-2-4）等价于

$$\begin{cases} x_{1\mathrm{L}}^{(0)}(k)=-a_{11}z_{1\mathrm{L}}^{(1)}(k)-a_{12}z_{1\mathrm{U}}^{(1)}(k)+F_1 \\ x_{1\mathrm{U}}^{(0)}(k)=-a_{21}z_{1\mathrm{L}}^{(1)}(k)-a_{22}z_{1\mathrm{U}}^{(1)}(k)+F_2 \end{cases}$$

其中

$$F_1=\sum_{j=1}^{p_1}[\varphi_{11}^{(j)}x_{1\mathrm{L}}^{(0)}(k-j)+\varphi_{12}^{(j)}x_{1\mathrm{U}}^{(0)}(k-j)]+\sum_{i=2}^{N}\sum_{j=0}^{p_i}[\psi_{i,11}^{(j)}x_{i\mathrm{L}}^{(0)}(k-j)+\psi_{i,12}^{(j)}x_{i\mathrm{U}}^{(0)}(k-j)]+b_1$$

$$F_2=\sum_{j=1}^{p_1}\left[\varphi_{21}^{(j)}x_{1\mathrm{L}}^{(0)}(k-j)+\varphi_{22}^{(j)}x_{1\mathrm{U}}^{(0)}(k-j)\right]+\sum_{i=2}^{N}\sum_{j=0}^{p_i}\left[\psi_{i,21}^{(j)}x_{i\mathrm{L}}^{(0)}(k-j)+\psi_{i,22}^{(j)}x_{i\mathrm{U}}^{(0)}(k-j)\right]+b_2$$

所以有 $\boldsymbol{Y}_{\mathrm{L}}=\boldsymbol{H}\boldsymbol{g}_{\mathrm{L}}$，$\boldsymbol{Y}_{\mathrm{U}}=\boldsymbol{H}\boldsymbol{g}_{\mathrm{U}}$，其中

$$\boldsymbol{H}=[\boldsymbol{W},\boldsymbol{C}_{1\mathrm{L}},\boldsymbol{C}_{1\mathrm{U}},\boldsymbol{C}_{2\mathrm{L}},\boldsymbol{C}_{2\mathrm{U}},\cdots,\boldsymbol{C}_{N\mathrm{L}},\boldsymbol{C}_{N\mathrm{U}},\boldsymbol{E}]$$

$$\boldsymbol{Y}_{\mathrm{L}}=[x_{1\mathrm{L}}^{(0)}(2),x_{1\mathrm{L}}^{(0)}(3),\cdots,x_{1\mathrm{L}}^{(0)}(n)]^{\mathrm{T}},\quad \boldsymbol{Y}_{\mathrm{U}}=[x_{1\mathrm{U}}^{(0)}(2),x_{1\mathrm{U}}^{(0)}(3),\cdots,x_{1\mathrm{U}}^{(0)}(n)]^{\mathrm{T}}$$

$$\boldsymbol{W}=\begin{bmatrix} -z_{1\mathrm{L}}^{(1)}(2) & -z_{1\mathrm{U}}^{(1)}(2) \\ -z_{1\mathrm{L}}^{(1)}(3) & -z_{1\mathrm{U}}^{(1)}(3) \\ \vdots & \vdots \\ -z_{1\mathrm{L}}^{(1)}(n) & -z_{1\mathrm{U}}^{(1)}(n) \end{bmatrix},\quad \boldsymbol{C}_{1\mathrm{L}}=\begin{bmatrix} x_{1\mathrm{L}}^{(0)}(1) & 0 & \cdots & 0 \\ x_{1\mathrm{L}}^{(0)}(2) & x_{1\mathrm{L}}^{(0)}(1) & \cdots & 0 \\ \vdots & \vdots & & \vdots \\ x_{1\mathrm{L}}^{(0)}(n-1) & x_{1\mathrm{L}}^{(0)}(n-2) & \cdots & x_{1\mathrm{L}}^{(0)}(n-p_1) \end{bmatrix}$$

$$\boldsymbol{C}_{1\mathrm{U}}=\begin{bmatrix} x_{1\mathrm{U}}^{(0)}(1) & 0 & \cdots & 0 \\ x_{1\mathrm{U}}^{(0)}(2) & x_{1\mathrm{U}}^{(0)}(1) & \cdots & 0 \\ \vdots & \vdots & & \vdots \\ x_{1\mathrm{U}}^{(0)}(n-1) & x_{1\mathrm{U}}^{(0)}(n-2) & \cdots & x_{1\mathrm{U}}^{(0)}(n-p_1) \end{bmatrix}$$

$$\boldsymbol{C}_{i\mathrm{L}}=\begin{bmatrix} x_{i\mathrm{L}}^{(0)}(2) & x_{i\mathrm{L}}^{(0)}(1) & 0 & \cdots & 0 \\ x_{i\mathrm{L}}^{(0)}(3) & x_{i\mathrm{L}}^{(0)}(2) & x_{i\mathrm{L}}^{(0)}(1) & \cdots & 0 \\ \vdots & \vdots & \vdots & & \vdots \\ x_{i\mathrm{L}}^{(0)}(n) & x_{i\mathrm{L}}^{(0)}(n-1) & x_{i\mathrm{L}}^{(0)}(n-2) & \cdots & x_{i\mathrm{L}}^{(0)}(n-p_i) \end{bmatrix}$$

$$\boldsymbol{C}_{i\mathrm{U}}=\begin{bmatrix} x_{i\mathrm{U}}^{(0)}(2) & x_{i\mathrm{U}}^{(0)}(1) & 0 & \cdots & 0 \\ x_{i\mathrm{U}}^{(0)}(3) & x_{i\mathrm{U}}^{(0)}(2) & x_{i\mathrm{U}}^{(0)}(1) & \cdots & 0 \\ \vdots & \vdots & \vdots & & \vdots \\ x_{i\mathrm{U}}^{(0)}(n) & x_{i\mathrm{U}}^{(0)}(n-1) & x_{i\mathrm{U}}^{(0)}(n-2) & \cdots & x_{i\mathrm{U}}^{(0)}(n-p_i) \end{bmatrix},\quad \boldsymbol{E}=\begin{bmatrix} 1 \\ 1 \\ \vdots \\ 1 \end{bmatrix}_{(n-1)\times 1},\quad i=2,3,\cdots,N$$

根据最小二乘法估计可得

$$\hat{\boldsymbol{g}}_{\mathrm{L}}=(\boldsymbol{H}^{\mathrm{T}}\boldsymbol{H})^{-1}\boldsymbol{H}^{\mathrm{T}}\boldsymbol{Y}_{\mathrm{L}},\quad \hat{\boldsymbol{g}}_{\mathrm{U}}=(\boldsymbol{H}^{\mathrm{T}}\boldsymbol{H})^{-1}\boldsymbol{H}^{\mathrm{T}}\boldsymbol{Y}_{\mathrm{U}} \tag{5-2-5}$$

3. 预测公式

将式（5-2-3）代入式（5-2-4）可得

$$\begin{cases} \left(1+0.5a_{11}\right)x_{1\mathrm{L}}^{(0)}(k)+0.5a_{12}x_{1\mathrm{U}}^{(0)}(k)=Q_1 \\ 0.5a_{21}x_{1\mathrm{L}}^{(0)}(k)+\left(1+0.5a_{22}\right)x_{1\mathrm{U}}^{(0)}(k)=Q_2 \end{cases} \tag{5-2-6}$$

式中，$Q_1 = F_1 - a_{11}x_{1L}^{(1)}(k-1) - a_{12}x_{1U}^{(1)}(k-1)$；$Q_2 = F_2 - a_{21}x_{1L}^{(1)}(k-1) - a_{22}x_{1U}^{(1)}(k-1)$。针对式（5-2-6）应用克拉默法则得

$$\hat{\boldsymbol{x}}_1^{(0)}(k) = [\hat{x}_{1L}^{(0)}(k), \hat{x}_{1U}^{(0)}(k)]^{\mathrm{T}} = \left[\frac{D_1}{D}, \frac{D_2}{D}\right]^{\mathrm{T}}, \quad k = 2,3,\cdots \quad (5\text{-}2\text{-}7)$$

其中

$$D_1 = \begin{vmatrix} Q_1 & 0.5a_{12} \\ Q_2 & 1+0.5a_{22} \end{vmatrix}, \quad D_2 = \begin{vmatrix} 1+0.5a_{11} & Q_1 \\ 0.5a_{21} & Q_2 \end{vmatrix}, \quad D = \begin{vmatrix} 1+0.5a_{11} & 0.5a_{12} \\ 0.5a_{21} & 1+0.5a_{22} \end{vmatrix} \neq 0$$

式（5-2-7）是 MTDGM(1,N) 模型的预测公式，是一个递推式，令其初始条件为

$$[\hat{x}_{1L}^{(1)}(1), \hat{x}_{1U}^{(1)}(1)]^{\mathrm{T}} = [x_{1L}^{(0)}(1), x_{1U}^{(0)}(1)]^{\mathrm{T}}$$

由式（5-2-7）可知，区间数的预测值同时受前期区间数上、下界点的影响。MTDGM(1,N) 模型在建模和预测的过程都保持了区间数的完整性，使得该模型直接适用于区间数序列。

4. 模型评价标准

本文采用三个常用的误差指标来评价模型的预测精确度，分别为平均绝对百分比误差（MAPE）、平均绝对误差（MAE）和均方根误差（RMSE）。下面针对二元区间数给出这三个误差的计算公式：

$$\text{MAPE} = \frac{1}{2(n-1)}\left(\sum_{k=2}^{n}\frac{\left|\hat{x}_{1L}^{(0)}(k)-x_{1L}^{(0)}(k)\right|}{x_{1L}^{(0)}(k)} + \sum_{k=2}^{n}\frac{\left|\hat{x}_{1U}^{(0)}(k)-x_{1U}^{(0)}(k)\right|}{x_{1U}^{(0)}(k)}\right)\times 100\% \quad (5\text{-}2\text{-}8)$$

$$\text{MAE} = \frac{1}{2(n-1)}\left(\sum_{k=2}^{n}\left|\hat{x}_{1L}^{(0)}(k)-x_{1L}^{(0)}(k)\right| + \sum_{k=2}^{n}\left|\hat{x}_{1U}^{(0)}(k)-x_{1U}^{(0)}(k)\right|\right) \quad (5\text{-}2\text{-}9)$$

$$\text{RMSE} = \frac{1}{2\sqrt{n-1}}\left(\sqrt{\sum_{k=2}^{n}(\hat{x}_{1L}^{(0)}(k)-x_{1L}^{(0)}(k))^2} + \sqrt{\sum_{k=2}^{n}(\hat{x}_{1U}^{(0)}(k)-x_{1U}^{(0)}(k))^2}\right) \quad (5\text{-}2\text{-}10)$$

5. 区间数序列最优滞后阶的确定

区间数序列的最优滞后阶反映了与当期项关系更加密切的滞后项个数。下面基于 MTDGM(1,1) 模型提出一种区间数序列最优滞后阶的确定方法，具体步骤如下。

第一步：根据式（5-2-4）和式（5-2-5），对区间数序列构建具有 p 阶滞后的 MTDGM(1,1) 模型，其中 $p \in \{0,1,\cdots,m\}$，m 是一个正整数，本文取为 2。

第二步：根据式（5-2-7），拟合并预测区间数序列，则每个模型对应一个区间数预测序列。

第三步：根据式（5-2-8）～式（5-2-10），计算各模型的总体误差，将具有 p 阶滞后的 MTDGM(1,1) 的三个误差分别记为 MAPE_p、MAE_p 和 RMSE_p，并令

$$\text{MAPE}_{\min} = \min\{\text{MAPE}_p | p \in \{0,1,\cdots,m\}\}, \quad \text{MAE}_{\min} = \min\{\text{MAE}_p | p \in \{0,1,\cdots,m\}\},$$

$$\text{RMSE}_{\min} = \min\{\text{RMSE}_p | p \in \{0,1,\cdots,m\}\}$$

第四步：通过比较具有不同滞后阶 MTDGM(1,1) 模型的误差，确定区间数序列的最优滞后阶。设 $l_1 = \{p | \text{MAPE}_{\min} = \text{MAPE}_p\}$，$l_2 = \{p | \text{MAE}_{\min} = \text{MAE}_p\}$，$l_3 = \{p | \text{RMSE}_{\min} = \text{RMSE}_p\}$，把数组 l_1、l_2、l_3 的众数所组成的集合记为 L，下面分两种情况对集合 L 进行讨论。

① 如果集合 L 只包含一个元素，那么把该元素记为 l。l 就是该区间数序列的最优滞后阶，它表示具有 l 阶滞后的 MTDGM(1,1) 模型预测该区间数序列的总体误差较小。

② 如果集合 L 包含多个元素，那么意味着不能通过综合三个误差来比较具有不同滞后阶

的 MTDGM(1,1)模型。因为 MAE 可以反映实际误差的大小，而且没有与原始序列进行相互抵消，所以我们令 $l=l_2$，取区间数序列的最优滞后阶为 l，它表示在滞后阶为 $0\sim m$ 的 MTDGM(1,1)模型中，滞后阶为 l 的 MTDGM(1,1)模型的 MAE 最小。

6. 预测流程图

由式（5-2-7）可知，只有当相关因素序列的第 k 期值和各因素的滞后值已知时，才能预测系统特征第 k 期的值。因素的滞后值容易获得，但现实世界中所有因素的发展是同步的，当系统特征未知时，同时期的相关因素值也是未知的。为了遵循社会发展的规律，获得更加可靠的预测结果，在仿真实验中假设相关因素的第 k 期值是未知的，它由 MTDGM(1,1)模型预测得到。MTDGM(1,N)模型的预测流程如图 5-2-1 所示。如果两个区间数序列之间的灰色关联度大于 0.6，那么可以认为这两个序列之间具有强相关性。

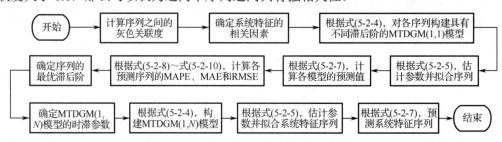

图 5-2-1　MTDGM(1,N)模型的预测流程

四、实证设计与分析

（一）预测模型

用社会消费品零售总额的区间数序列预测实例来检验 MTDGM(1,N)模型的有效性和优越性。把 MTDGM(1,N)模型与其他 5 个竞争模型进行比较，包括 TDGM(1,N)、MINGM(1,N)（面向区间数序列的矩阵型 GM(1,N)）、MBIGM(1,1)、GM(1,N)和 GM(1,1)模型。区间数序列可以由 MINGM(1,N)和 MBIGM(1,1)模型直接预测，但不能由 TDGM(1,N)、GM(1,N) 和 GM(1,1)模型直接预测。这 3 个模型只直接适用于精确数序列，它们用于分开预测区间数的上界点序列和下界点序列。

（二）原始序列

社会消费品零售总额和 GDP 的年度区间数序列见表 5-2-1。用 1998—2017 年的数据建立模型，用 2018—2020 年的数据检验模型的预测效果。

表 5-2-1　社会消费品零售总额和 GDP 的年度区间数序列

年　份	社会消费品零售总额/亿元	GDP/亿元	年　份	社会消费品零售总额/亿元	GDP/亿元
1998	[2229.7, 3131.4]	[18049.1, 25074.2]	2001	[2820.9, 4033.3]	[24086.4, 31716.8]
1999	[2356.8, 3383.0]	[19361.9, 26583.9]	2002	[3052.2, 4404.4]	[26295.0, 34970.3]
2000	[2571.5, 3680.0]	[21329.9, 29194.3]	2003	[3406.9, 4735.7]	[29825.5, 39767.4]

年　　份	社会消费品零售总额/亿元	GDP/亿元	年　　份	社会消费品零售总额/亿元	GDP/亿元
2004	[4001.8, 5562.5]	[34544.6, 46739.8]	2013	[17600.3, 23059.7]	[129449.6, 167772.3]
2005	[4663.3, 6850.4]	[40453.3, 54024.0]	2014	[19701.2, 25801.3]	[140759.8, 180828.9]
2006	[5774.6, 7499.2]	[47078.9, 63621.6]	2015	[22386.7, 28634.6]	[151137.9, 192572.9]
2007	[6672.5, 9015.3]	[57159.3, 78669.3]	2016	[24645.8, 31757.0]	[162410.0, 212566.2]
2008	[8123.2, 10728.5]	[69373.6, 88699.0]	2017	[27278.5, 34734.1]	[181867.7, 235428.7]
2009	[9317.6, 12610.0]	[73979.2, 100825.8]	2018	[28541.9, 35893.5]	[202035.7, 258808.9]
2010	[11321.7, 15329.5]	[87501.3, 119306.8]	2019	[30586.1, 38776.7]	[217168.3, 276798.0]
2011	[13588.0, 17739.7]	[104469.9, 138012.1]	2020	[26449.9, 40566.0]	[205727.0, 196297.8]
2012	[15603.1, 20334.2]	[117357.6, 152812,0]			

令社会消费品零售总额序列为系统特征序列，计算社会消费品零售总额序列与 GDP 区间数序列之间的灰色关联度，结果为 0.71（大于 0.6），这说明 GDP 是社会消费品零售总额的重要影响因素。

（三）最优滞后阶的确定

利用 MTDGM(1,1)模型确定社会消费品零售总额序列和 GDP 序列的最优滞后阶。首先分别基于这两个序列构建具有不同滞后阶的 MTDGM(1,1)模型，其中根据式（5-2-5）估计模型的参数，然后根据式（5-2-7）计算拟合和预测值，再根据式（5-2-8）至式（5-2-10）计算每个模型的 MAPE、MAE 和 RMSE，MTDGM(1,1)模型对社会消费品零售总额序列的模拟误差见表 5-2-2，其中加粗值是每个预测序列的 $MAPE_{min}$、MAE_{min} 和 $RMSE_{min}$。

表 5-2-2　MTDGM(1,1)模型对社会消费品零售总额序列的模拟误差

误　　差	滞　后　阶	社会消费品零售总额序列	GDP 序列
MAPE	0	9.09%	**1.59%**
	1	2.65%	1.66%
	2	**2.51%**	2.78%
MAE	0	1181.36	2291.89
	1	398.99	**1860.82**
	2	**393.61**	2230.99
RMSE	0	509.12	1118.87
	1	**208.28**	820.39
	2	209.54	**815.39**
集合	L	2	0, 1, 2
最优滞后阶	l	2	1

表 5-2-2 显示，对于社会消费品零售总额序列，不带滞后阶的 MTDGM(1,1)模型的模拟效果明显比其他两个带滞后阶的模型的效果差。其中具有 2 阶滞后的 MTDGM(1,1)模型的 MAPE 和

MAE 最小，所以集合 L 只包含一个元素，且 $l=2$，即社会消费品零售总额序列的最优滞后阶为 2。

对于 GDP 序列，集合 L 中包含不止 1 个元素，这说明不能直接综合 3 个误差来比较具有不同滞后阶的 MTDGM(1,1)模型。然而，具有 1 阶滞后的 MTDGM(1,1)模型的 MAE 最小，所以 $l=1$，即 GDP 序列的最优滞后阶为 1。

（四）建模和预测

由 GDP 序列构建的具有 1 阶滞后的 MTDGM(1,1)模型定义为

$$\tilde{x}_1^{(0)}(k) + A\tilde{z}_1^{(1)}(k) = \Phi_1\tilde{x}_1^{(0)}(k-1) + B$$

其中

$$A = \begin{bmatrix} 0.5690 & -0.4693 \\ 1.7600 & -1.4384 \end{bmatrix}, \quad \Phi_1 = \begin{bmatrix} -0.6276 & 0.9966 \\ -0.5406 & 0.5720 \end{bmatrix}, \quad B = \begin{bmatrix} 3523.3346 \\ 12972.8335 \end{bmatrix}$$

用该模型预测 2018—2020 年 GDP 区间数的结果分别为[198620.5, 154013.9]、[213507.4, 270874.4]和[226384.4, 285516.9]。拟合和预测的 MAPE 分别为 3.51%和 1.37%，可以看出 MTDGM(1,1)模型在预测 GDP 区间数上具有很高的精确度。

然后就可以构建 MTDGM(1,N)模型了，经过参数估计后可得模型定义为

$$\begin{bmatrix} x_{1L}^{(0)}(k) \\ x_{1U}^{(0)}(k) \end{bmatrix} + \begin{bmatrix} -0.0003 & -0.0195 \\ 1.0114 & -0.7695 \end{bmatrix}\begin{bmatrix} z_{1L}^{(1)}(k) \\ z_{1U}^{(1)}(k) \end{bmatrix} = \begin{bmatrix} 0.0085 & 0.5457 \\ 1.8340 & -0.1693 \end{bmatrix}\begin{bmatrix} x_{1L}^{(0)}(k-1) \\ x_{1U}^{(0)}(k-1) \end{bmatrix} +$$

$$\begin{bmatrix} -0.3273 & 0.2061 \\ 0.7771 & -0.5236 \end{bmatrix}\begin{bmatrix} x_{1L}^{(0)}(k-2) \\ x_{1U}^{(0)}(k-2) \end{bmatrix} +$$

$$\begin{bmatrix} -0.0363 & 0.0126 \\ -0.2327 & 0.0485 \end{bmatrix}\begin{bmatrix} x_{2L}^{(0)}(k) \\ x_{2U}^{(0)}(k) \end{bmatrix} +$$

$$\begin{bmatrix} -0.0696 & 0.1026 \\ -0.2527 & 0.3010 \end{bmatrix}\begin{bmatrix} x_{2L}^{(0)}(k-1) \\ x_{2U}^{(0)}(k-1) \end{bmatrix} +$$

$$\begin{bmatrix} -415.9377 \\ -209.4396 \end{bmatrix}$$

MTDGM(1,1)模型及 5 个竞争模型的拟合和预测误差见表 5-2-3，其中加粗值是同类误差中的最小值。6 个模型对社会消费品零售总额的预测曲线如图 5-2-2 所示。

表 5-2-3　6 个模型的拟合和预测误差

模　　型	矩阵型			非矩阵型		
	MTDGM(1,N)	MINGM(1,N)	MBIGM(1,1)	TDGM(1,N)	GM(1,N)	GM(1,1)
拟合 MAPE	**0.82%**	1.91%	7.77%	1.49%	4.93%	7.67%
拟合 MAE	**74.92%**	166.72	489.45	134.46	289.42	712.09
拟合 RMSE	**22.38**	47.77	127.19	40.03	76.81	201.31
预测 MAPE	**8.29%**	15.07%	17.48%	14.12%	20.09%	30.76%
预测 MAE	**1609.81**	3175.39	3708.97	2960.05	4295.51	6650.38
预测 RMSE	**1701.50**	3160.16	3638.35	3012.76	4261.40	6327.85

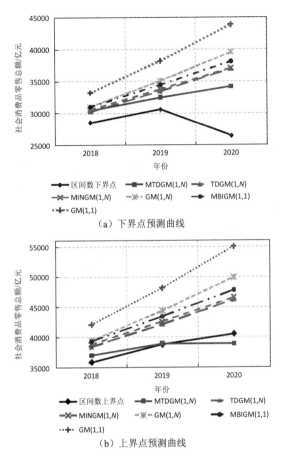

（a）下界点预测曲线

（b）上界点预测曲线

图 5-2-2　6 个模型对社会消费品零售总额的预测曲线

（五）实证分析

由表 5-2-3 可知，带滞后阶的灰色预测模型 MTDGM(1,N)和 TDGM(1,N)对社会消费品零售总额的拟合和预测误差均小于其他 4 个不带滞后阶的灰色预测模型，其中 MTDGM(1,N)模型的精确度最高。这说明 MTDGM(1,N)模型能有效预测区间数，本文的模型改进方法能达到提高模型拟合和预测区间数精确度的效果。

2020 年年初，受到新冠疫情的影响，社会消费品零售总额大幅度下降。从图 5-2-2（a）中可以看到，6 个模型对 2020 年区间数下界点序列的预测效果都不好。从 2018—2019 年的预测结果来看，MTDGM(1,N)模型的预测曲线增长率与原始下界点的曲线增长率最接近，其他 5 个竞争模型的预测曲线均增长过快，这说明 MTDGM(1,N)模型对区间数下界点序列的预测效果优于其他 5 个竞争模型。

2020 年年底，新冠疫情在我国得到了控制，人民的生活和消费逐渐恢复正常，所以 2020 年社会消费品零售总额的区间数上界点序列受到的影响很小。图 5-2-2（b）显示，MTDGM(1,N)模型的预测值在真实值附近上下波动，而其他 5 个竞争模型的预测值与真实值之间具有很大的偏差。综上所述，在预测区间数的上界点和下界点序列时，MTDGM(1,N)模型的表现均是最优的。

五、案例小结

在复杂的不确定系统中，普遍存在具有时滞性特征的区间数序列。准确地分析并预测这些序列对于相关部门做出正确的决策具有重要意义。为此，本案例面向区间数序列提出了 MTDGM(1,N)模型。

首先考虑相关因素和时滞效应对系统特征动态变化的影响，构建了时滞多变量灰色预测模型 TDGM(1,N)，然后进一步将 TDGM(1,N)模型的适用范围从精确数序列拓广到区间数序列，提出了矩阵型时滞多变量灰色预测模型 MTDGM(1,N)，该模型不仅保持了区间数序列的完整性，而且连接了区间数上、下界点之间的内在关系，所以该模型直接适用于区间数序列。为了模型能准确描述系统中的时滞效应，基于新模型提出了一种确定区间数序列最优滞后阶的方法。对社会消费品零售总额的区间数进行预测，验证了 MTDGM(1,N)模型明显优于其他 5 个竞争模型，更加适用于预测区间数。

案例 3　基于 MTIGM(1,1)和 BP 神经网络模型的客运量区间数预测

一、案例背景

人工神经网络（ANN）模型已成功地解决了许多现代计算机难以解决的实际问题，表现出了良好的智能特性，但也存在着易陷入局部极小、过拟和以及网络泛化能力差的问题；同时，常常需要信息充足的"高质量"学习样本数据建立模型，在样本数据少、信息不充分的情况下，其逼近精度会大大降低。

灰色预测模型（GM）在数据建模时能弱化原始数据的随机性并增强规律性。多变量灰色预测模型 GM(0,N)与 GM(1,N)在单变量灰色预测模型 GM(1,1)的基础上，进一步考虑了因素变量对特征变量的影响，在序列预测实践上更具有说服力。而且，灰色预测模型的一个关键优势是当样本数据较少时，依然能建模，而且模型精度依然很高。

GM 与 ANN 在应用领域和数据处理方面各具优势，适用的数据类型都是精确数（或实数）。要使这些模型能够适用于区间数，就需要对模型中的各类参数确定方法进行研究，目前已有的区间数预测方法主要是先将区间数序列转换为精确数序列后再建立模型，最后还原为区间数序列，并没有在本质上将模型的适用序列拓广为区间数序列，本文将重新设定模型各个参数的取值类型，使灰色预测模型、BP 神经网络模型和灰色神经网络组合（GM-BP）模型能直接对区间数进行预测。

二、理论分析与研究内容

客运量包括总客运量、铁路客运量、民航客运量等，客运量的预测是客运系统合理规划的基础，只有在对客运量准确的预测和分析之上，才能对未来的客运系统进行合理的安排和统筹规划。各客运量的数据通常具有很强的波动性，将这些系统特征表示为区间数序列将包含更多信息，有利于提高智能决策的可靠性。区间数主要包括二元区间数和三元区间数。三元区间数比二元区间数多一个偏好值，所以三元区间数所包含的信息比二元区间数更加全面。本文将研究客运量的三元区间数预测问题。

BP 神经网络具有良好的非线性逼近能力，在预测领域中应用广泛，但是容易出现过拟合问题。GM(1,1)模型可以稳定地预测时间序列的整体发展趋势。为了弥补神经网络模型的过拟合问题,本文提出面向三元区间数序列的 BP 神经网络和矩阵型 GM(1,1)模型的组合预测方法，研究内容如下。

（1）改进 GM(1,1)模型的参数设置，使其能直接适用于区间数序列。

（2）改进 BP 神经网络模型的输入和输出节点的设置方法，使其能适用于区间数序列。

（3）为了提高对大样本的振荡型区间数序列的预测精度，将单变量灰色预测模型与 BP 神经网络模型以并联的方式进行组合，组合权重运用区间数序列的灰色关联度进行确定。

（4）将面向区间数序列的新模型应用于总客运量和铁路客运量的区间数预测，提高区间数预测的准确度。

三、模型设定

（一）样本选择与数据来源

本案例使用国家统计局给出的 2000—2019 年的总客运量的月度数据。其中，2000—2018 年的数据用于建模，对 2019 年的总客运量做区间数预测检验。一年分为 4 个季度，将每个季度的月度数据的最小值和最大值分别作为三元区间数的下界点和上界点。中界点或偏好值取每个季度的平均值。

（二）模型设定

1. 三元区间数序列的矩阵型 GM(1,1)模型

设三元区间数序列为 $\tilde{\pmb{X}}^{(0)} = \{\tilde{\pmb{x}}^{(0)}(1), \tilde{\pmb{x}}^{(0)}(2), \cdots, \tilde{\pmb{x}}^{(0)}(n)\}$，将三元区间数序列表示成一个三维列向量

$$\tilde{\pmb{x}}^{(0)}(t) = \begin{bmatrix} x_{\text{L}}^{(0)}(t) \\ x_{\text{M}}^{(0)}(t) \\ x_{\text{R}}^{(0)}(t) \end{bmatrix}, \quad t = 1, 2, \cdots, n \tag{5-3-1}$$

式中，$x_{\text{L}}^{(0)}(t)$ 是上界点；$x_{\text{M}}^{(0)}(t)$ 是中界点；$x_{\text{R}}^{(0)}(t)$ 是下界点。

三元区间数序列的一次累加生成序列为

$$\tilde{\pmb{X}}^{(1)} = (\tilde{\pmb{x}}^{(1)}(1), \tilde{\pmb{x}}^{(1)}(2), \cdots, \tilde{\pmb{x}}^{(1)}(n)) \tag{5-3-2}$$

其中

$$\tilde{\pmb{x}}^{(1)}(k) = \begin{bmatrix} x_{\text{L}}^{(1)}(t) \\ x_{\text{M}}^{(1)}(t) \\ x_{\text{R}}^{(1)}(t) \end{bmatrix} = \begin{bmatrix} \sum_{t=1}^{k} x_{\text{L}}^{(0)}(t) \\ \sum_{t=1}^{k} x_{\text{M}}^{(0)}(t) \\ \sum_{t=1}^{k} x_{\text{R}}^{(0)}(t) \end{bmatrix}, \quad k = 1, 2, \cdots, n$$

均值生成的背景值序列为

$$\tilde{\pmb{z}}^{(1)}(k) = \begin{bmatrix} 0.5(x_{\text{L}}^{(1)}(k) + x_{\text{L}}^{(1)}(k-1)) \\ 0.5(x_{\text{M}}^{(1)}(k) + x_{\text{M}}^{(1)}(k-1)) \\ 0.5(x_{\text{R}}^{(1)}(k) + x_{\text{R}}^{(1)}(k-1)) \end{bmatrix}, \quad k = 2, 3, \cdots, n$$

定义 5-3-1 面向三元区间数序列的矩阵型 GM(1,1)（记为 MTIGM(1,1)）模型是

$$\tilde{\pmb{x}}^{(0)}(k) + \pmb{A}\tilde{\pmb{z}}^{(1)}(k) = \pmb{B} \tag{5-3-3}$$

式中，$\pmb{A} = \begin{bmatrix} a_{11} & a_{12} & a_{13} \\ a_{21} & a_{22} & a_{23} \\ a_{31} & a_{32} & a_{33} \end{bmatrix}$ 为发展系数矩阵；$\pmb{B} = [b_1, b_2, b_3]^{\text{T}}$ 为灰作用量矩阵。

MTIGM(1,1)模型的预测公式为

$$[x_L^{(0)}(k), x_M^{(0)}(k), x_R^{(0)}(k)]^T = \begin{bmatrix} \beta_1 \\ \beta_2 \\ \beta_3 \end{bmatrix} + \begin{bmatrix} \alpha_{11} & \alpha_{12} & \alpha_{13} \\ \alpha_{21} & \alpha_{22} & \alpha_{23} \\ \alpha_{31} & \alpha_{32} & \alpha_{33} \end{bmatrix} \begin{bmatrix} x_L^{(1)}(k-1) \\ x_M^{(1)}(k-1) \\ x_R^{(1)}(k-1) \end{bmatrix} \tag{5-3-4}$$

其中

$$D = \begin{vmatrix} 1+0.5a_{11} & 0.5a_{12} & 0.5a_{13} \\ 0.5a_{21} & 1+0.5a_{22} & 0.5a_{23} \\ 0.5a_{31} & 0.5a_{32} & 1+0.5a_{33} \end{vmatrix} \neq 0$$

$$\beta_1 = \frac{1}{D} \begin{vmatrix} b_1 & 0.5a_{12} & 0.5a_{13} \\ b_2 & 1+0.5a_{22} & 0.5a_{23} \\ b_3 & 0.5a_{32} & 1+0.5a_{33} \end{vmatrix}$$

$$\beta_2 = \frac{1}{D} \begin{vmatrix} 1+0.5a_{11} & b_1 & 0.5a_{13} \\ 0.5a_{21} & b_2 & 0.5a_{23} \\ 0.5a_{31} & b_3 & 1+0.5a_{33} \end{vmatrix}$$

$$\beta_3 = \frac{1}{D} \begin{vmatrix} 1+0.5a_{11} & 0.5a_{12} & b_1 \\ 0.5a_{21} & 1+0.5a_{22} & b_2 \\ 0.5a_{31} & 0.5a_{32} & b_3 \end{vmatrix}$$

$$\alpha_{11} = \frac{1}{D} \begin{vmatrix} -a_{11} & 0.5a_{12} & 0.5a_{13} \\ -a_{21} & 1+0.5a_{22} & 0.5a_{23} \\ -a_{31} & 0.5a_{32} & 1+0.5a_{33} \end{vmatrix}$$

$$\alpha_{12} = \frac{1}{D} \begin{vmatrix} -a_{12} & 0.5a_{12} & 0.5a_{13} \\ -a_{22} & 1+0.5a_{22} & 0.5a_{23} \\ -a_{32} & 0.5a_{32} & 1+0.5a_{33} \end{vmatrix}$$

$$\alpha_{13} = \frac{1}{D} \begin{vmatrix} -a_{13} & 0.5a_{12} & 0.5a_{13} \\ -a_{23} & 1+0.5a_{22} & 0.5a_{23} \\ -a_{33} & 0.5a_{32} & 1+0.5a_{33} \end{vmatrix}$$

$$\alpha_{21} = \frac{1}{D} \begin{vmatrix} 1+0.5a_{11} & -a_{11} & 0.5a_{13} \\ 0.5a_{21} & -a_{21} & 0.5a_{23} \\ 0.5a_{31} & -a_{31} & 1+0.5a_{33} \end{vmatrix}$$

$$\alpha_{22} = \frac{1}{D} \begin{vmatrix} 1+0.5a_{11} & -a_{12} & 0.5a_{13} \\ 0.5a_{21} & -a_{22} & 0.5a_{23} \\ 0.5a_{31} & -a_{32} & 1+0.5a_{33} \end{vmatrix}$$

$$\alpha_{23} = \frac{1}{D} \begin{vmatrix} 1+0.5a_{11} & -a_{13} & 0.5a_{13} \\ 0.5a_{21} & -a_{23} & 0.5a_{23} \\ 0.5a_{31} & -a_{33} & 1+0.5a_{33} \end{vmatrix}$$

$$\alpha_{31} = \frac{1}{D} \begin{vmatrix} 1+0.5a_{11} & 0.5a_{12} & -a_{11} \\ 0.5a_{21} & 1+0.5a_{22} & -a_{21} \\ 0.5a_{31} & 0.5a_{32} & -a_{31} \end{vmatrix}$$

$$\alpha_{32} = \frac{1}{D} \begin{vmatrix} 1+0.5a_{11} & 0.5a_{12} & -a_{12} \\ 0.5a_{21} & 1+0.5a_{22} & -a_{22} \\ 0.5a_{31} & 0.5a_{32} & -a_{32} \end{vmatrix}$$

$$\alpha_{33} = \frac{1}{D} \begin{vmatrix} 1+0.5a_{11} & 0.5a_{12} & -a_{13} \\ 0.5a_{21} & 1+0.5a_{22} & -a_{23} \\ 0.5a_{31} & 0.5a_{32} & -a_{33} \end{vmatrix}$$

预测公式的方程组形式为

$$x_L^{(0)}(k) = \beta_1 + \alpha_{11}x_L^{(1)}(k-1) + \alpha_{12}x_M^{(1)}(k) + \alpha_{13}x_R^{(1)}(k-1) \tag{5-3-5}$$

$$x_M^{(0)}(k) = \beta_2 + \alpha_{21}x_L^{(1)}(k-1) + \alpha_{22}x_M^{(1)}(k) + \alpha_{23}x_R^{(1)}(k-1) \tag{5-3-6}$$

$$x_R^{(0)}(k) = \beta_3 + \alpha_{31}x_L^{(1)}(k-1) + \alpha_{32}x_M^{(1)}(k) + \alpha_{33}x_R^{(1)}(k-1) \tag{5-3-7}$$

由式（5-3-5）至式（5-3-7）可以看出，MTIGM(1,1)模型在实质上是联合三元区间数的各界点预测其中一个界点。所以，此模型考虑了区间数的整体性和上、中、下界点的内在联系。由最小二乘法得到预测公式的参数估计为

$$[\alpha_{11}, \alpha_{12}, \alpha_{13}, \beta_1]^T = (\boldsymbol{X}^T\boldsymbol{X})^{-1}\boldsymbol{X}^T\boldsymbol{Y}_L \tag{5-3-8}$$

$$[\alpha_{21}, \alpha_{22}, \alpha_{23}, \beta_2]^T = (\boldsymbol{X}^T\boldsymbol{X})^{-1}\boldsymbol{X}^T\boldsymbol{Y}_M \tag{5-3-9}$$

$$[\alpha_{31}, \alpha_{32}, \alpha_{33}, \beta_3]^T = (\boldsymbol{X}^T\boldsymbol{X})^{-1}\boldsymbol{X}^T\boldsymbol{Y}_R \tag{5-3-10}$$

其中

$$\boldsymbol{X} = \begin{bmatrix} x_L^{(1)}(1) & x_M^{(1)}(1) & x_R^{(1)}(1) & 1 \\ x_L^{(1)}(2) & x_M^{(1)}(2) & x_R^{(1)}(2) & 1 \\ \vdots & \vdots & \vdots & \vdots \\ x_L^{(1)}(n-1) & x_M^{(1)}(n-1) & x_R^{(1)}(n-1) & 1 \end{bmatrix}$$

$$\boldsymbol{Y}_L = \begin{bmatrix} x_L^{(0)}(2) \\ x_L^{(0)}(3) \\ \vdots \\ x_L^{(0)}(n) \end{bmatrix}, \quad \boldsymbol{Y}_M = \begin{bmatrix} x_M^{(0)}(2) \\ x_M^{(0)}(3) \\ \vdots \\ x_M^{(0)}(n) \end{bmatrix}, \quad \boldsymbol{Y}_R = \begin{bmatrix} x_R^{(0)}(2) \\ x_R^{(0)}(3) \\ \vdots \\ x_R^{(0)}(n) \end{bmatrix}$$

2. BP 神经网络模型

类似于 MTIGM(1,1)模型，我们考虑区间数的整体性和上、中、下界点的内在联系。联合客运量前 p 年的三元区间数的上、中、下界点对第 $(p+1)$ 年的客运量的三元区间数进行预测，即输入节点取 $3 \times p$ 个，输入向量为

$$\boldsymbol{X}_{inp} = (x_L(t-1), x_M(t-1), x_R(t-1), \cdots, x_L(t-p), x_M(t-p), x_R(t-p))^T$$

输出节点取 3 个，输出向量为

$$\boldsymbol{X}_{out} = (x_L(t), x_M(t), x_R(t))^T, \quad t = p, p+1, \cdots, n$$

3. 灰色神经网络组合模型

我们首先运用 MTIGM(1,1)模型和 BP 神经网络模型分别对原始区间数序列进行拟合；然后根据两个模型区间数的拟合序列与原始序列的灰色关联度确定组合权重；最后得到组合模型的预测值。此组合模型记为 GM-BP 模型。

4. 序列的关联度

定义 5-3-2　设 $\tilde{X}_L^{(0)} = \{x_L^{(0)}(1), x_L^{(0)}(2), \cdots, x_L^{(0)}(n)\}$ 为三元区间数的下界点原始序列，设

$$\tilde{X}_{1L}^{(0)} = \{x_{1L}^{(0)}(1), x_{1L}^{(0)}(2), \cdots, x_{1L}^{(0)}(n)\}$$

$$\tilde{X}_{2L}^{(0)} = \{x_{2L}^{(0)}(1), x_{2L}^{(0)}(2), \cdots, x_{2L}^{(0)}(n)\}$$

分别为 MTIGM(1,1)模型和 BP 神经网络模型的三元区间数的下界点拟合序列，设

$$\gamma(x_L^{(0)}(k), x_{iL}^{(0)}(k)) = \frac{\min_t \min_k \left|x_L^{(0)}(k) - x_{iL}^{(0)}(k)\right| + \xi \max_t \max_k \left|x_L^{(0)}(k) - x_{iL}^{(0)}(k)\right|}{\left|x_L^{(0)}(k) - x_{iL}^{(0)}(k)\right| + \xi \max_i \max_k \left|x_L^{(0)}(k) - x_{iL}^{(0)}(k)\right|}, \quad k = p, p+1, \cdots, n$$

（5-3-11）

$\xi \in (0,1)$ 为分辨系数，一般取 $\xi = 0.5$。设

$$\gamma_i(\tilde{X}_L^{(0)}, \tilde{X}_{iL}^{(0)}) = \frac{1}{n} \sum_{k=1}^{n} \gamma(x_L^{(0)}(k), x_{iL}^{(0)}(k))$$

$i = 1, 2$。$\gamma_1(\tilde{X}_L^{(0)}, \tilde{X}_{1L}^{(0)})$ 称为下界点原始序列 $\tilde{X}_L^{(0)}$ 与 MTIGM(1,1)模型的下界点拟合序列 $\tilde{X}_{1L}^{(0)}$ 之间的关联度。$\gamma_2(\tilde{X}_L^{(0)}, \tilde{X}_{2L}^{(0)})$ 称为下界点原始序列 $\tilde{X}_L^{(0)}$ 与 BP 神经网络模型的下界点拟合序列 $\tilde{X}_{2L}^{(0)}$ 之间的关联度。

5. 权重

设

$$\xi_{iL} = 1 - \frac{1 - \gamma_i(\tilde{X}_L^{(0)}, \tilde{X}_{2L}^{(0)})}{\sqrt{\sum_{i=1}^{2}(1 - \gamma_i(\tilde{X}_L^{(0)}, \tilde{X}_{2L}^{(0)}))^2}}$$

（5-3-12）

则 MTIGM(1,1)模型和 BP 神经网络模型的下界点的组合权重分别为 w_{1L} 与 w_{2L}，即

$$w_{iL} = \frac{\xi_{iL}}{\sum_{i=1}^{2} \xi_{iL}}, \quad i = 1, 2$$

（5-3-13）

GM-BP 模型的下界点的预测值为

$$\hat{x}_L^{(0)}(k) = \sum_{i=1}^{2} w_{iL} x_{iL}^{(0)}(k)$$

（5-3-14）

GM-BP 模型的中界点和上界点的预测值 $\hat{x}_M^{(0)}(k)$ 与 $\hat{x}_R^{(0)}(k)$ 的计算过程与上述过程类似。

四、实证设计与分析

（一）总客运量预测

首先以 2000—2018 年的数据建立 MTIGM(1,1)模型来预测 2019 年 4 个季度的总客运量，再将 2000—2018 年的数据作为输入，2006—2018 年的数据作为训练目标训练 BP 神经网络模型。其中 BP 神经网络模型的训练误差指标为 0.001，隐含层传递函数为 S 形正切函数，输出层传递函数为纯线性函数，训练函数采用 trainlm。以 2013—2018 年的数据作为测试集输入完成训练的 BP 神经网络模型，最终输出 2019 年 4 个季度总客运量的预测值。MTIGM(1,1)模型与 BP 神经网络模型的下、中、上界点的组合权重分别为 0.1907、0.8093，0.2685、0.7315，

0.3105、0.6895。运用式（5-3-14）得到的三种模型对总客运量的预测结果见表 5-3-1。总客运量三个界点的拟合和预测曲线分别如图 5-3-1、图 5-3-2、图 5-3-3 所示。

我们也给出了 MTIGM(1,1)模型和 BP 神经网络模型的预测值。对比可得，BP 神经网络模型的拟合效果很好，所以联合区间数的三个界点序列建立 BP 神经网络模型，其效果良好。三个模型中虽然 BP 神经网络模型的拟合效果最好，但是其预测效果却不如 GM-BP 模型。

表 5-3-1 三种模型对总客运量的预测结果　　　　　　（单位：亿人）

年　份	原 始 数 据	MTIGM(1,1)模型	BP 神经网络模型	GM-BP 模型
MAPE（2000—2018 年）		1.39	0.45	0.61
MSE（2000—2018 年）		6214.20	987.95	1302.80
1_2019	14.17	112.85	29.14	48.79
	29.53	135.07	55.59	81.07
	44.36	156.64	43.22	82.21
2	58.76	113.18	75.56	84.39
	73.20	135.47	116.76	122.76
	87.53	157.10	97.62	118.07
3	102.92	113.44	134.33	129.43
	118.35	135.78	175.04	162.45
	133.40	157.47	154.38	155.44
4	148.96	113.84	180.85	165.13
	162.53	136.25	220.13	193.24
	176.04	158.00	200.32	185.77
MAPE（2019 年）		1.41	0.83	0.37
MSE（2019 年）		4379.20	3894.20	300.79

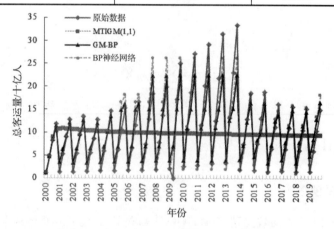

图 5-3-1 总客运量下界点的拟合和预测曲线

（二）铁路客运量预测

2000—2019 年铁路客运量的三元区间数序列的确定方法与上例相同。由灰色关联度公式计算得 MTIGM(1,1)模型的下、中、上界点的拟合序列与原始序列的灰色关联度分别为 0.6435、

0.6388、0.6350。BP 神经网络模型的下、中、上界点的拟合序列与原始序列的灰色关联度分别为 0.8865、0.6746、0.6746。MTIGM(1,1)模型与 BP 神经网络模型的下、中、上界点的组合权重分别为 0.2688、0.7312，0.4368、0.5632，0.4321、0.5679。由式（5-3-14）得到的三种模型对铁路客运量的预测结果见表 5-3-2。

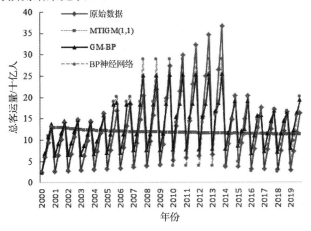

图 5-3-2　总客运量中界点的拟合和预测曲线

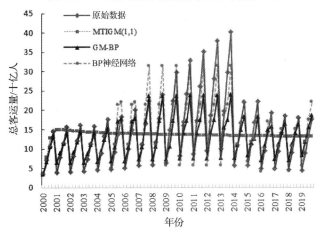

图 5-3-3　总客运量上界点的拟合和预测曲线

表 5-3-2　三种模型对铁路客运量的预测结果　　　　　　　　（单位：亿人）

年　　份	原 始 数 据	MTIGM(1,1)模型	BP 神经网络模型	GM-BP 模型
MAPE（2000—2018 年）		0.86	0.13	0.31
MSE（2000—2018 年）		27.74	1.61	4.67
1_2019	2.83	15.62	2.61	6.10
	5.70	18.46	7.96	12.55
	8.53	21.27	5.46	12.29
2	11.59	15.95	10.63	12.06
	14.66	18.85	16.03	17.26
	17.74	21.72	13.33	16.96

续表

年　份	原　始　数　据	MTIGM(1,1)模型	BP 神经网络模型	GM-BP 模型
3	21.30	16.28	20.16	19.12
	24.82	19.25	27.28	23.77
	28.07	22.17	23.97	23.19
4	31.26	16.63	28.60	25.38
	33.94	19.65	33.64	27.53
	36.60	22.64	31.12	27.46
MAPE（2019 年）		0.96	0.57	0.29
MSE（2019 年）		117.48	106.77	33.92

　　铁路客运量三个界点的拟合和预测曲线分别如图 5-3-4、图 5-3-5、图 5-3-6 所示。BP 神经网络模型的拟合效果很好。这说明联合区间数的三个界点序列建立 BP 神经网络模型，效果良好。三个模型中虽然 BP 神经网络模型的拟合精度最好，但是其预测效果却不如 GM-BP 模型。此结果与总客运量的预测结果相同。这说明 MTIGM(1,1)模型对 BP 神经网络模型的过拟合问题具有修正效果。

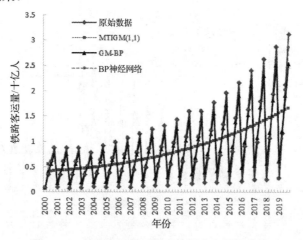

图 5-3-4　铁路客运量下界点的拟合和预测曲线

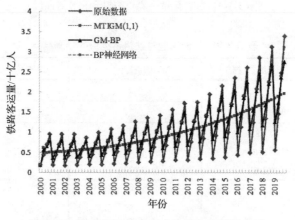

图 5-3-5　铁路客运量中界点的拟合和预测曲线

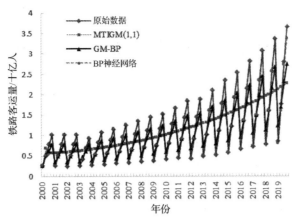

图 5-3-6　铁路客运量上界点的拟合和预测曲线

五、案例小结

本案例将灰色神经网络组合（GM-BP）模型的适用数据由精确数拓广到区间数。考虑三元区间数三个界点的内在联系，联合三个界点序列建立 BP 神经网络模型，拟合效果良好。采取并联方式建立 MTIGM(1,1)模型与 BP 神经网络模型的组合预测方法，并根据两个模型的区间数拟合序列与原始序列的灰色关联度确定组合权重。GM-BP 模型具备 MTIGM(1,1)模型与 BP 神经网络模型的优点，两者取长补短，提高了预测效果。对总客运量和铁路客运量进行三元区间数预测，BP 神经网络模型拟合效果最好，而 GM-BP 模型预测效果最好，这说明了 MTIGM(1,1)模型对 BP 神经网络的过拟合问题具有修正效果。

案例4 基于MARGM(1,*N*)模型的第三产业总量三元区间数预测

一、案例背景

灰色系统理论主要用于解决数据缺乏、贫信息不确定性问题，其中的灰色预测模型应用最为广泛。为提高灰色预测模型的预测精度，各界对灰色预测模型进行了研究和改进，包括针对精确数和区间数的预测研究。将具有高度波动性的数据表示为区间数时包含更多具有参考价值的信息。二元区间数能够反映数据的波动范围，三元区间数则比二元区间数多了一个偏好值，为决策提供更多的信息。面向区间数序列的灰色预测模型研究主要分为两个研究方向：一个是基于序列转换的，这些研究考虑了区间数序列的整体性，但是没有改变灰色预测模型只能直接预测精确数序列的本质；另一个是基于模型改进的，通过改变模型的形式使模型能直接对区间数进行建模和预测。

时滞效应普遍存在于复杂的不确定系统中，如果在建模时没有考虑时滞效应的影响，则会影响预测的准确性，甚至导致决策的失误。因此，本案例考虑系统特征时滞效应对自身发展的影响，改进 GM(1,*N*)模型使其直接适用于三元区间数序列，最后通过预测我国的第三产业总量来检验模型的有效性。

二、理论分析与研究内容

第三产业包括的行业多、范围广，其在国民经济中的占比不断提升，发挥的作用越来越大。目前有许多面向 GDP 的预测研究，但针对第三产业总量的预测研究很少。准确地预测第三产业有利于促进工农生产的社会化和专业化水平的提高，有利于优化生产结构，促进市场充分发育，缓解就业压力，从而促进整个经济持续、快速、健康发展。

目前还没有针对第三产业总量的三元区间数预测。本文考虑相关因素及系统特征时滞效应的影响，首先基于 GM(1,*N*)模型引入系统特征的时滞项，构建自回归时滞 GM(1,*N*)模型；然后进一步把该模型矩阵化，提出能直接预测三元区间数的矩阵型自回归时滞 GM(1,*N*)。

通过用新模型预测我国第三产业总量的三元区间数，分析新模型的有效性，并且与 5 个竞争模型进行比较，验证新模型的优越性。5 个竞争模型包括自回归时滞 GM(1,*N*)、MINGM(1,*N*)、MTIGM(1,1)、GM(1,*N*)和 GM(1,1)模型。其中，MINGM(1,*N*)和 MTIGM(1,1)模型能直接对三元区间数进行建模和预测，ARGM(1,*N*)、GM(1,*N*)和 GM(1,1)模型只直接适用于精确数序列，这 3 个模型分别由三元区间数的下界点、中界点和上界点序列构建，从而求出区间数各个界点序列的拟合值和预测值。

三、模型设定

首先，基于 GM(1,*N*)模型考虑系统特征的时滞效应，引入系统特征的自回归时滞项，构建自回归时滞 GM(1,*N*)模型；然后，给出面向三元区间数序列的灰色关联度计算方法；最后，

把自回归时滞 GM(1,*N*)模型的适用范围从精确数序列拓广到三元区间数序列，提出矩阵型自回归时滞 GM(1,*N*)模型，并给出该模型的定义型模型、参数估计方法、预测公式和应用流程图。

（一）自回归时滞 GM(1,*N*)模型

考虑系统特征的时滞效应，基于 GM(1,*N*)模型引入系统特征的自回归时滞项，同时，考虑系统中其他不确定因素的影响，添加一个灰作用量，提出以下模型。

定义 5-4-1　设非负的系统特征序列为 $X_1^{(0)} = \{x_1^{(0)}(1), x_1^{(0)}(2), \cdots, x_1^{(0)}(n)\}$，其一次累加生成序列及背景值序列分别为 $X_1^{(1)} = \{x_1^{(1)}(1), x_1^{(1)}(2), \cdots, x_1^{(1)}(n)\}$，$Z_1^{(1)} = \{z_1^{(1)}(2), z_1^{(1)}(3), \cdots, z_1^{(1)}(n)\}$，其中，$x_1^{(1)}(j) = \sum_{i=1}^{j} x_1^{(0)}(i)$，$j = 1, 2, \cdots, n$，$z_1^{(1)}(k) = 0.5[x_1^{(1)}(k) + x_1^{(1)}(k-1)]$，$k = 2, 3, \cdots, n$。系统特征序列 $X_1^{(0)}$ 的 $N-1$ 个相关因素序列为 $X_i^{(0)} = \{x_i^{(0)}(1), x_i^{(0)}(2), \cdots, x_i^{(0)}(n)\}$，$i = 2, 3, \cdots, N$，则自回归时滞 GM(1,*N*)（简记为 ARGM(1,1)）的定义型方程为

$$x_1^{(0)}(k) + az_1^{(1)}(k) = b_1 x_1^{(0)}(k-1) + b_2 x_1^{(0)}(k-2) + \cdots + b_p x_1^{(0)}(k-p) +$$
$$q_2 x_2^{(1)}(k) + q_3 x_3^{(1)}(k) + \cdots + q_N x_N^{(1)}(k) + c \tag{5-4-1}$$

式中，c 是灰作用量；p 是系统特征序列的滞后阶，是一个自然数，通过灰色关联分析法确定；$b_i(i = 1, 2, \cdots, p)$ 是系统特征自回归时滞项的驱动系数。

当 $p = 0$ 且 $c = 0$ 时，ARGM(1,*N*)模型退化为 GM(1,*N*)模型；当 $b_i = 0(i = 1, 2, \cdots, p)$ 且 $q_i = 0(i = 2, 3, \cdots, N)$ 时，ARGM(1,*N*)模型退化为 GM(1,1)模型。

ARGM(1,*N*)模型的参数用最小二乘法估计，由式（5-4-1）可得 $\hat{A} = (X^T X)^{-1} X^T Y$，其中 $\hat{A} = [a, b_1, b_2, \cdots, b_p, q_2, q_3, \cdots, q_N, b]^T$，$Y = [x_1^{(0)}(2), x_1^{(0)}(3), \cdots, x_1^{(0)}(n)]^T$，

$$X = \begin{bmatrix} -z_1^{(1)}(2) & x_1^{(0)}(1) & 0 & \cdots & 0 & x_2^{(1)}(2) & x_3^{(1)}(2) & \cdots & x_N^{(1)}(2) & 1 \\ -z_1^{(1)}(3) & x_1^{(0)}(2) & x_1^{(0)}(1) & \cdots & 0 & x_2^{(1)}(3) & x_3^{(1)}(3) & \cdots & x_N^{(1)}(3) & 1 \\ \vdots & \vdots & \vdots & & \vdots & \vdots & \vdots & & \vdots & \vdots \\ -z_1^{(1)}(n) & x_1^{(0)}(n-1) & x_1^{(0)}(n-2) & \cdots & x_1^{(0)}(n-p) & x_2^{(1)}(n) & x_3^{(1)}(n) & \cdots & x_N^{(1)}(N) & 1 \end{bmatrix}$$

下面给出 ARGM(1,*N*)模型的预测公式推导。

因为 $x_1^{(1)}(k) = x_1^{(0)}(k) + x_1^{(1)}(k-1)$，所以 $z_1^{(1)}(k) = 0.5[x_1^{(0)}(k) + 2x_1^{(1)}(k-1)]$，将其代入式（5-4-1）后可得 $(1 + 0.5a)x_1^{(0)}(k) = -ax_1^{(1)}(k-1) + \sum_{i=1}^{p} b_i x_1^{(0)}(k-i) + \sum_{j=1}^{N} q_j x_j^{(1)}(k) + c$，整理即得 ARGM(1,*N*)模型的预测公式为

$$x_1^{(0)}(k) = \frac{1}{1+0.5a}\left[-ax_1^{(1)}(k-1) + \sum_{i=1}^{p} b_i x_1^{(0)}(k-i) + \sum_{j=1}^{N} q_j x_j^{(1)}(k) + c\right], \quad k = 2, 3, \cdots \tag{5-4-2}$$

式（5-4-2）是一个递推式，其初始条件是 $\hat{x}_1^{(1)}(1) = x_1^{(0)}(1)$。

（二）三元区间数序列的灰色关联度

灰色关联度可以评价序列之间的相关性，下面给出面向三元区间数序列灰色关联度的计算方法。

设系统特征的三元区间数序列为 $\tilde{X}_1^{(0)} = \{\tilde{x}_1^{(0)}(1), \tilde{x}_1^{(0)}(2), \cdots, \tilde{x}_1^{(0)}(n)\}$，相关因素序列为

$\tilde{\boldsymbol{X}}_i^{(0)} = \{\tilde{x}_i^{(0)}(1), \tilde{x}_i^{(0)}(2), \cdots, \tilde{x}_i^{(0)}(n)\}$，$i = 2, 3, \cdots, N$；$\tilde{\boldsymbol{X}}_i^{(0)}$ 的一次累加生成序列为 $\tilde{\boldsymbol{X}}_i^{(1)} = \{\tilde{x}_1^{(1)}(1)$，$\tilde{x}_i^{(1)}(2), \cdots, \tilde{x}_i^{(1)}(n)\}$，$i = 1, 2, 3, \cdots, N$；$\tilde{\boldsymbol{X}}_1^{(1)}$ 的背景值序列为 $\tilde{\boldsymbol{Z}}_1^{(1)} = \{\tilde{z}_1^{(1)}(1), \tilde{z}_1^{(1)}(2), \cdots, \tilde{z}_1^{(1)}(n)\}$。其中，$\tilde{x}_i^{(0)}(k) = [x_{iL}^{(0)}(k), x_{iM}^{(0)}(k), x_{iU}^{(0)}(k)]^{\mathrm{T}}$，$i = 1, 2, \cdots, N$，$x_{iL}^{(0)}(k)$、$x_{iM}^{(0)}(k)$ 和 $x_{iU}^{(0)}(k)$ 分别是三元区间数的下界点、中界点（或偏好值）和上界点。

$$\tilde{x}_i^{(0)}(k) = \begin{bmatrix} x_{iL}^{(0)}(k) \\ x_{iM}^{(0)}(k) \\ x_{iU}^{(0)}(k) \end{bmatrix}, \quad \tilde{x}_i^{(1)}(k) = \begin{bmatrix} x_{iL}^{(1)}(k) \\ x_{iM}^{(1)}(k) \\ x_{iU}^{(1)}(k) \end{bmatrix} = \begin{bmatrix} \sum_{j=1}^{k} x_{iL}^{(0)}(j) \\ \sum_{j=1}^{k} x_{iM}^{(0)}(j) \\ \sum_{j=1}^{k} x_{iU}^{(0)}(j) \end{bmatrix}, \quad k = 1, 2, \cdots, n \qquad (5\text{-}4\text{-}3)$$

$$\tilde{z}_1^{(1)}(k) = \begin{bmatrix} z_{1L}^{(1)}(k) \\ z_{1M}^{(1)}(k) \\ z_{1U}^{(1)}(k) \end{bmatrix} = \begin{bmatrix} 0.5(x_{1L}^{(1)}(k) + x_{1L}^{(1)}(k-1)) \\ 0.5(x_{1M}^{(1)}(k) + x_{1M}^{(1)}(k-1)) \\ 0.5(x_{1U}^{(1)}(k) + x_{1U}^{(1)}(k-1)) \end{bmatrix}, \quad k = 2, 3, \cdots, n \qquad (5\text{-}4\text{-}4)$$

● 计算三元区间数序列 $\tilde{\boldsymbol{X}}_1^{(0)}$ 与 $\tilde{\boldsymbol{X}}_i^{(0)}$ 在第 k 时刻的距离

$$L_{1i}(\tilde{x}_1^{(0)}(k), \tilde{x}_i^{(0)}(k)) = \frac{1}{\sqrt{3}} [(x_{1L}^{(0)}(k) - x_{iL}^{(0)}(k))^2 + (x_{1M}^{(0)}(k) - x_{iM}^{(0)}(k))^2 + (x_{1U}^{(0)}(k) - x_{iU}^{(0)}(k))^2]^{\frac{1}{2}}$$

$$k = 1, 2, \cdots, n, \quad i = 2, \cdots, N$$

● 计算三元区间数序列 $\tilde{\boldsymbol{X}}_1^{(0)}$ 与 $\tilde{\boldsymbol{X}}_i^{(0)}$ 在第 k 时刻的关联度 $\xi_{1i}(k)$

$$\xi_{1i}(k) = \frac{\min\limits_i \min\limits_k |L_{1i}(k)| + \rho \max\limits_i \max\limits_k |L_{1i}(k)|}{|L_{1i}(k)| + \rho \max\limits_i \max\limits_k |L_{1i}(k)|}$$

式中，ρ 为分辨系数，本文取值为 0.5。

● 计算三元区间数序列 $\tilde{\boldsymbol{X}}_1^{(0)}$ 与 $\tilde{\boldsymbol{X}}_i^{(0)}$ 的灰色关联度

$$\gamma_{1i} = \sum_{k=1}^{n} \omega_k \xi_{1i}(k)$$

式中，$\omega_k (k = 1, 2, \cdots, n)$ 是相关因素的权重，在本文均取值为 $\dfrac{1}{n}$。

如果三元区间数序列之间的灰色关联度大于 0.6，则认为这两个序列是相关的。灰色关联度越大，序列之间的相关性就越强。

三元区间数序列的滞后阶采用灰色关联分析法来确定，计算原始序列的不同时期子序列之间的灰色关联度，选择关联度最大的子序列之间的时期差作为原始序列的滞后阶。影响因素也通过灰色关联分析法确定，选择灰色关联度大于 0.6 的因素作为系统特征的影响因素。

（三）矩阵型 ARGM(1,N)模型

1. 模型的定义

ARGM(1,N)模型只直接适用于精确数序列，为了把 ARGM(1,N)模型的适用范围从精确数序列拓广到区间数序列，可以把 ARGM(1,N)模型矩阵化，即把变量看作三维列向量，把参数设置为矩阵的形式，新模型的定义如下。

定义 5-4-2　面向三元区间数的矩阵型自回归时滞 GM(1,N)（简记为 MARGM(1,N)）模型的定义为

$$\tilde{x}_1^{(0)}(k) + A\tilde{z}_1^{(1)}(k) = B_1\tilde{x}_1^{(0)}(k-1) + B_2\tilde{x}_1^{(0)}(k-2) + \cdots + B_p\tilde{x}_1^{(0)}(k-p) +$$

$$Q_2\tilde{x}_2^{(1)}(k) + Q_3\tilde{x}_3^{(1)}(k) + \cdots + Q_N\tilde{x}_N^{(1)}(k) + C \tag{5-4-5}$$

式中，

$$A = \begin{bmatrix} a_{11} & a_{12} & a_{13} \\ a_{21} & a_{22} & a_{23} \\ a_{31} & a_{32} & a_{33} \end{bmatrix}, \quad B_j = \begin{bmatrix} b_{11}^{(j)} & b_{12}^{(j)} & b_{13}^{(j)} \\ b_{21}^{(j)} & b_{22}^{(j)} & b_{23}^{(j)} \\ b_{31}^{(j)} & b_{32}^{(j)} & b_{33}^{(j)} \end{bmatrix}, \quad Q_j = \begin{bmatrix} q_{11}^{(i)} & q_{12}^{(i)} & q_{13}^{(i)} \\ q_{21}^{(i)} & q_{22}^{(i)} & q_{23}^{(i)} \\ q_{31}^{(i)} & q_{32}^{(i)} & q_{33}^{(i)} \end{bmatrix}, \quad C = \begin{bmatrix} c_1 \\ c_2 \\ c_3 \end{bmatrix},$$

$$j = 1, 2, \cdots, p, \quad i = 2, \cdots, N$$

2. 参数估计

MARGM(1,N)模型的参数采用最小二乘法估计，式（5-4-5）等价于

$$\begin{cases} x_{1L}^{(0)}(k) + a_{11}z_{1L}^{(1)}(k) + a_{12}z_{1M}^{(1)}(k) + a_{13}z_{1U}^{(1)}(k) = F_1 \\ x_{1L}^{(0)}(k) + a_{21}z_{1L}^{(1)}(k) + a_{22}z_{1M}^{(1)}(k) + a_{23}z_{1U}^{(1)}(k) = F_2 \\ x_{1L}^{(0)}(k) + a_{31}z_{1L}^{(1)}(k) + a_{32}z_{1M}^{(1)}(k) + a_{33}z_{1U}^{(1)}(k) = F_3 \end{cases} \tag{5-4-6}$$

其中

$$F_1 = \sum_{j=1}^{p} b_{11}^{(j)} x_{1L}^{(0)}(k-j) + \sum_{j=1}^{p} b_{12}^{(j)} x_{1M}^{(0)}(k-j) + \sum_{j=1}^{p} b_{13}^{(j)} x_{1U}^{(0)}(k-j) + \sum_{i=2}^{N} q_{11}^{(i)} x_{iL}^{(1)}(k) + \sum_{i=2}^{N} q_{12}^{(i)} x_{iM}^{(1)}(k) + \sum_{i=2}^{N} q_{13}^{(i)} x_{iU}^{(1)}(k) + c_1$$

$$F_2 = \sum_{j=1}^{p} b_{21}^{(j)} x_{1L}^{(0)}(k-j) + \sum_{j=1}^{p} b_{22}^{(j)} x_{1M}^{(0)}(k-j) + \sum_{j=1}^{p} b_{23}^{(j)} x_{1U}^{(0)}(k-j) + \sum_{i=2}^{N} q_{21}^{(i)} x_{iL}^{(1)}(k) + \sum_{i=2}^{N} q_{22}^{(i)} x_{iM}^{(1)}(k) + \sum_{i=2}^{N} q_{23}^{(i)} x_{iU}^{(1)}(k) + c_2$$

$$F_3 = \sum_{j=1}^{p} b_{31}^{(j)} x_{1L}^{(0)}(k-j) + \sum_{j=1}^{p} b_{32}^{(j)} x_{1M}^{(0)}(k-j) + \sum_{j=1}^{p} b_{33}^{(j)} x_{1U}^{(0)}(k-j) + \sum_{i=2}^{N} q_{31}^{(i)} x_{iL}^{(1)}(k) + \sum_{i=2}^{N} q_{32}^{(i)} x_{iM}^{(1)}(k) + \sum_{i=2}^{N} q_{33}^{(i)} x_{iU}^{(1)}(k) + c_3$$

令

$$X = \begin{bmatrix} -z_{1L}^{(1)}(2) & -z_{1M}^{(1)}(2) & -z_{1U}^{(1)}(2) & x_{1L}^{(0)}(1) & x_{1M}^{(0)}(1) & x_{1U}^{(0)}(1) & 0 & 0 & 0 & \cdots \\ -z_{1L}^{(1)}(3) & -z_{1M}^{(1)}(3) & -z_{1U}^{(1)}(3) & x_{1L}^{(0)}(2) & x_{1M}^{(0)}(2) & x_{1U}^{(0)}(2) & x_{1L}^{(0)}(1) & x_{1M}^{(0)}(1) & x_{1U}^{(0)}(1) & \cdots \\ \vdots & \vdots & \vdots & \vdots & \vdots & \vdots & \vdots & \vdots & \vdots & \\ -z_{1L}^{(1)}(n) & -z_{1M}^{(1)}(n) & -z_{1U}^{(1)}(n) & x_{1L}^{(0)}(n-1) & x_{1M}^{(0)}(n-1) & x_{1U}^{(0)}(n-1) & x_{1L}^{(0)}(n-2) & x_{1M}^{(0)}(n-2) & x_{1U}^{(0)}(n-2) & \cdots \end{bmatrix}$$

$$\begin{bmatrix} 0 & 0 & 0 & x_{2L}^{(1)}(2) & x_{2M}^{(1)}(2) & x_{2U}^{(1)}(2) & \cdots & x_{NL}^{(1)}(2) & x_{NM}^{(1)}(2) & x_{NU}^{(1)}(2) & 1 \\ 0 & 0 & 0 & x_{2L}^{(1)}(3) & x_{2M}^{(1)}(3) & x_{2U}^{(1)}(3) & \cdots & x_{NL}^{(1)}(3) & x_{NM}^{(1)}(3) & x_{NU}^{(1)}(3) & 1 \\ \vdots & \vdots & \vdots & \vdots & \vdots & \vdots & & \vdots & \vdots & \vdots & \vdots \end{bmatrix}$$

$$x_{1L}^{(1)}(n-p) \quad x_{1M}^{(1)}(n-p) \quad x_{1U}^{(1)}(n-p) \quad x_{2L}^{(1)}(N) \quad x_{2M}^{(1)}(n) \quad x_{2U}^{(1)}(n) \quad \cdots \quad x_{NL}^{(1)}(n) \quad x_{NM}^{(1)}(n) \quad x_{NU}^{(1)}(n) \quad 1$$

$$A_L = [a_{11}, a_{12}, a_{13}, b_{11}^{(1)}, b_{12}^{(1)}, b_{13}^{(1)}, b_{11}^{(2)}, b_{12}^{(2)}, b_{13}^{(2)}, \cdots, b_{11}^{(p)}, b_{12}^{(p)}, b_{13}^{(p)}, q_{11}^{(2)}, q_{12}^{(2)}, q_{13}^{(2)}, \cdots, q_{11}^{(N)}, q_{12}^{(N)}, q_{13}^{(N)}, c_1]^T$$

$$A_M = [a_{21}, a_{22}, a_{23}, b_{21}^{(1)}, b_{22}^{(1)}, b_{23}^{(1)}, b_{21}^{(2)}, b_{22}^{(2)}, b_{23}^{(2)}, \cdots, b_{21}^{(p)}, b_{22}^{(p)}, b_{23}^{(p)}, q_{21}^{(2)}, q_{22}^{(2)}, q_{23}^{(2)}, \cdots, q_{21}^{(N)}, q_{22}^{(N)}, q_{23}^{(N)}, c_2]^T$$

$$A_U = [a_{31}, a_{32}, a_{33}, b_{31}^{(1)}, b_{32}^{(1)}, b_{33}^{(1)}, b_{31}^{(2)}, b_{32}^{(2)}, b_{33}^{(2)}, \cdots, b_{31}^{(p)}, b_{32}^{(p)}, b_{33}^{(p)}, q_{31}^{(2)}, q_{32}^{(2)}, q_{33}^{(2)}, \cdots, q_{31}^{(N)}, q_{32}^{(N)}, q_{33}^{(N)}, c_3]^T$$

$$Y_L = [x_{1L}^{(0)}(p+1), x_{1L}^{(0)}(p+2), \cdots, x_{1L}^{(0)}(n)]^T, \quad Y_M = [x_{1M}^{(0)}(p+1), x_{1M}^{(0)}(p+2), \cdots, x_{1M}^{(0)}(n)]^T$$

$$Y_U = [x_{1U}^{(0)}(p+1), x_{1U}^{(0)}(p+2), \cdots, x_{1U}^{(0)}(n)]^T$$

则 $Y_L = XA_L$，$Y_M = XA_M$，$Y_U = XA_U$。根据最小二乘法可以得到

$$A_L = (X^TX)^{-1}X^TY_L, \quad A_M = (X^TX)^{-1}X^TY_M, \quad A_U = (X^TX)^{-1}X^TY_U \tag{5-4-7}$$

3. 预测公式

将式（5-4-3）代入式（5-4-4）得

$$\begin{bmatrix} z_{1L}^{(1)}(k) \\ z_{1M}^{(1)}(k) \\ z_{1U}^{(1)}(k) \end{bmatrix} = \begin{bmatrix} 0.5(x_{1L}^{(1)}(k) + x_{1L}^{(1)}(k-1)) \\ 0.5(x_{1M}^{(1)}(k) + x_{1M}^{(1)}(k-1)) \\ 0.5(x_{1U}^{(1)}(k) + x_{1U}^{(1)}(k-1)) \end{bmatrix} = 0.5 \begin{bmatrix} x_{1L}^{(0)}(k) \\ x_{1M}^{(0)}(k) \\ x_{1U}^{(0)}(k) \end{bmatrix} + \begin{bmatrix} x_{1L}^{(1)}(k-1) \\ x_{1M}^{(1)}(k-1) \\ x_{1U}^{(1)}(k-1) \end{bmatrix} \quad (5\text{-}4\text{-}8)$$

将式（5-4-8）代入式（5-4-6），整理可得

$$\begin{bmatrix} 1+0.5a_{11} & 0.5a_{12} & 0.5a_{13} \\ 0.5a_{21} & 1+0.5a_{22} & 0.5a_{23} \\ 0.5a_{31} & 0.5a_{32} & 1+0.5a_{33} \end{bmatrix} \begin{bmatrix} x_{1L}^{(0)}(k) \\ x_{1M}^{(0)}(k) \\ x_{1U}^{(0)}(k) \end{bmatrix} = \begin{bmatrix} P_1 \\ P_2 \\ P_3 \end{bmatrix}$$

其中

$$P_1 = -a_{11}x_{1L}^{(1)}(k-1) - a_{12}x_{1M}^{(1)}(k-1) - a_{13}x_{1U}^{(1)}(k-1) + F_1$$
$$P_2 = -a_{21}x_{1L}^{(1)}(k-1) - a_{22}x_{1M}^{(1)}(k-1) - a_{23}x_{1U}^{(1)}(k-1) + F_2$$
$$P_3 = -a_{31}x_{1L}^{(1)}(k-1) - a_{32}x_{1M}^{(1)}(k-1) - a_{33}x_{1U}^{(1)}(k-1) + F_3$$

再应用克拉默法则得

$$\begin{bmatrix} x_L^{(0)}(k) \\ x_M^{(0)}(k) \\ x_U^{(0)}(k) \end{bmatrix} = \left[\frac{D_1}{D}, \frac{D_2}{D}, \frac{D_3}{D} \right]^T, \quad k = 2,3,\cdots \quad (5\text{-}4\text{-}9)$$

其中

$$D = \begin{vmatrix} 1+0.5a_{11} & 0.5a_{12} & 0.5a_{13} \\ 0.5a_{21} & 1+0.5a_{22} & 0.5a_{23} \\ 0.5a_{31} & 0.5a_{23} & 1+0.5a_{33} \end{vmatrix} \neq 0, \quad D_1 = \begin{vmatrix} P_1 & 0.5a_{12} & 0.5a_{13} \\ P_2 & 1+0.5a_{22} & 0.5a_{23} \\ P_3 & 0.5a_{23} & 1+0.5a_{33} \end{vmatrix},$$

$$D_2 = \begin{vmatrix} 1+0.5a_{11} & P_1 & 0.5a_{13} \\ 0.5a_{21} & P_2 & 0.5a_{23} \\ 0.5a_{31} & P_3 & 1+0.5a_{33} \end{vmatrix}, \quad D_3 = \begin{vmatrix} 1+0.5a_{11} & 0.5a_{12} & P_1 \\ 0.5a_{21} & 1+0.5a_{22} & P_2 \\ 0.5a_{31} & 0.5a_{32} & P_3 \end{vmatrix}$$

式（5-4-9）是 MARGM(1,N)模型的预测递推公式，令其初始条件为

$$[\hat{x}_L^{(1)}(1), \hat{x}_M^{(1)}(1), \hat{x}_U^{(1)}(1)]^T = [x_L^{(0)}(1), x_M^{(0)}(1), x_U^{(0)}(1)]^T$$

从式（5-4-5）和式（5-4-9）可以看出，MARGM(1,N)模型在建模和预测时都保持了三元区间数序列的完整性，使该模型直接适用于三元区间数序列而不需要经过序列的转换。

4. 应用流程

由式（5-4-9）可知，在预测系统特征之前需要先确定系统特征序列的滞后阶、相关因素和相关因素的预测值。系统特征序列的滞后阶及其影响因素采用灰色关联分析法来确定，影响因素的预测值则用 MTIGM(1,1)模型预测。然后即可构建 MARGM(1,N)模型，该模型的应用流程如图 5-4-1 所示。

（四）模型的评价标准

误差比较是评价模型的一种重要方法。本例采用平均绝对百分比误差（MAPE）、平均绝对误差（MAE）和均方根误差（RMSE）来评价模型对三元区间数的拟合和预测效果。下面

给出这三种误差面向三元区间数的计算公式。

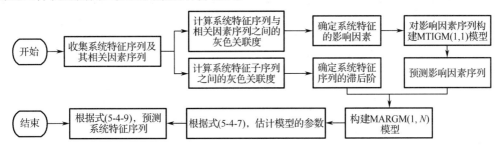

图 5-4-1　MARGM(1,N)模型的应用流程

（1）平均绝对百分比误差

$$\text{MAPE} = \frac{1}{3(n-1)} \left(\sum_{k=2}^{n} \frac{\left| \hat{x}_{1L}^{(0)}(k) - x_{1L}^{(0)}(k) \right|}{x_{1L}^{(0)}(k)} + \sum_{k=2}^{n} \frac{\left| \hat{x}_{1M}^{(0)}(k) - x_{1M}^{(0)}(k) \right|}{x_{1M}^{(0)}(k)} + \sum_{k=2}^{n} \frac{\left| \hat{x}_{1U}^{(0)}(k) - x_{1U}^{(0)}(k) \right|}{x_{1U}^{(0)}(k)} \right) \times 100\%$$

（2）平均绝对误差

$$\text{MAE} = \frac{1}{3(n-1)} \left(\sum_{k=2}^{n} \left| \hat{x}_{1L}^{(0)}(k) - x_{1L}^{(0)}(k) \right| + \sum_{k=2}^{n} \left| \hat{x}_{1M}^{(0)}(k) - x_{1M}^{(0)}(k) \right| + \sum_{k=2}^{n} \left| \hat{x}_{1U}^{(0)}(k) - x_{1U}^{(0)}(k) \right| \right)$$

（3）均方根误差

$$\text{RMSE} = \frac{1}{3\sqrt{n-1}} \left(\sqrt{\sum_{k=2}^{n} (\hat{x}_{1L}^{(0)}(k) - x_{1L}^{(0)}(k))^2} + \sqrt{\sum_{k=2}^{n} (\hat{x}_{1M}^{(0)}(k) - x_{1M}^{(0)}(k))^2} + \sqrt{\sum_{k=2}^{n} (\hat{x}_{1U}^{(0)}(k) - x_{1U}^{(0)}(k))^2} \right)$$

（五）实证设计与分析

1．数据预处理

令我国第三产业总量为系统特征变量，采用国家统计局收集的 2002—2020 年第三产业总量的季度数据，以及进口总值、出口总值、流通中现金供应量和社会消费品零售总额的月度数据。把这些精确数序列设置为区间数序列，即把每年中数据的最小值设置为区间数下界点，把平均值设置为区间数中界点，把最大值设置为区间数上界点，即可得到这 5 个因素的三元区间数序列，见表 5-4-1。

表 5-4-1　5 个因素的三元区间数序列

年份	第三产业总量	进 口 总 值	出 口 总 值	流通中现金供应量	社会消费品零售总额
2002	[12502.1,12855.8,13584.2]	[159.2,246.1,297.9]	[191.4,271.4,319.1]	[15098.0,16005.7,17278.4]	[3052.2.3409.2,4404.4]
2003	[13870.6,14439.0,15481.4]	[237.8,344.2,423.4]	[244.6,365.4,480.6]	[16957.2,18126.4,21245.1]	[3406.9,3820.2,4735.7]
2004	[16124.3,16662.7,17524.6]	[357.4,467.3,527.1]	[341.6,494.7,637.8]	[19017.6,20022.4,22287.4]	[4001.8,4495.8,5562.5]
2005	[18746.0,19357.5,20344.5]	[399.2,550.2,644.0]	[442.7,635.3,754.1]	[20811.6,22031.6,24031.7]	[4663.3,5307.2,6850.4]
2006	[22190.4,22940.6,24575.3]	[516.8,659.8,763.4]	[541.1,807.8,958.5]	[23465.3,24962.0,29310.4]	[5774.6,6367.5,7499.2]
2007	[27703.2,28946.9,31469.8]	[583.4,796.9,917.3]	[821.0,1015.1,1176.2]	[26728.0,28267.3,30627.9]	[6672.5,7434.2,9015.3]
2008	[33392.9,34206.9,31469.8]	[721.8,943.3,1114.0]	[873.7,1190.7,1366.8]	[30169.3,31759.1,36673.2]	[8123.2,9040.6,10728.5]
2009	[37065.4,38691.3,41541.7]	[513.4,836.6,1122.9]	[648.9,1001.6,1307.2]	[33559.5,35598.6,41082.4]	[9317.6,10445.2,12610.0]

年份	第三产业总量	进口总值	出口总值	流通中现金供应量	社会消费品零售总额
2010	[43311.1,45515.5,49187.8]	[869.1,1161.6,1410.7]	[945.2,1315.4,1541.5]	[38653.0,40813.9,44628.2]	[11321.7,12879.5,15329.5]
2011	[51683.2,54030.9,57487.8]	[1040.6,1451.2,1599.4]	[967.4,1582.7,1751.3]	[44477.8,47291.5,58063.9]	[13588.0,15075.8,17739.7]
2012	[58595.5,61214.1,65107.2]	[1226.6,1514.5,1676.1]	[1144.7,1708.4,1992.3]	[49039.7,51773.6,59820.7]	[15603.1,17349.8,20334.2]
2013	[66719.3,69495.9,72696.6]	[1241.4,1624.4,1830.1]	[1393.7,1842.2,2077.4]	[54063.9,56564.0,62449.6]	[17600.3,19657.0,23059.7]
2014	[74492.4,77663.5,82580.9]	[1370.8,1635.9,1827.2]	[1140.9,1952.7,2275.1]	[56951.1,60111.3,76488.6]	[19701.2,22011.3,25801.3]
2015	[83258.0,87436.2,92840.6]	[1085.7,1400.7,1642.9]	[1445.7,1902.0,2236.8]	[58604.3,61573.3,72896.2]	[22386.7,25293.8,28634.6]
2016	[92990.5,97707.0,104334.0]	[935.5,1324.6,1686.0]	[1261.4,1780.6,2094.2]	[62780.7,65485.3,72526.5]	[24645.8,27940.6,31757.0]
2017	[104346.3,109589.0,117067.8]	[1292.3,1535.3,1771.7]	[1200.8,1900.3,2318.0]	[66977.7,70130.2,86598.6]	[27278.5,30830.2,34734.1]
2018	[116861.8,122425.2,129846.2]	[1378.6,17778.4,1949.8]	[1716.2,2084.4,2274.5]	[69530.6,72002.7,81424.2]	[28541.9,31990.5,35893.5]
2019	[127803.3,133842.8,141603.5]	[1311.2,1724.1,1910.6]	[1352.0,2082.1,2382.7]	[72581.0,75481.0,87470.6]	[30586.1,34558.5,38776.7]
2020	[123008.5,138494.2,152727.6]	[1438.9,1760.7,2037.5]	[1851.5,2305.6,2819.3]	[79459.4,82861.3,93249.2]	[26449.9,33985.1,40566.0]

2. 预测第三产业总值

计算进口总值、出口总值、流通中现金供应量和社会消费品零售总额区间数序列与第三产业总量区间数序列的灰色关联度，分别为 0.59、0.59、0.85 和 0.65，可以看出，流通中现金供应量和社会消费品零售总额与第三产业总量之间具有更强的相关性，可以认为这两个因素是第三产业总量的影响因素。令流通中现金供应量序列为 $\boldsymbol{X}_2^{(0)}$，社会消费品零售总额序列为 $\boldsymbol{X}_3^{(0)}$。

计算 2005—2020 年的第三产业总量子序列与 2004—2019 年、2003—2018 年和 2002—2017 年的第三产业总量子序列之间的灰色关联度，结果分别为 0.81、0.65 和 0.55，这说明第三产业总量序列与其滞后一阶序列的相关性更强，因此该序列的滞后阶为 1。

本案例用 2002—2018 年的数据构建模型，用 2019—2020 年的数据检验模型的预测效果。用 MTIGM(1,1)模型预测流通中现金供应量和社会消费品零售总额的三元区间数序列，相关因素的预测结果见表 5-4-2。表 5-4-2 显示，MTIGM(1,1)模型的预测误差很小，所以该预测结果是有效的，可用于预测系统特征序列。然后，就可以构建 MARGM(1,N)模型了。根据式（5-4-7）拟合系统特征序列，估计 MARGM(1,N)模型的参数，见表 5-4-3。

表 5-4-2   相关因素的预测结果

年份/误差	流通中现金供应量	社会消费品零售总额
2019 年	[71152.7,73133.1,81476.4]	[30874.5,34867.4,38579.2]
2020 年	[72321.0,73341.6,76495.0]	[32357.2,36607.0,39980.4]
MAPE	8.40%	5.64%
MAE	7197.09	1651.58
RMSE	5813.15	1528.71

第 5 章 变量选择与预测模型案例

表 5-4-3 MARGM(1,N)模型的参数

上界点	a_{11}	a_{12}	a_{13}	$b_{11}^{(1)}$	$b_{12}^{(1)}$	$b_{13}^{(1)}$	$q_{11}^{(2)}$	$q_{12}^{(2)}$	$q_{13}^{(2)}$	$q_{11}^{(3)}$	$q_{11}^{(3)}$	$q_{11}^{(3)}$	c_1
参数	2.01	−3.04	0.93	1.31	−3.53	2.54	−1.80	2.01	−0.18	1.27	−1.15	−0.36	5330.60
中界点	a_{21}	a_{22}	a_{23}	$b_{21}^{(1)}$	$b_{22}^{(1)}$	$b_{23}^{(1)}$	$q_{21}^{(2)}$	$q_{22}^{(2)}$	$q_{23}^{(2)}$	$q_{21}^{(3)}$	$q_{22}^{(3)}$	$q_{23}^{(3)}$	c_2
参数	0.96	−1.59	0.45	1.59	−3.95	2.49	−3.86	4.05	−0.31	1.19	−0.99	−0.32	8056.04
下界点	a_{31}	a_{32}	a_{33}	$b_{31}^{(1)}$	$b_{32}^{(1)}$	$b_{33}^{(1)}$	$q_{31}^{(2)}$	$q_{32}^{(2)}$	$q_{33}^{(2)}$	$q_{31}^{(3)}$	$q_{32}^{(3)}$	$q_{33}^{(3)}$	c_3
参数	−1.17	3.19	−2.04	1.39	−2.91	1.20	−3.10	3.39	−0.30	1.04	0.77	−1.47	13234.91

接着，根据式（5-4-9）预测第三产业总量的区间数。第三产业总量的原始数据和 MARGM(1,N)模型的预测结果如图 5-4-2 所示。为分析 MARGM(1,N)模型的拟合和预测效果，用相同的数据构建 5 个竞争模型，并预测 2019—2020 年的区间数。6 个模型的拟合和预测结果见表 5-4-4，其中加粗值是同类误差中的最小值。

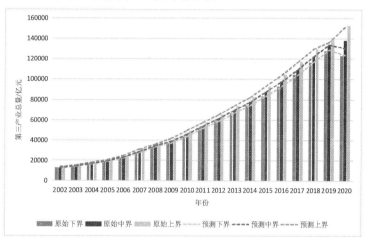

图 5-4-2 第三产业总量的原始数据和 MARGM(1,N)模型的预测结果

表 5-4-4 6 个模型的拟合和预测结果

模 型	矩阵型			非矩阵型		
	MARGM(1,N)	MINGM(1,N)	MTIGM(1,1)	ARGM(1,N)	GM(1,N)	GM(1,1)
拟合 MAPE	**0.49%**	3.25%	1.42%	**1.57%**	8.84%	7.44%
拟合 MAE	**170.05**	897.07	500.77	**582.24**	2704.40	2572.98
拟合 RMSE	**51.07**	336.06	154.69	**172.76**	811.13	729.42
预测 MAPE	**1.95%**	3.51%	5.36%	7.42%	5.11%	14.09%
预测 MAE	**2697.85**	4528.34	7094.79	9824.12	7091.57	19007.26
预测 RMSE	**2430.86**	4391.34	6254.17	172.76	5141.55	14717.37

3. 实证分析

从图 5-4-2 中可以看到，MARGM(1,N)模型很好地拟合了第三产业总量的三元区间数序

· 165 ·

列，高精度地预测了 2019 年和 2020 年的区间数。由表 5-4-4 可知，把 GM(1,N)模型改进为 ARGM(1,N)模型后大大地优化了模型的拟合效果，但预测效果没有得到优化反而变差了，这是过拟合的表现。但把 ARGM(1,N)模型矩阵化为 MARGM(1,N)模型后，不仅进一步提高了模型的拟合精度，也改善了模型的预测效果，这体现了本文改进模型的方法是有效的。此外，3 个矩阵型模型的拟合和预测表现均优于其对应的非矩阵型模型，这说明区间数更适合用矩阵型模型预测。

总体来说，MARGM(1,N)模型能够有效地拟合并预测第三产业总量的三元区间数。无论在拟合还是在预测上，MARGM(1,N)模型都优于其他 5 个竞争模型，这体现了 MARGM(1,N)模型的优越性。

四、案例小结

本案例基于 GM(1,N)模型引入系统特征的自回归时滞项，然后矩阵化模型，提出了 MARGM(1,N)模型。该模型保持了三元区间数序列的完整型，能直接对三元区间数进行建模和预测。对第三产业总量进行三元区间数预测，结果表明 MARGM(1,N)模型具有高拟合精度和很好的预测效果，在拟合和预测上均优于其他 5 个竞争模型。

案例 5　偏最小二乘法模型预测区间的构造及其在分子描述符数据上的应用

一、案例背景

偏最小二乘法（PLS）回归是第一种用于分析高维数据的统计学习方法，被广泛地用于如化学计量学、基因组学、神经信息学及计量经济学等各个科学领域。著名应用统计及化学计量学家 Svante Wold 在 2001 年发表的文章截至 2021 年 8 月已经被谷歌学术引用了近 8100次。和许多预测方法一样，PLS 回归算法通常产生预测变量的点估计。但是点估计无法回答估计值与响应变量真实值之间的近似程度。另外，众所周知，构造一个相当精确的预测模型用于预测将来的数据是一个极其困难的事情。因此，需要发展一些可靠性评价或不确定定量方法用于应对这些挑战。

为了应对这些挑战，统计学家们在不同的情况下发展了几种用于估计预测不确定性的方法。在回归分析中，一个简单的定量预测不确定性的方法是预测集或预测区间。它们指的是在给定一个新的自变量 X 下，一个集合或一个区间包含真实响应变量 Y 具有很高的概率。目前，构造预测区间的方法主要包括枢轴量法和预测分步法，这两种方法主要基于估计的分布。由于 PLS 回归算法特殊的本质，PLS 估计的分布性质至今还没有被完全研究清楚，这就导致基于估计分布的统计推断方法，如预测区间的构造仍然没有被很好地解决。Denham 利用自主法去构造 PLS 模型的预测区间。该方法的优点是预测区间的构造不需要任何分布假设。然而，由于过拟合，这种预测区间的构造可能会无法覆盖真实的响应变量。为了克服这个缺点，Romera 提出了一种基于误差正态分布假设的预测区间构造方法。而且，一种新的局部线性方法用于度量 PLS 模型的预测精度。Zhang 和 Fearn 应用模拟数据去研究局部线性的稳定性。Lin 等将局部线性的方法推广到多响应 PLS 模型。然而，为了做预测推断，代数线性近似方法需要很强的分布假设。

是否存在一些不依赖于平凡假设，同时能够有高覆盖率的预测推断方法可以很好地去构造预测区间呢？答案是肯定的。过去的几年，几种方法已经被发展用于解决这些问题，如 Vovk 等提出共形预测推断框架。在此框架下，不对数据产生的机制进行太多的假设，通过一个共形得分函数来构造具有有限样本覆盖保证的预测区间。近年来，共形预测推断框架得到了许多统计学家的关注和推广。Lei 等应用共形预测推断方法去构造非参数回归函数的容忍区域，并得到近似最优的预测区域。Lei 等将共形预测推断方法推广到了分类、聚类及分位数回归等问题中。特别地，许多研究者还将共形预测推断方法用于分析如商业、社会科学、物理科学及生物科学等领域产生的数据。然而，共形预测推断方法可能会产生一个由多个区间构成的不连续的预测集合。

最近，Barber 等提出一种名为 jackknife+ 的方法，用于产生具有有限样本有效性的预测区间。该方法对数据产生的过程不需要很强的假设，只是要求样本之间是可交换的，因此，它越来越受欢迎。例如，Barber 和合作者基于相同的思想定义了 cross-validation+ 预测区间。

Kim、Xu 和 Barber 通过结合集成学习和 jackknife+方法的优点，发展 jackknife+-after-bootstrap 方法构造更加精确和稳定的置信预测区间。这些工作启发我们去发展新的方法用于 PLS 模型预测区间的构造。所构造的预测区间要具有有限样本覆盖性及不需要数据分布的假设。

二、符号

下述的符号在整个案例中都会被使用。$\mu(x) = E(Y|X=x)$，$x \in R^p$，$\mu(x)$ 表示回归函数。$\hat{\mu}(x)$ 表示由所有样本得到的 $\mu(x)$ 估计。$\hat{\mu}_{-A}(x)$ 表示使用样本子集合产生的回归函数估计 A。$R_i = |Y_i - \hat{\mu}(X_i)|$，$i = 1, \cdots, n$ 表示拟合残差。$R_{-A} = |Y_j - \hat{\mu}_{-A}(X_j)|$ 则表示去掉子集合产生的残差，其中 $(X_j, Y_j) \in A$。当子集 A 的势等于 1（即 $|A| = 1$）时，R_{-A} 表示留一法残差 R_{-j}。$q_{n,\alpha}\{u_i\}$ 和 $q_{n,1-\alpha}\{u_i\}$ 分别表示序列 $u_1, \cdots, u_n$ 的 α 分位数和 $1 - \alpha$ 分位数，其中 $\alpha \in (0,1)$ 是一个给定的显著性水平。

三、理论与算法

本案例考虑多维线性模型

$$y = X\beta + \varepsilon \tag{5-5-1}$$

式中，X 是一个 $n \times p$ 特征矩阵，这里的自变量数可以远远大于样本数；y 是一个 $n \times 1$ 响应向量；β 是模型未知的参数向量；ε 是一个随机误差向量，$E(\varepsilon) = 0$，$\mathrm{Var}(\varepsilon) = \sigma^2 I_n$，其中 I_n 为 n 阶单位矩阵。

由于 PLS 模型被用于对未知参数进行估计，所以这里简单地介绍 PLS 模型的基本原理。PLS 通过构造潜变量——自变量的线性组合，来寻找感兴趣的性质和分子描述符之间的线性关系。有几个不同的 PLS 算法用于估计式（5-5-1）中的未知参数 β，如 PLS1、PLS2、PLS-SB、SIMPLS 和 GPLS。在本案例中，线性模型式（5-5-1）的回归系数的 PLS 估计可以写为

$$\hat{\beta}_{K,\mathrm{PLS}} = W^\mathrm{T}(W^\mathrm{T}X^\mathrm{T}XW)^{-1}W^\mathrm{T}X^\mathrm{T}Y \tag{5-5-2}$$

式中，$W = (w_1, \cdots, w_K)$ 代表 $p \times K$ 权重矩阵。未知参数 K 通过交互检验来选择。

下面讲述用于构造预测区间的几种方法。

（一）朴素预测区间构造方法

朴素（naive）预测区间方法相当简单，主要分为三步，具体如下。

第一步：利用全部训练数据建立一个 PLS 模型 $\hat{\mu}(x)$。

第二步：一个测试点 X_{n+1} 对应的预测值 $\hat{\mu}(X_{n+1})$ 被计算，同时计算相应的拟合残差 $R_i = |Y_i - \hat{\mu}(X_i)|$，$i = 1, \cdots, n$。拟合残差序列 $\{R_i\}$ 的 $(1-\alpha)$ 分位数 $\hat{q}_{n,(1-\alpha)}\{R_i\}$ 被计算。

第三步：最终的预测区间由下式获得：

$$\hat{C}_{\mathrm{naive},a}(X_{n+1}) = [\hat{\mu}(X_{(n+1)}) - \hat{q}_{n,(1-\alpha)}\{R_i\}, \hat{\mu}(X_{(n+1)}) + \hat{q}_{n,(1-\alpha)}\{R_i\}] \tag{5-5-3}$$

由于过拟合，在测试点上的残差会大于在训练数据上的残差，这使得式（5-5-3）产生的朴素预测区间会在本质上不覆盖真实的响应 Y_{n+1}。

（二）jackknife 和 jackknife+方法

为了避免过拟合问题，jackknife 预测区间被发展，具体步骤如下。

第一步：利用全部训练数据建立一个 PLS 模型 $\hat{\mu}(\boldsymbol{x})$。另外，计算 n 个留一模型 $\hat{\mu}_{-1}(\boldsymbol{x}),\cdots,\hat{\mu}_{-n}(\boldsymbol{x})$。

第二步：计算一个测试点 $\boldsymbol{X}_{n+1}$ 对应的预测值 $\hat{\mu}(\boldsymbol{X}_{n+1})$，同时计算留一法残差 $R_{-i}=\left|Y_{i}-\hat{\mu}(\boldsymbol{X}_{-i})\right|$，$i=1,\cdots,n$。计算拟合残差序列 $\{R_{i}\}$ 的 $(1-\alpha)$ 分位数 $\hat{q}_{n,(1-\alpha)}\{R_{-i}\}$。

第三步：计算 jackknife 预测区间。

$$\hat{C}_{\text{jack},\alpha}(\boldsymbol{X}_{n+1})=[\hat{\mu}(\boldsymbol{X}_{n+1})-\hat{q}_{n,(1-\alpha)}\{R_{-i}\},\hat{\mu}(\boldsymbol{X}_{n+1})+\hat{q}_{n,(1-\alpha)}\{R_{-i}\}] \tag{5-5-4}$$

朴素预测区间和 jackknife 预测区间唯一的不同是：jackknife 预测区间利用留一法的 $(1-\alpha)$ 分位数 $\hat{q}_{n,(1-\alpha)}\{R_{-i}\}$ 代替拟合残差序列的 $(1-\alpha)$ 分位数 $\hat{q}_{n,(1-\alpha)}\{R_{i}\}$。相比于朴素预测区间，jackknife 预测区间能够获得更高的覆盖率。然而，当建模方法不稳健时，jackknife 预测区间可能会损失一定的覆盖水平。

为了克服 jackknife 方法的局限性，Barber 等提出 jackknife+预测区间构造方法。Jackknife+预测区间构造如下。

$$\hat{C}_{\text{jack}+,\alpha}(\boldsymbol{X}_{n+1})=[\hat{q}_{n,\alpha}\{\hat{\mu}_{-i}(\boldsymbol{X}_{n+1})-R_{-i}\},\hat{q}_{n,1-\alpha}\{\hat{\mu}_{-i}(\boldsymbol{X}_{n+1})+R_{-i}\}] \tag{5-5-5}$$

从式（5-5-5）可以看出，jackknife+预测区间是将留一法回归函数 $\hat{\mu}_{-i}(\boldsymbol{x})$，$i=1,\cdots,n$，代替全回归函数 $\hat{\mu}(\boldsymbol{x})$ 来计算 $\boldsymbol{X}_{n+1}$ 对应的预测值。这一简单的变化有效地解决了 jackknife 预测区间的缺点，同时，Barber 等还证明 $\hat{C}_{\text{jack}+,\alpha}(\boldsymbol{X}_{n+1})$ 有无分布假设的有限样本覆盖率为 $1-2\alpha$。

（三）CV+预测区间

CV+预测区间是 jackknife+预测区间的推广，具体的计算步骤如下。

第一步：划分训练数据集进入 L 个不连续的子集 $D_{1},\cdots,D_{L}$，每一块的大小为 $m=\dfrac{n}{L}$（为了简单起见，设它为整数）。计算 L 个留一块 PLS 模型 $\hat{\mu}_{-D_{1}},\cdots,\hat{\mu}_{-D_{L}}$。

第二步：L 个预测值 $\hat{\mu}_{-D_{1}}(\boldsymbol{X}_{n+1}),\cdots,\hat{\mu}_{-D_{L}}(\boldsymbol{X}_{n+1})$ 被计算在测试点 $\boldsymbol{X}_{n+1}$。然后计算相应的残差 $R_{-D_{l}(i)}=\left|Y_{i}-\hat{\mu}_{-D_{l}}(\boldsymbol{X}_{i})\right|$，$i\in D_{l}$。

第三步：CV+预测区间通过式（5-5-6）来计算。

$$\hat{C}_{\text{CV}+,\alpha}(\boldsymbol{X}_{n+1})=[\hat{q}_{n,\alpha}\{\hat{\mu}_{-D_{l}}(\boldsymbol{X}_{n+1})-R_{-D_{l}(i)}\},\hat{q}_{n,1-\alpha}\{\hat{\mu}_{-D_{l}}(\boldsymbol{X}_{n+1})+R_{-D_{l}(i)}\}] \tag{5-5-6}$$

显然，当 $n=L$ 时，CV+预测区间和 jackknife+预测区间一致。当 $L<<n$ 时，CV+的计算损失远远小于 jackknife+，这是 CV+的优点。但是，由于 CV+在建模时用的数据少，所以，相比于 jackknife+，CV+预测区间的长度要大于 jackknife+预测区间。

（四）jackknife+ -after-bootstrap 方法

Kim 等通过结合 jackknife+和集成学习的优点，于 2019 年提出了 jackknife+-after-bootstrap（J+aB）方法，此方法产生的预测区间主要由以下四步构成。

第一步：通过有放回或无放回抽样产生 B 个自助样本 $\boldsymbol{D}_{b}=(i_{b,1},\cdots,i_{b,m})$，$m\leq n$，$b=1,\cdots,B$。

第二步：对这些自助样本分别进行建模，得到 B 个子模型 $\hat{\mu}_b$，$b=1,\cdots,B$。

第三步：通过下式集成这些子模型，得到相应的模型。

$$\hat{\mu}_{\varphi,-i} = \varphi(\{\hat{\mu}_b : b=1,\cdots,B, i \notin D_b\})$$

这里，φ 可以是一个均值函数，也可以是中位数函数或其他函数。然后计算这个模型对应的残差 $R_{\varphi,i} = \left| Y_i - \hat{\mu}_{\varphi,-i}(\boldsymbol{X}_i) \right|$，$i=1,\cdots,n$。

第四步：J+aB 预测区间计算如下。

$$\hat{C}_{J+aB}(\boldsymbol{X}_{n+1}) = [\hat{q}_{n,\alpha}(\hat{\mu}_{\varphi,-i}(\boldsymbol{X}_{n+1}) - R_{\varphi,i}), \hat{q}_{n,1-\alpha}(\hat{\mu}_{\varphi,-i}(\boldsymbol{X}_{n+1}) - R_{\varphi,i})] \tag{5-5-7}$$

（五）leave-one-bag-out+(LOBO+)预测区间方法

基于以上的工作，本案例的一个目标是提出一个新的预测区间构造方法，它是基于 leave-one-bag 预测残差的经验分布，具体步骤如下。

第一步：等概率无放回地从全部训练集中抽取样本容量为 $N_1 = n \cdot \text{ratio}$ 的样本 D_{N_1} 作为新的训练样本集，剩下的 $N_2 = n - N_1$ 个数据构成测试样本集 D_{N_2}。

第二步：在新的训练样本集 D_{N_1} 上建立 PLS 模型 $\hat{\mu}_{-D_{N_2}}$，同时计算这一模型在测试样本集 D_{N_2} 上的预测残差 $R_{-D_{N_2}(i)} = \left| Y_i - \hat{\mu}_{-D_{N_2}}(\boldsymbol{X}_i) \right|$，$i \in N_2$。

第三步：重复第一步和第二步 B 次，这时可以得到 B 个模型，然后集成这些模型得到最终的模型 $\hat{\mu}_f = \varphi\{\hat{\mu}_{-D_{N_2},1}, \cdots, \hat{\mu}_{-D_{N_2},B}\}$，同时，记录相应的预测残差 $R_{-D_{N_2}(i),1}, \cdots, R_{-D_{N_2}(i),B}$。

第四步：计算 LOBO+最终的预测区间。

$$\hat{C}_{LOBO+,\alpha}(\boldsymbol{X}_{n+1}) = [\hat{\mu}_f(\boldsymbol{X}_{n+1}) - \hat{q}_{BN_2,1-\alpha}\{R_{BN_2}\}, \hat{\mu}_f(\boldsymbol{X}_{n+1}) + \hat{q}_{BN_2,1-\alpha}\{R_{BN_2}\}] \tag{5-5-8}$$

这里 R_{BN_2} 是包含 $R_{-D_{N_2}(i),1}, \cdots, R_{-D_{N_2}(i),B}$ 的集合，它的势为 BN_2。

LOBO+预测区间有两个优势：第一，它集成多个子模型去形成最后的模型，这样得到的模型更加精确和稳定；第二，当样本数和抽样数增加时，大量的预测残差可以获得，从而对预测残差的估计更加精确。

（六）方法的性能评价

下面介绍两个准则用于评价不同的方法。第一个准则是边际覆盖概率。

$$P(Y_{n+1} \in \hat{C}(\boldsymbol{X}_{n+1})) \geq 1-\alpha \tag{5-5-9}$$

这里的概率基于训练数据 $(\boldsymbol{X}_1, Y_2), \cdots, (\boldsymbol{X}_n, Y_n)$ 和新的测试数据 $(\boldsymbol{X}_{n+1}, Y_{n+1})$。$\hat{C}(\boldsymbol{X}_{n+1}) \subseteq R$ 是一个预测区间，它将一个新 $\boldsymbol{X}_{n+1}$ 映射到一个含有真实响应的 Y_{n+1} 区间。第二个准则是区间长度，它的具体定义是：$L_n = b_n - a_n$，其中 a_n 和 b_n 分别代表一个区间的左右两个端点。

四、模拟数据与真实数据分析

下面通过不同的例子说明本案例 6 种预测区间构造方法的有限样本性能。为了确保实验结果的可重复性和稳定性，被记录的结果为 60 次重复实验的平均。

（一）模拟研究

首先通过模拟数据来比较 6 种预测区间构造方法的好坏。模拟数据的产生过程具体如下。

产生数据模型为线性模型 $y = \boldsymbol{X}^{\mathrm{T}}\boldsymbol{\beta} + \varepsilon$ ，其中 $\boldsymbol{X} = (X_1, X_2, \cdots, X_p)^{\mathrm{T}}$ 是解释变量向量，$\boldsymbol{X} \sim N(0, \boldsymbol{\Sigma}_p)$ ，$\varepsilon \sim N(0,2)$ ，和参数向量 $\boldsymbol{\beta}$ 定义为 $\boldsymbol{\beta} = \sqrt{5}\boldsymbol{u}$ ，$\boldsymbol{u} \in \mathbf{R}^p$ 的均匀分布。变量的维数及相关性和训练样本数可能都会影响方法的性能，所以在模拟研究中，我们分别考虑三个影响因素不同取值的影响。

（1）自变量维数 p 取 10、50、100 和 500。

（2）自变量的相关性：总体协方差矩阵 $\boldsymbol{\Sigma}$ 有如下的自相关结构 $\rho^{|i-j|}$。我们分别取 $\rho = 0$（不相关）、$\rho = 0.6$（中度相关）和 $\rho = 0.9$（高度相关）。

（3）训练样本维数：n 取 100、300 和 500。

上述不同因素的组合构成了 36 种不同的模拟环境。根据 Barber 等的方法，我们设置覆盖率水平为 $1 - \alpha = 0.9$ 。每种模拟情况，我们以同分布产生 100 个测试样本去计算经验覆盖概率，用它去估计边际覆盖概率。同时，预测区间的平均长度被计算。在 $n = 100$ 、$p = 100$ 和 $\rho = 0$ 下，不同方法产生的置信水平为 90% 的预测区间覆盖率的估计见表 5-5-1，其中，所有的结果基于 60 次重复实验产生的均值与标准差，nLV 表示潜变量的个数。

表 5-5-1　不同方法产生的置信水平为 90% 的预测区间覆盖率的估计

nLV	naive	jackknife	jackknife+	CV+	J+aB	LOBO+
K=1	0.764±0.059	0.894±0.049	0.896±0.051	0.918±0.042	0.898±0.042	0.904±0.045
K=2	0.693±0.073	0.900±0.047	0.904±0.043	0.931±0.038	0.897±0.049	0.910±0.045
K=3	0.657±0.083	0.897±0.051	0.900±0.048	0.942±0.036	0.898±0.049	0.914±0.045
K=4	0.624±0.091	0.893±0.050	0.895±0.051	0.946±0.034	0.899±0.049	0.913±0.047
K=5	0.596±0.115	0.888±0.051	0.894±0.049	0.949±0.036	0.899±0.049	0.913±0.048
K=6	0.575±0.057	0.891±0.050	0.892±0.052	0.955±0.034	0.899±0.050	0.917±0.045
K=7	0.571±0.116	0.890±0.048	0.894±0.051	0.958±0.031	0.898±0.051	0.920±0.044
K=8	0.564±0.116	0.884±0.053	0.898±0.052	0.961±0.029	0.898±0.050	0.923±0.042
K=9	0.551±0.119	0.886±0.053	0.898±0.051	0.963±0.028	0.898±0.050	0.927±0.043
K=10	0.551±0.116	0.888±0.053	0.898±0.051	0.968±0.027	0.898±0.048	0.928±0.041

根据模拟数据，可以得出下面的结论。

（1）在几乎所有的模拟情况中，naive 预测区间都没有达到相应的预测水平，同时产生最短的区间长度。

（2）在大部分情况下，jackknife、jackknife+和 J+aB 展示了类似的覆盖率，但是它们的覆盖水平仍然低于显著性水平 0.9。然而，在一些例子中，J+aB 预测区间的长度往往长于其他两个竞争者。

（3）在所有的模拟情况下，CV+产生最长的预测区间，同时它的覆盖率远远高于显著性水平 0.9，这也说明了 CV+更加保守。

（4）在几乎所有的模拟情况下，LOBO+产生覆盖率和显著性水平 0.9 很接近，但是仍然高于显著性水平。另外，LOBO+预测区间长度经常长于 jackknife 和 jackknife+预测区间长度，但是经常比 J+aB 和 CV+预测区间长度短。从上面的讨论可知，LOBO+产生的预测区间具有更好的性能。

（二）实际数据情况

我们将 6 种不同的方法用于分析 3 个真实的分子描述符数据，以判别它们的性能。

第 1 个数据集：血管紧张素转换酶抑制药（Angiotensin Converting Enzyme Inhibitors）数据集，这个数据集由 114 个数据和 55 个自变量构成。其中，分子活性是感兴趣的响应变量。我们将样本按照 9∶1 进行随机划分，90%用于训练集，10%作为测试集。

第 2 个数据集：2 型环氧合酶抑制剂（Cyclooxygenase-2 inhibitors，COX-2）数据集，这个数据集由 467 个数据和 255 个自变量构成。其中，酶活性是感兴趣的响应变量。420 个数据被随机划分为训练数据集，剩下的 47 个数据作为测试集。

第 3 个数据集：AquaticTox_moe2D 数据集，该数据集由 322 个数据和 220 个自变量构成。其中，活性的负对数是响应变量，290 个数据被随机划分为训练集，剩下的为测试集。

实际数据结果：对于第 1 个数据集，不同模型、不同方法的结果记录在表 5-5-2 和表 5-5-3 中。可以看到，在所有的 PLS 模型中，naive 产生的预测区间都远远低于显著性水平。在几乎所有的模型中，其余方法产生预测区间的覆盖率都接近于显著性水平，但是当 $K=5$ 和 $K=7$ 时，jackknife 产生的预测区间没有达到覆盖水平。在一些模型中，LOBO+产生的预测区间长度比其他方法产生的预测区间长度更短，而 CV+产生的预测区间长度最长。

表 5-5-2　基于第 1 个数据集的置信水平为 90%的预测区间覆盖率的估计

nLV	naive	jackknife	jackknife+	CV+	J+aB	LOBO+
$K=1$	0.896±0.055	0.906±0.053	0.906±0.054	0.909±0.049	0.906±0.055	0.900±0.053
$K=2$	0.889±0.061	0.910±0.057	0.911±0.057	0.918±0.055	0.910±0.058	0.903±0.059
$K=3$	0.894±0.053	0.912±0.053	0.914±0.053	0.914±0.053	0.910±0.061	0.901±0.052
$K=4$	0.888±0.064	0.903±0.058	0.905±0.057	0.914±0.051	0.905±0.061	0.903±0.057
$K=5$	0.878±0.070	0.899±0.065	0.903±0.061	0.919±0.053	0.904±0.057	0.905±0.059
$K=6$	0.876±0.075	0.901±0.065	0.904±0.059	0.927±0.053	0.903±0.060	0.907±0.060
$K=7$	0.884±0.080	0.896±0.071	0.905±0.061	0.928±0.055	0.907±0.064	0.907±0.060
$K=8$	0.892±0.067	0.906±0.063	0.909±0.060	0.940±0.049	0.904±0.068	0.910±0.058
$K=9$	0.890±0.062	0.910±0.062	0.913±0.058	0.943±0.043	0.911±0.059	0.915±0.053
$K=10$	0.894±0.060	0.906±0.055	0.916±0.057	0.939±0.046	0.905±0.060	0.917±0.052

表 5-5-3　基于第 1 个数据集的置信水平为 90%的预测区间长度的估计

nLV	naive	jackknife	jackknife+	CV+	J+aB	LOBO+
$K=1$	5.363±0.168	5.542±0.222	5.541±0.219	5.553±0.211	5.543±0.219	5.426±0.224
$K=2$	5.226±0.231	5.410±0.225	5.407±0.220	5.450±0.251	5.349±0.213	5.346±0.224

续表

nLV	naive	jackknife	jackknife+	CV+	J+aB	LOBO+
$K=3$	5.380±0.304	5.529±0.325	5.530±0.331	5.552±0.338	5.425±0.304	5.436±0.304
$K=4$	5.316±0.337	5.494±0.328	5.522±0.326	5.687±0.377	5.473±0.349	5.448±0.321
$K=5$	5.404±0.420	5.688±0.450	5.698±0.432	6.001±0.463	5.686±0.415	5.656±0.413
$K=6$	5.794±0.600	6.117±0.569	6.149±0.552	6.520±0.616	5.995±0.459	6.090±0.517
$K=7$	6.365±0.803	6.732±0.773	6.760±0.750	7.241±0.830	6.486±0.577	6.694±0.691
$K=8$	6.959±0.896	7.321±0.852	7.375±0.864	8.119±1.010	7.091±0.712	7.323±0.801
$K=9$	7.615±1.052	8.065±1.068	8.135±1.071	9.096±1.288	7.870±0.821	8.140±0.990
$K=10$	8.782±1.466	9.268±1.523	9.362±1.507	10.708±1.768	8.987±1.136	9.411±1.400

表 5-5-4 和表 5-5-5 展示了 6 种不同的预测区间构造方法在 COX-2 数据集上产生的结果。从表 5-5-4 中可以发现，6 种方法产生的覆盖率都接近于显著性水平。然而，naive 产生的区间覆盖率低于显著性水平。表 5-5-5 给出了 6 种预测区间的长度。相比较，naive 产生的预测区间长度最短，而 CV+产生的预测区间长度最长。jackknife+预测区间和 jackknife 预测区间的长度类似。而在这个数据集中，在大多数 PLS 模型中，LOBO+产生的预测区间长度要短于 jackknife 及它的两个推广。

表 5-5-4 基于 COX-2 数据集的置信水平为 90%的预测区间覆盖率的估计

nLV	naive	jackknife	jackknife+	CV+	J+aB	LOBO+
$K=1$	0.903±0.034	0.909±0.034	0.909±0.033	0.906±0.034	0.908±0.033	0.907±0.034
$K=2$	0.902±0.033	0.909±0.032	0.908±0.032	0.907±0.032	0.908±0.032	0.908±0.032
$K=3$	0.898±0.031	0.907±0.030	0.907±0.030	0.907±0.029	0.907±0.028	0.906±0.029
$K=4$	0.893±0.032	0.907±0.028	0.906±0.027	0.910±0.029	0.908±0.028	0.906±0.029
$K=5$	0.898±0.031	0.909±0.028	0.908±0.029	0.908±0.030	0.909±0.029	0.907±0.030
$K=6$	0.897±0.031	0.906±0.029	0.906±0.029	0.907±0.029	0.906±0.029	0.904±0.029
$K=7$	0.897±0.032	0.903±0.031	0.903±0.030	0.907±0.027	0.903±0.028	0.904±0.030
$K=8$	0.894±0.032	0.903±0.030	0.904±0.029	0.909±0.028	0.905±0.029	0.901±0.028
$K=9$	0.894±0.030	0.904±0.030	0.904±0.030	0.911±0.029	0.905±0.028	0.903±0.028
$K=10$	0.892±0.033	0.903±0.030	0.904±0.029	0.911±0.029	0.904±0.029	0.904±0.030

表 5-5-5 基于 COX-2 数据集的置信水平为 90%的预测区间长度的估计

nLV	naive	jackknife	jackknife+	CV+	J+aB	LOBO+
$K=1$	144.280±12.973	149.657±8.978	149.718±9.054	148.037±10.260	149.513±8.951	146.488±13.147
$K=2$	136.018±11.051	142.224±8.588	142.126±8.637	141.573±8.962	142.426±8.495	140.153±9.599
$K=3$	131.898±9.735	141.108±8.916	140.984±8.865	140.586±7.920	140.365±7.404	139.016±8.515
$K=4$	132.590±8.398	141.262±7.724	141.034±7.445	143.746±7.524	143.019±5.653	140.632±7.372
$K=5$	142.977±8.978	150.124±8.546	150.162±8.361	152.009±8.497	153.601±7.840	149.075±8.159

续表

nLV	naive	jackknife	jackknife+	CV+	J+aB	LOBO+
K=6	149.579±10.371	155.813±9.408	155.863±9.429	159.859±9.717	159.593±9.026	154.925±9.333
K=7	154.794±11.123	159.523±10.761	159.644±10.713	167.242±11.601	165.247±10.098	160.137±10.491
K=8	160.958±12.465	167.707±12.552	168.052±12.849	177.386±13.958	175.109±10.829	167.755±11.520
K=9	171.467±13.522	180.199±13.966	179.967±13.288	193.535±17.191	188.575±11.614	180.478±12.856
K=10	188.392±17.442	197.968±16.921	198.465±16.729	215.478±19.432	204.576±12.999	199.286±15.339

关于 6 种方法在 AquaticTox_moe2D 数据集上覆盖率和区间长度的结果被记录在表 5-5-6 和表 5-5-7 中。可以看到，随着潜变量数的增加，naive 预测区间的性能慢慢变好。在几乎所有的情况下，LOBO+产生的预测区间的性能和 jackknife、jackknife+和 jackknife+-after-Bootstrap 的性能类似。但是和 jackknife 与 jackknife+相比，10 个 PLS 模型中有 8 个 PLS 模型中的 LOBO+产生更短的预测区间长度。

表 5-5-6　基于 AquaticTox_moe2D 数据集的置信水平为 90%的预测区间覆盖率的估计

nLV	naive	jackknife	jackknife+	CV+	J+aB	LOBO+
K=1	0.897±0.040	0.906±0.038	0.906±0.038	0.904±0.038	0.905±0.038	0.904±0.037
K=2	0.893±0.036	0.902±0.034	0.902±0.035	0.902±0.035	0.901±0.035	0.902±0.034
K=3	0.891±0.039	0.904±0.032	0.905±0.033	0.909±0.036	0.904±0.034	0.904±0.035
K=4	0.888±0.037	0.898±0.035	0.900±0.034	0.906±0.033	0.900±0.034	0.900±0.033
K=5	0.890±0.038	0.901±0.035	0.900±0.034	0.908±0.034	0.900±0.036	0.902±0.035
K=6	0.891±0.039	0.904±0.037	0.903±0.036	0.912±0.034	0.903±0.037	0.904±0.035
K=7	0.900±0.035	0.906±0.034	0.905±0.035	0.913±0.030	0.904±0.034	0.906±0.033
K=8	0.901±0.034	0.906±0.031	0.906±0.032	0.913±0.030	0.905±0.034	0.907±0.031
K=9	0.904±0.033	0.906±0.033	0.906±0.032	0.912±0.029	0.907±0.032	0.908±0.032
K=10	0.904±0.034	0.907±0.033	0.908±0.033	0.913±0.032	0.907±0.031	0.908±0.034

表 5-5-7　基于 AquaticTox_moe2D 数据集的置信水平为 90%的预测区间长度的估计

nLV	naive	jackknife	jackknife+	CV+	J+aB	LOBO+
K=1	2.932±0.121	3.007±0.114	3.005±0.111	3.016±0.101	3.017±0.110	2.988±0.108
K=2	2.754±0.113	2.839±0.107	2.839±0.105	2.852±0.121	2.848±0.111	2.822±0.102
K=3	2.694±0.096	2.783±0.092	2.779±0.093	2.818±0.105	2.800±0.096	2.775±0.093
K=4	2.905±0.121	2.987±0.116	2.989±0.121	3.051±0.142	2.968±0.111	2.990±0.111
K=5	3.148±0.126	3.222±0.128	3.223±0.131	3.279±0.161	3.202±0.128	3.212±0.127
K=6	3.372±0.186	3.486±0.214	3.485±0.210	3.576±0.214	3.508±0.171	3.480±0.184
K=7	3.923±0.271	3.992±0.287	3.998±0.290	4.092±0.275	3.956±0.231	3.993±0.242
K=8	4.534±0.304	4.618±0.323	4.618±0.324	4.706±0.301	4.437±0.271	4.585±0.282
K=9	4.968±0.348	5.025±0.363	5.021±0.362	5.149±0.313	4.896±0.277	5.014±0.307
K=10	5.487±0.390	5.537±0.377	5.531±0.369	5.704±0.353	5.416±0.338	5.544±0.326

五、案例小结

虽然 PLS 模型被用于许多科学领域，但是大多数的工作主要集中在预测的点估计，关于预测区间的工作很少。由于预测输出的不确定性在评价一个模型预测性能时扮演者重要的角色，因此，本案例将无分布假设的预测推断方法引入到 PLS 回归中，希望这些方法能够用于对 PLS 模型的预测性能进行合理的评价。而且，基于 leave-one-bag-out 方法的一个改进，提出一种名为 leave-one-bag-out+（LOBO+）的无分布假设的预测推断方法。通过对大量的模拟数据及 3 个真实分子描述符数据的分析可知，与其他高性能方法相比，LOBO+ 具有更好的性能。

参考文献

[1] LI J, TSANG EPK. Investment decision making using FGP: a case study[C]//Proceedings of the 1999 Congress on Evolutionary Computation-CEC99 (Cat. No. 99TH8406). IEEE, 1999, 2: 1253-1259.

[2] ANDRAUD M, HENS N, BEUTELS P. A simple periodic-forced model for dengue fitted to incidence data in Singapore[J]. Mathematical biosciences, 2013, 244(1): 22-28.

[3] BARBER R F, CANDES E J, RAMDAS A, et al. Predictive inference with the jackknife+. Ann. Stat, 2021, 49(1), 486-507.

[4] BURATTINI M N, CHEN M, CHOW A, et al. Modelling the control strategies against dengue in Singapore[J]. Epidemiology and infection, 2008, 136(3): 309-319.

[5] CHUNG D, KELES S. Sparse partial least squares classification for high dimensional data[J]. Statistical Applications in Genetics and Molecular Biology, 2010, 9(1): 1-32.

[6] CLAESSENS S, DJANKOV S, LANG L. The separation of ownership and control in east Asian Corporations[J].Journal of Financial Economics, 2000, 58(12):81-112.

[7] DENG J L. Control problem of grey systems[J]. Systems & Control Letters, 1982, 1(5): 288-294.

[8] DEPRIEST S A, MAYER D, NAYLOR C B, et al. 3D-QSAR of angiotensin-converting enzyme and thermolysin inhibitors: a comparison of CoMFA models based on deduced and experimentally determined active site geometries[J]. J. Am. Chem. Soc., 1993, 115(13), 5372-5384.

[9] DICKINSON V. Cash flow patterns as a proxy for firm life cycle[J]. The Accounting Review, 2011, 86(6): 1969-1994.

[10] DING M J, ZHANG S Z, ZHONG H D, et al. A prediction model of the sum of container based on combined BP neural network and SVM[J]. Journal of Information Processing Systems, 2019, 15(2): 305-319.

[11] FOSTER J, GREER J, THORBECKE E. A Class of Decomposable Poverty Measures[J]. Econometrica, 1984, 52(3): 761-766.

[12] GERLEIN, et al. Evaluating machine learning classification for financial trading: An empirical approach[J]. Expert Systems With Applications, 2016, 54(C) : 193-207.

[13] GHOSH I, TIWARI P K, CHATTOPADHYAY J. Effect of active case finding on dengue control: Implications from a mathematical model[J]. Journal of theoretical biology, 2019, 464(50-62).

[14] GUYON I, WESTON J, BARNHILL S, et al. Gene Selection for Cancer Classification using

Support Vector Machines[J]. Machine Learning, 2002, 46(1-3):389-422.

[15] HANSEN B E. Threshold effects in non-dynamic panels: estimation, testing, and inference[J]. Journal of econometrics, 1999, 93(2): 345-368.

[16] HE L, JURS P C. Assessing the reliability of a QSAR model's predictions[J]. J. Mol. Graphics Model., 2005, 23(6), 503-523.

[17] HU Q Z. Research and Application of Interval Number Theory[M]. Beijing:Science Press, 2010.

[18] KE Z T, FAN J, WU Y. Homogeneity pursuit[J]. Journal of the American Statistical Association, 2015, 110(509): 175-194.

[19] KE Z T, FAN J Q, WU Y C. Homogeneity pursuit[J]. Journal of the American Statistical Association, 2015,110 (509): 175-194.

[20] LA PORTA R，LOPEZ-DE-SAILNES F, SHLEIFER A. Corporate ownership around the world[J]. Journal of Finance, 1999,54(2):471-517.

[21] LEI J, RINALDO A, WASSERMAN L. A conformal prediction approach to explore functional data[J]. Ann. Math. Artif. Intell., 2015, 74(1), 29-43.

[22] LEI J, ROBINS J, WASSERMAN L. Distribution-free prediction sets. J. Amer. Stat. Asso., 2013, 108(501): 278-287.

[23] LI H D, LIANG Y Z, XU Q S, et al. Key wavelengths screening using competitive adaptive reweighted sampling method for multivariate calibration[J]. Analytica Chimica Acta, 2009, 648(1):77-84.

[24] LI J, TSANG EPK. Investment decision making using FGP: a case study[C]//Proceedings of the 1999 Congress on Evolutionary Computation-CEC99 (Cat. No. 99TH8406). IEEE, 1999, 2: 1253-1259.

[25] LIN W, ZHUANG Y, ZHANG S, et al. On estimation of multivariate prediction regions in partial least squares regression. J. Chemom., 2013, 27(9): 243-250.

[26] NACAR S, HINIS MA, KANKAL M. Forecasting Daily Streamflow Discharges Using Various Neural Network Models and Training Algorithms[J]. KSCE Journal Of Civil Engineering, 2018, 22(9): 3676-3685.

[27] PATEL J, SHAH S, THAKKAR P, et al.Predicting stock and stock price index movement using trend deterministic data preparation and machine learning techniques[J]. Expert Systems with Applications, 2015, 42(1): 259-268.

[28] RINNAN R, RINNAN A. Application of near infrared reflectance (NIR) and fluorescence spectroscopy to analysis of microbiological and chemical properties of arctic soil[J]. Soil Biology and Biochemistry, 2007,39(7):1664-1673.

[29] ROMERA R. Prediction intervals in Partial Least Squares regression via a new local linearization approach[J]. Chemom. Intell. Lab., 2010, 103(2): 122-128.

[30] SCOTT T W, MORRISON A C, LORENZ L H, et al. Longitudinal studies of Aedes aegypti (Diptera: Culicidae) in Thailand and Puerto Rico: population dynamics[J]. J Med Entomol,

2000, 37(1): 77-88.

[31] SUTHERLAND J J, O'BRIEN L A, WEAVER D F. Spline-fitting with a genetic algorithm: A method for developing classification structure–activity relationships[J]. J. Chem. Inf. Comput. Sci., 2003, 43(6): 1906-1915.

[32] TRAN A, l'AMBERT G, LACOUR G, et al. A rainfall-and temperature-driven abundance model for Aedes albopictus populations[J]. International journal of environmental research and public health, 2013, 10(5): 1698-1719.

[33] VOVK V, NOURETDINOV I, GAMMERMAN A. On-line predictive linear regression[J]. Ann. Stat, 2009, 27(3), 1566-1590.

[34] WANG Q. Fixed-effect panel threshold model using Stata[J]. The Stata Journal, 2015, 15(1): 121-134.

[35] WANG W, PHILLIPS PCB, SU L. Homogeneity pursuit in panel data models: Theory and application[J]. Journal of Applied Econometrics, 2018, 33(6): 797-815.

[36] WEARING H J, ROHANI P. Ecological and immunological determinants of dengue epidemics[J]. Proceedings of the National Academy of Sciences of the United States of America, 2006, 103(31): 11802-11807.

[37] WESOLOWSKI A, QURESHI T, BONI M F, et al. Impact of human mobility on the emergence of dengue epidemics in Pakistan[J]. Proceedings of the National Academy of Sciences of the United States of America, 2015, 112(38): 11887-11892.

[38] XIAO Q Z, GAO M Y, XIAO X P, et al. A novel grey Riccati-Bernoulli model and its application for the clean energy consumption prediction[J]. Engineering Applications of Artificial Intelligence, 2020.

[39] XIAO Q Z, SHAN M Y, GAO M Y, et al. Parameter optimization for nonlinear grey Bernoulli model on biomass energy consumption prediction[J]. Applied Soft Computing Journal. 2020.

[40] XIAO R G, LI K, SUN LY, et al. The Prediction of liquid holdup in horizontal pipe with BP neural network[J]. Energy Science & Engineering, 2020, 8(6): 2159-2168.

[41] YANG H, MACORIS M, GALVANI K, et al. Assessing the effects of temperature on the population of Aedes aegypti, the vector of dengue[J]. Epidemiology & Infection, 2009, 137(8): 1188-1202.

[42] ZHANG Y, FEARN T. A linearization method for partial least squares regression prediction uncertainty[J]. Chemom. Intell. Lab.., 2015, 140: 133-140.

[43] ZOU H, HASTIE T. Regularization and variable selection via the elastic net[J]. Royal Statistical Society. 2005,67(2): 301-320.

[44] 曹裕, 陈晓红, 万光羽. 基于企业生命周期的上市公司融资结构研究[J].中国管理科学, 2009, 17(3): 150-158.

[45] 陈封能, 迈克尔·斯坦巴赫, 阿努吉·卡帕坦, 等. 数据挖掘导论[M]. 段磊, 张天庆, 等译. 北京: 机械工业出版社, 2019.

[46] 陈红,杨凌霄. 金字塔股权结构、股权制衡与终极控制股东侵占[J]. 投资研究, 2012, 31(3):